천연 생리활성 물질학

대표 저자 김창한

김시관 · 윤원호 · 이경호

유한문화사

머리말

1980년대 말, 대한민국은 "우루과이 라운드(UR)"로 홍역을 치렀고, 최근에는 "WTO(world trade organization)" 및 "한・미 FTA 협상" 문제로 나라 전체가 시끄럽다. 이러한 것들은 모두 우리의 생존과 직결된 문제이며, 다른 나라와 비교하여 경쟁 우위에 있지 못하면 도태될 수밖에 없는 것이 세계화의 결과가 되리라 생각한다.

최근 덴마크 "페남연구소"의 바이오 관련 연구 업적과 북유럽 국가들의 바이오 산업에 대한 관심과 지원에 대한 소식을 접하고는 놀라지 않을 수 없었다. 가장 쉬운 예를 하나 든다면 동맥경화와 고지혈증에 좋다고 하여 기능성 식품으로 널리 판매되고 있는 "오메가-3"가 바로 덴마크의 페남연구소의 업적이며, 전세계에서 판매되는 오메가-3 지방산은 매출액의 3%를 기술료로 동 연구소에 지불해야 한다는 것이다.

대한민국이 현대과학적 연구라는 개념을 받아들여 연구를 시작한 것은 불과 30년 남짓 되었다고 보면 타당성이 있을 것이다. 고 박정희대통령 시절 대덕연구단지를 건설하면서 국민들이 과학과 연구의 개념과 중요성에 대해 눈을 뜨게 되었다고 본다. 지난 30년을 되돌아 볼 때 국내 과학 수준이 분부시게 발전한 것도 사실이다. 결과적으로는 해프닝으로 끝났으나 황우석 박사의 "줄기세포'' 연구는 세계를 놀라게 하기도 하였다. 이 사건은 비록 해피 앤딩은 아니었다 하더라도 국민들의 과학 특히, 바이오 분야에 대한 관심을 고조시키는 데는 크게 기여했다는 사실을 누구도 부인하지 못할 것이다.

대부분의 국민들은 바이오 분야, 특히 물질 특허가 얼마나 중요하며, 얼마나 부가가치가 높은 산업인지 직접 피부로 느끼지 못하고 있는 것 같아 안타깝다. 생약재도 마찬가지이겠으나 금후 의약품 산업은 새로운 생리활성물질은 물론 이미 알려진 의약품 지표물질의 표준화에 대한 연구도 매우 중요하다.

이러한 관점에서 본 책자는 대학생이나 대학원 학생들이 신물질을 탐색하는데 조금이나마 도움이 되었으면 한다. 집필과 교정을 보면서 원고에만 전념할 수 없는 현재의 여건 때문에 본 책자가 여러분들이 보시기에 부족한 점이 많으리라 생각한다. 이 점에 대해서는 독자들의 신랄한 평가를 겸허히 받아들이겠습니다.

저희들은 앞으로 더 좋은 개정판이 발간될 수 있도록 최선을 다할 것이며, 이를 위하여 독자들의 너그러운 이해와 신랄한 비평을 부탁드립니다. 저자 일동은 신물질 탐색에 대하여 저희들을 지도해 주신 김창한 교수님의 정년퇴임을 진심으로 축하하며 이 책을 드립니다. 아울러 이 책의 출간을 흔쾌히 허락하신 유한문화사 천승배 사장님과 많은 애를 쓰신 임직원들에게 감사를 드립니다.

저자 일동

차 례

제 1 장 생산원에 따른 분류 / 9

제 3 장 생리활성물질의 개발 전략 / 167

제 1 장

생산원에 따른 분류

1. 미생물이 생산하는 생리활성물질

1) 방선균유래 생리활성물질

방선균은 균사상의 형태를 취하며 곰팡이로 간주되거나 혹은 곰팡이와 세균의 중간적인 미생물로 간주되고 있다. 방선균은 형태학적으로 3군으로 분류할 수 있다. 첫째는 일반적으로 방선균으로 말할 수 있는 형태분화가 발달되어 있고, 여러 가지 포자를 형성하는 포자형성 방선균인 *Streptomyces* 군의 방선균으로 상당히 다양한 형태로 분류할 수 있다. 이러한 형태를 분류한 체계는 Bergey's Manual of Determinative Bacteriology에서 찾아 볼 수 있다. 둘째는 신장한 균사가 분단되어 간균 혹은 구균상의 모양이 되는 nocardioform 세균으로 여기에는 *Actinomyces*, *Oerskovia*, *Nocardia*, *Rhodococcus*, *Mycobacterium* 등이 이 그룹에 속한다.

표 1-1. 주요 방선균이 생산하는 생리활성물질의 수

생산 미생물	생리활성물질 수
Streptomyces griseus	187
Streptomyces hygroscopicus	286
Streptomyces lavendulae	129
Streptomyces antibioticus	95
Streptomyces fradiae	76
Micromonospora spp.	385
Nocardia spp.	270

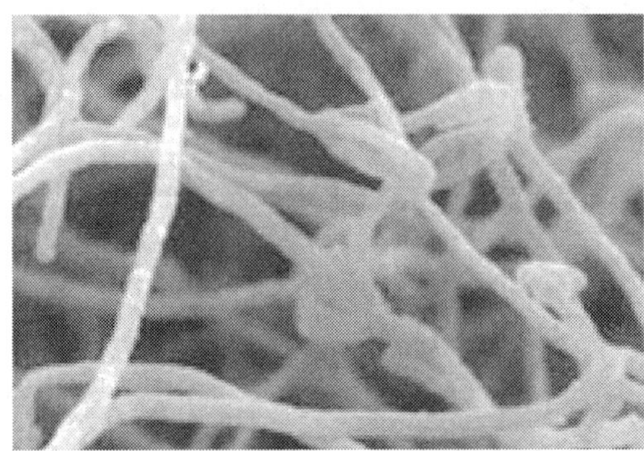

그림 1-1. Sporoactinomycetes 그룹에 속하는 *Actinomyces*의 전자현미경 관찰 모양

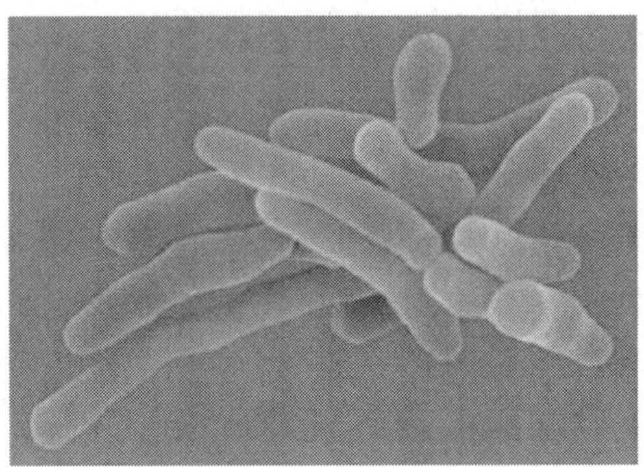

그림 1-2. Nocardioform 그룹에 속하는 *Rhodococcus fascians*의 전자현미경 관찰 모양

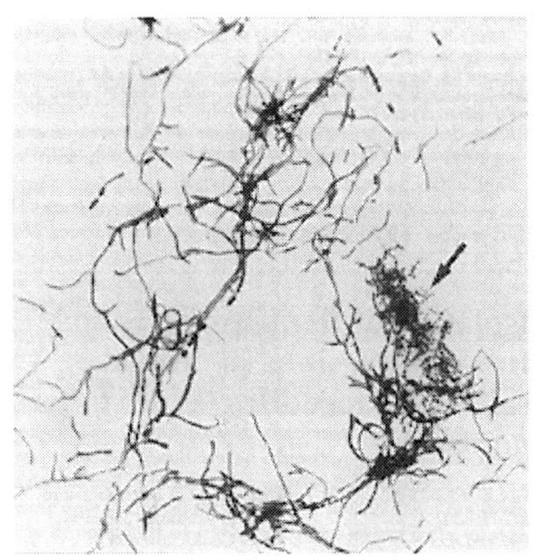

그림 1-3. Multilocular sporagina 그룹에 속하는 *Dermatophilus* sp.의 광학현미경 관찰 모양

셋째는 균사가 장축방향에 대해 횡방향이나 종방향으로도 분할하는 *Dermatophilus*와 *Geodermatophilus*로 대표되는 multilocular sporagina가 있다.

이러한 방선균은 종류와 그 기능의 다양성이 이미 많이 알려져 있으며, 다른 미생물들에 비하여 기능과 그 대사산물이 다양하여 생리활성물질의 탐색에 좋은 자원이라 할 수 있다.

현재 미생물로부터 분리한 2차 대사산물은 약 16,500여 종에 이르며, 매년 약 500개 이상의 물질이 새롭게 발견되고 있다. 이 중 방선균으로부터 발견되는 물질은 약 67%를 차치하고, 그 외의 곰팡이 유래가 20%, 세균 유래가 약 18% 정도를 차지하고 있다.

이러한 생리활성물질의 대부분은 항생물질이 다수를 차지하고 있어 항균활성의 약리작용을 갖는다. 항균활성 이외의 약리활성으로는 강심작용, 콜레스테롤 저하, 항암작용, 항염증 작용, 혈압 저하작용, 항 당뇨 및 진정작용 등 다양한 활성이 있다. 이러한 물질은 모두 방선균의 2차 대사산물이며, 이러한 2차 대사산물은 경이로울 정도로 매우 다양한 화학구조를 가지고 있어 위에 서술한 바와 같이 다양한 약리작용을 가질 수 있는 것이다.

따라서 많은 연구자들은 이러한 근거로 여러 가지 질환에 대한 유용한 약물을 찾으려고 한다. 생리활성물질의 탐색 영역으로는 항암물질, 면역조절제, 항염증, 농약 및 동물약 등 다양하게 존재하며, 이러한 영역은 탐색 자원의 종류나 많은 질병 등의 발병원인에 따라서 검색 및 평가 방법 또한 다양하게 존재한다.

본 장에서는 탐색방법이 명확하거나, 비교적 최근에 발견된 물질 중 방선균으로부터 얻어진 물질들을 탐색 영역별로 나누어 살펴보고자 한다.

(1) 항암물질

1987년 Fujisawa 제약회사에서 *Streptomyces sandaensis* No.6897의 배양액으로부터 FR900482을 하였다. 이 물질은 aziridinobicylo 방향환에 carbamoyloxymethyl기가 치환되어 있고 mitomycin계 항생물질과 구조적으로는 유사하지만, 방향환 부분이 quinone이 아닌 것이 mitomycin과 다른 점이라 할 수 있다.

FR900482는 P388, L1210, EL4, B16, MM46 및 인간 종양세포주를 이식한 누드 마우스 시스템에서 mitomycin과 동등 이상의 항암활성을 나타내었으며, 더욱이 mitomycin 및 vincristine 내성의 P388에 대해서도 감수성을 나타내었다. 본 물질의 작용기작은 DNA 합성 저해이지만 세포 안에 들어가면 활성형으로 변화하여 DNA-DNA 간 혹은 DNA-단백질 간에 가역적 결합을 형성하여

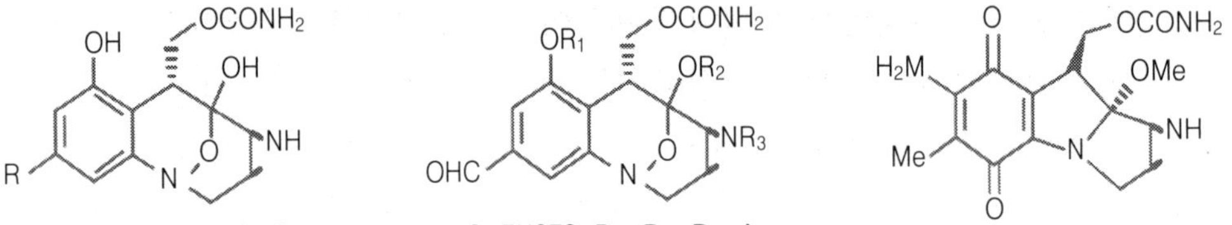

1: FR900842, R=CHO
2: FR66979, R=CH_2OH

3: FK973, $R_1=R_2=R_3$=Ac
4: FK917, R_1=Me, $R_2=R_3$=Ac

5: mitomycin C

그림 1-4. FR900482 관련 화합물 및 mitomycin 구조

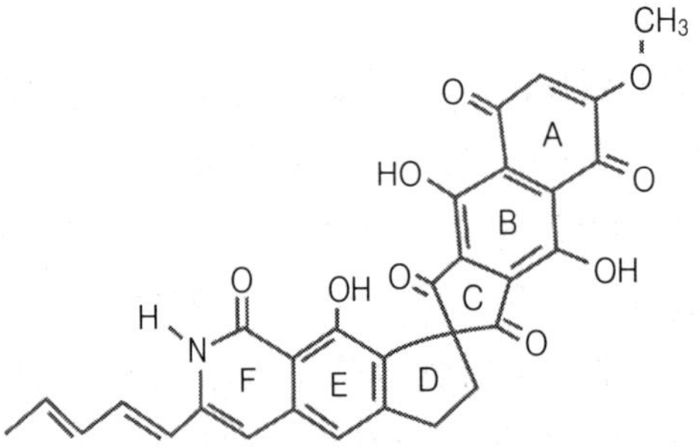

그림 1-5. *Streptomyces griesus*로부터의 Fredericamycin A

DNA 합성을 저해한다고 알려져 있다.

FK973은 FR900482와 마찬가지로 내성 P388 세포주에 대하여 활성을 나타내었으며, FK317과 함께 임상시험 단계에 있는 물질이다. 또한 지금부터 23년 전에 *Streptomyces griseus*로부터 분리된 Fredericamycin A는 항암 및 항감염증에 활성이 있는 물질로 알려졌으며, 최근에는 Fredericamycin B와 C의 구조가 알려졌다.

Streptomyces 속에 속하는 방선균으로부터 생산된 BE-10988은 Topoisomerase Ⅱ의 저해물질로 알려져 있다. 정확한 생산균주의 동정에 대한 정보는 없으나 *Streptomyces fimicarius*와 *Streptomyces xanthocidicus*에 유사한 균주로만 추정되고 있다.

이 균주로부터의 BE-10988은 L1210 세포의 DNA topoisomerase Ⅱ를 저해하며, 그 작용은 VP-16보다 3배 이상 강한 활성을 가지고 있다. 최근에 하나의 분자 내에 두 개의 3-hydroxyquinolone환을 갖는 환상 octadepsipeptide 구조를 갖는 BE-22179가 분리되었다. 이 물질 역시 L1210 세포의 DNA topoisomerase Ⅱ를 저해하며, 종래에 보고된 기작과 약간 다른 것으로 알려졌다.

표 1-2. 항생물질을 생산하는 방선균

항생물질 분류	생산균	항생물질
β-Lactam	*Streptomyces clavuligerus*	Clavulanic acid
	Streptomyces cattleya	Thienamycin
	Streptomyces olivaceus	Olivanic acid
	Streptomyces cremeus	PS-5
	Streptomyces griseus	Cephamycin
	Streptomyces lipmanii	A16884
	Streptomyces wadayamensis	WS-3442
	Nocardia lactamidurans	Cephalosporin
Aminoglycoside	*Streptomyces lavendulae*	Nojirimycin Trehaloamine
	Streptomyces fradiae	Neomycin
	Streptomyces kanamyceticus	Kanamycin A, B, C
	Streptomyces griseus	Streptomycin
	Streptomyces rimosus	Neomycin A
	Streptomyces spectabilis	Spectinomycin
	Streptomyces virginiae	Mannosidoglucosamine
	Streptomyces kasugaensis	Kasugamycin
	Streptomyces lividus	Lividomycin A, B
Macrolide	*Streptomyces marbonensis*	Narbomycin
	Streptomyces venezuelae	Methymycin
	Streptomyces erythreus	Erythromycin
	Streptomyces bikiniensis	Clarithromycin
	Streptomyces diastarochromogenes	Oligomycin B
	Streptomyces felleus	Pikoromycin
	Streptomyces antibioticus	Oleandomycin
	Streptomyces violaceoniger	Lankamycin
	Streptomyces spinichromogenes	Kujimycin
	Streptomyces kitasatoensis	Leucomycin
	Streptomyces platensis	Midecamycin
	Streptomyces ambofaciens	Spiramycin
	Streptomyces halstdii	Magnamycin B
Tetracycline	*Streptomyces aureofaciens*	Tetracycline Ledermycin
Anthracycline	*Streptomyces purpurascens*	Rhodomycin A, B
	Streptomyces peucetius	Daunomycin
	Streptomyces antibioticus	Cinerubin

(2) 면역억제제

면역억제제란 항원의 자극에 대하여 숙주가 항체를 만드는 능력 또는 세포성 면역반응을 일으키는 능력을 저하시키거나 차단시키기 위하여 사용되는 물질이다.

방선균으로부터 분리된 유명한 면역억제제로는 FK506이 있다. 이 물질은 1984년 *Streptomyces tsukubaensis*의 배양액에서 분리되었으며, 구조적으로는 분자량 822의 marcolide계 물질이다. 이 물질은 IL-2의 분비를 억제하는 물질의 탐색 중에 발견된 물질이다. 기작은 T세포에 관여하는 여러 가지 면역응답을 제어하며, 기존 면역억제제인 cyclosporin A에 비하여 10~30배 강한 활성을 나타내는 것으로 알려져 있다. 현재는 약리작용, 임상응용 및 작용 기작에 관한 많은 연구가 시행되고 있다. 사용 용도는 장기이식과 같은 동종이식 후의 면역억제제로 사용되며, 자기면역질환에 대한 연구도 진행 중이다.

면역담당 세포간의 상호작용을 저해하는 물질은 면역 억제작용을 기대할 수 있다. T세포의 면역응답 반응은 항원제시 세포상에 제시된 항원을 T세포 인식하는 것으로부터 시작된다. 이때 항원제시 세포상에 Ia분자가 항원과 동시에 제시된다. 이 Ia분자는 macrophage나 B세포 상에 발현되는 단백질이지만 그 발현량은 면역응답의 강도에 관여한다. 따라서 그 발현량으로 면역반응의 제어가 가

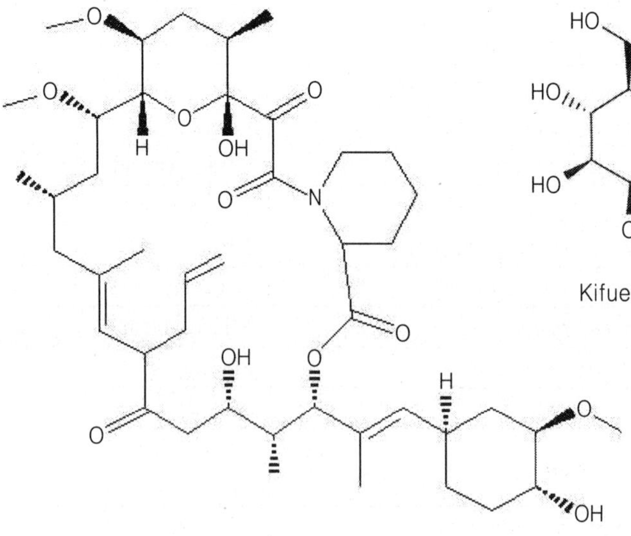

FK506

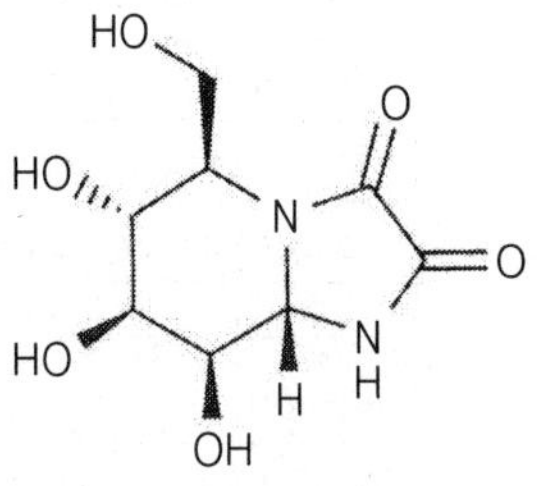

Kifuenensine

그림 1-6. 방선균으로부터 분리된 면역억제 물질

능하다. 즉 Interferon-γ 가 자기면역질환에 유효한 것으로 알려져 있는데, 이 Interferon-γ 는 강력한 Ia분자 발현증강 물질이다. 이를 토대로 *Kitasatosporia kifunense*로부터는 kifunensine(분자량 232.2)이라는 Ia분자 발현증강 물질이 분리되었다.

기작으로는 *in vitro*에서 혼합 임파구 반응을 증강함에도 불구하고 자기면역 질환의 동물 모델인 rat의 2형 콜라겐 관절염이나 adjuvant 관절염에 대해 억제 작용을 나타낼 뿐만 아니라 rat의 피부이식에 있어서 그 수명을 연장시킨다.

(3) 기타 생리활성물질

신경세포의 분화 유도, 생존유지, 신경돌기의 신장촉진 등에 관여하는 신경 영양인자(NTF) 유사물질로 *Streptomyces* 속으로 분리된 신경 아세포종 neuro 2A세포의 분화에 수반되는 신경돌기의 신장을 촉진하는 물질인 lactacystin이 *Streptomyces* 속으로부터 분리되었다.

혈관 평할근 이완작용 물질로 *Streptomyces aureofaciens* 의 배양으로부터 WS1228 A와 B, *Streptomyces griseosporeus*로부터 FK409, protein kinase 저

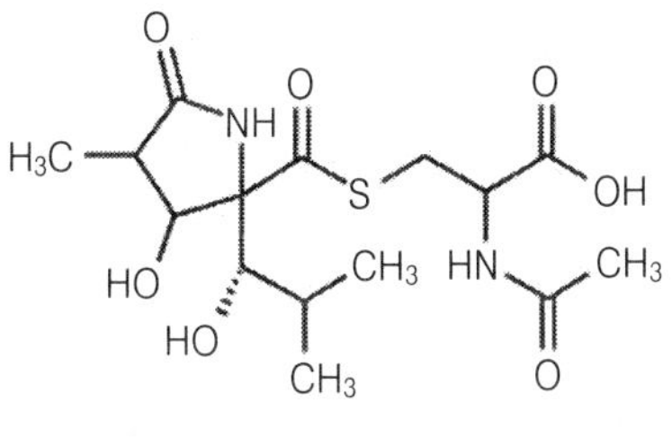

Lactacystin

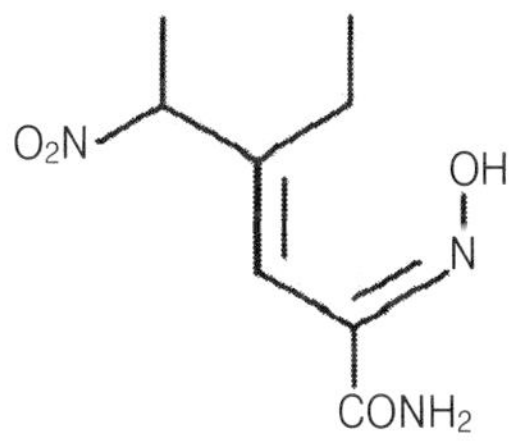

FK409

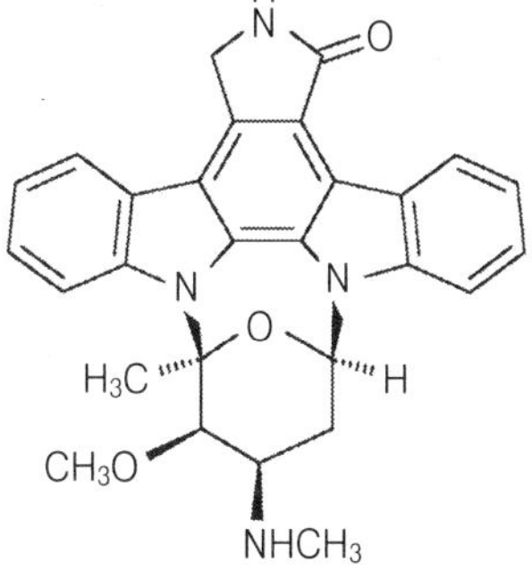

Staurosporine

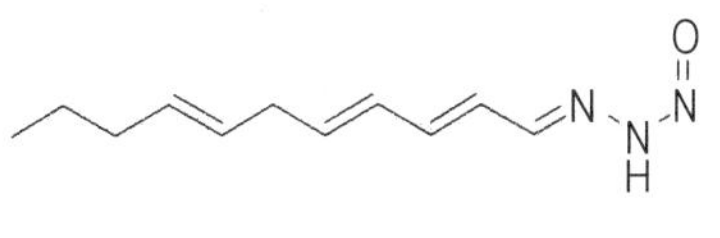

WS 1228A

그림 1-7. 방선균으로 분리된 기타 생리활성물질

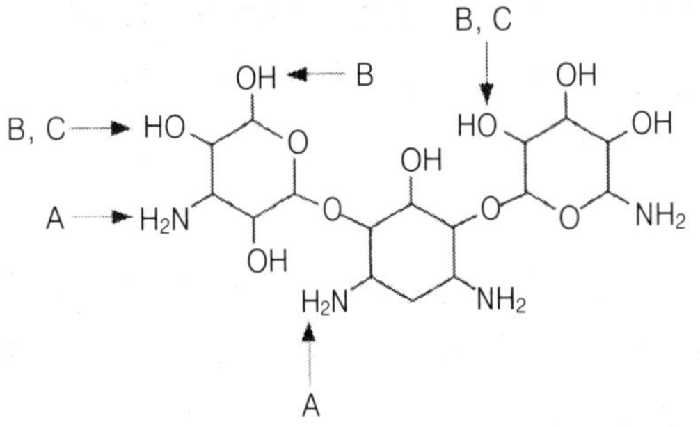

A, acetyl: B, adenyl; C, phosphoryl

Clavulanic acid

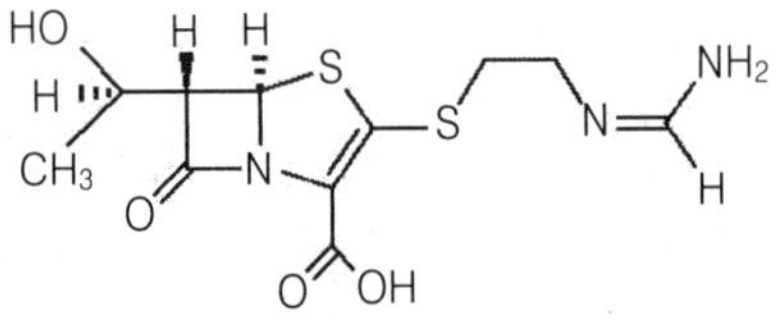

Imipenem(a semisynthetic thienamycin)

Thienamycin

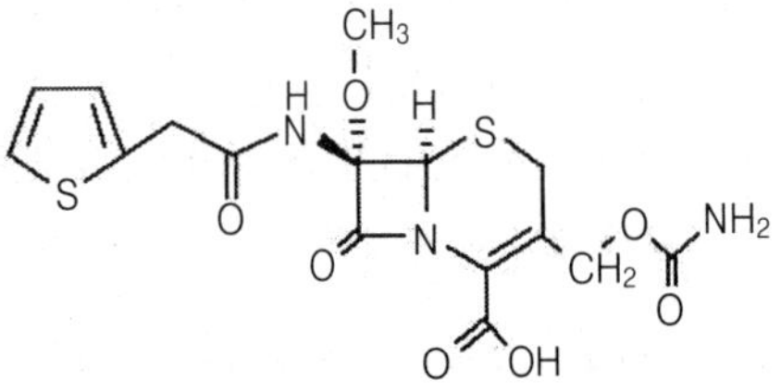

Cefoxitin(a semisynthetic cephamycin)

Cephamycin

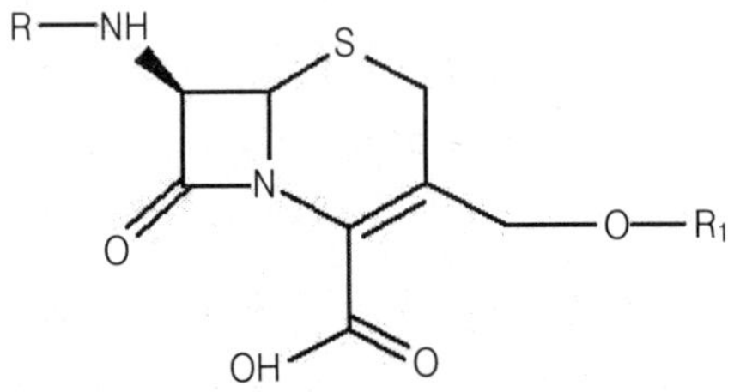

Cephalosporin

그림 1-8. 방선균이 생산하는 β-Lactam 계 항생물질

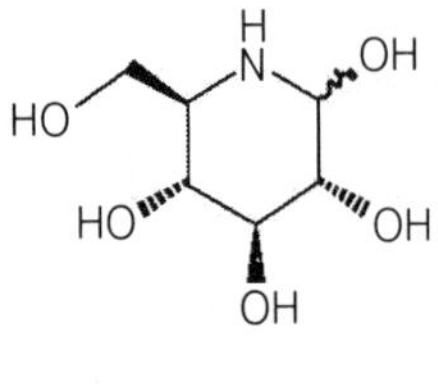

Nojirimycin

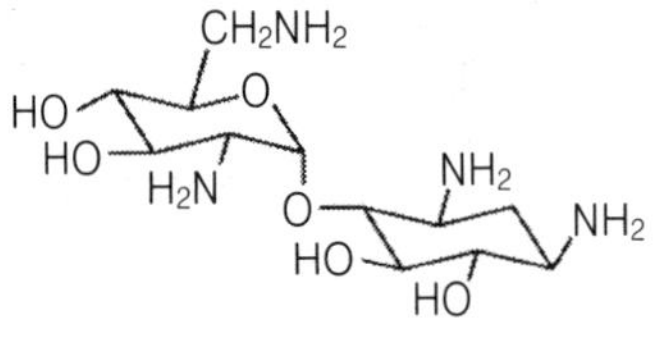

Neomycin

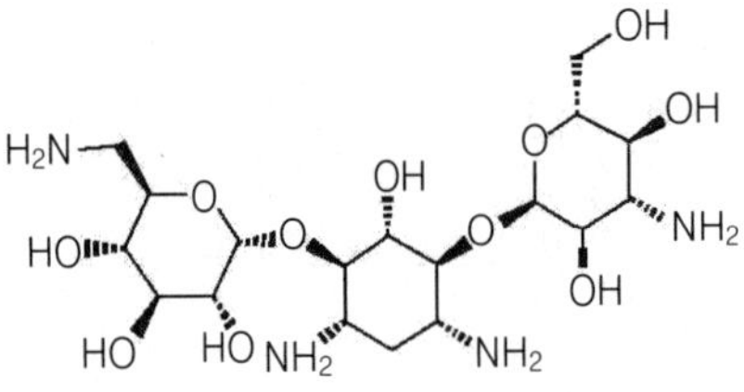

Kanamycin

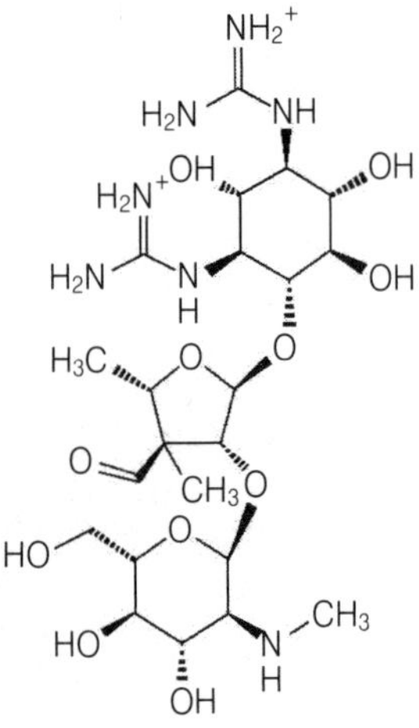

Streptomycin

그림 1-9. 방선균이 생산하는 Aminoglycoside 계 항생물질

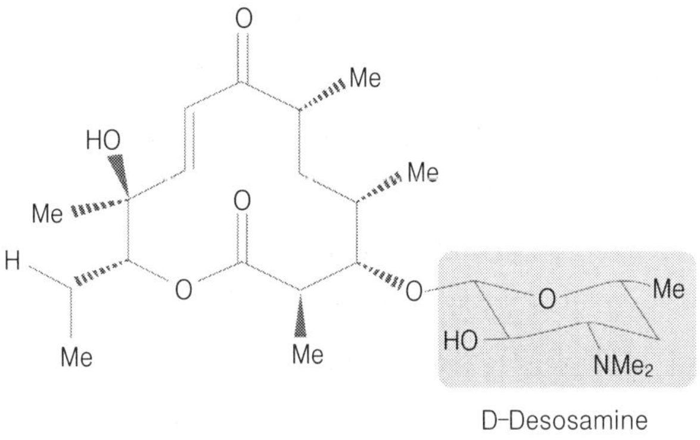

D-Desosamine

Methymycin

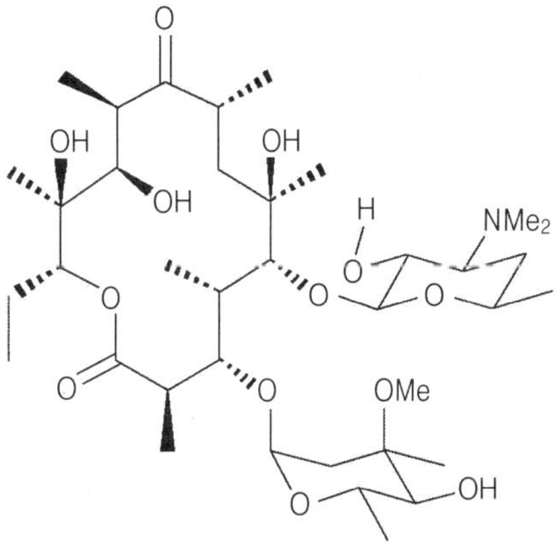

Erythromycin

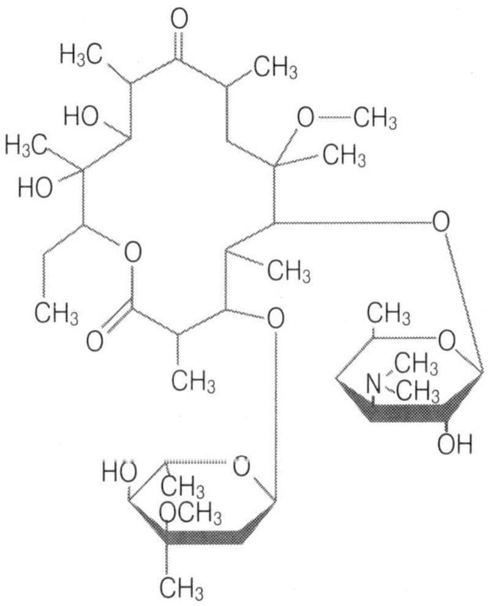

Clarithromycin

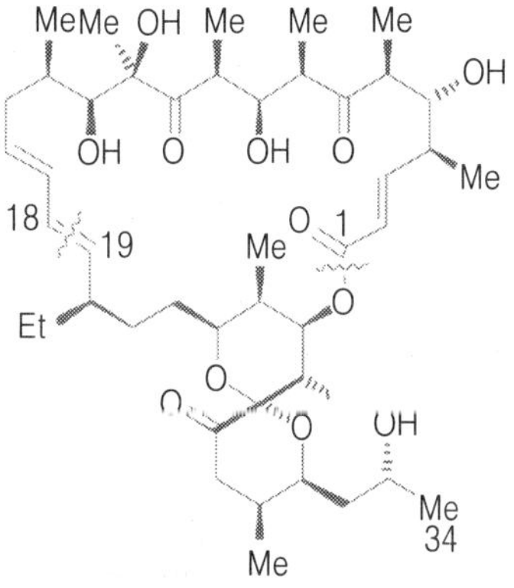

Oligomycin B

그림 1-10. 방선균이 생산하는 Macrolide계 항생물질

해물질로 *Streptomyces staurosporeus*의 staurosporine, staurosporine과 유사구조를 갖는 물질로서 *Norcadiospsis*가 생산하는 K-252a 등이 있다.

2) 곰팡이 및 세균유래 생리활성물질

항생물질(antibiotics)은 미생물의 대사산물로 저농도에서 세균이나 기타 다른 미생물의 생육을 저해하는 물질을 말한다. 최근에는 미생물 이외의 것이나 화학합성에 의한 물질도 포괄하고 있다.

항생물질의 역사는 1929년 A. Fleming이 *Penicillium notatum*의 배양여액이 황색포도상구균인 *Staphylococcus aureus*의 생육을 저해한다는 사실로부터 오늘날의 penicillin이 등장하게 되는 것으로 시작한다고 할 수 있다.

동시대에 R. Dubos는 *Bacillus brevis*의 배양액으로부터 tyrothricin을 분리하였다. 이것을 출발로 하여 S. A. Waksman이 방선균으로부터 생리활성을 풍부하게 얻을 수 있다고 인정하여 그로부터 많은 항생물질이 발견되었다.

(1) β -Lactam계 항생물질

Penicillin 개발의 역사는 근대적 발효법의 역사로 생산균의 선택, 개량, 배양 및 공업적 순수배양의 기술 등은 penicillin과 함께 발달해 왔다. Penicillin의 생산균주로는 *Penicillium notatum, P. chrysogenum* 및 *P. chrysogenum* Q176 등이 있다.

대표적 생산균주는 *Penicillium chrysogenum*이나 재조합 대장균 및 *Fusarium oxysporum*을 사용하여 6~9일 간 발효한다. 발효 축적농도는 40~50 g/L이며, 기질 탄소원의 65%는 세포성분으로, 10~12%는 페니실린으로 생산된다. 보통 포타슘염으로 회수하며, 회수율은 90% 이상이다.

종류로는 천연계인 penicillin G, F, K, N과 생물합성계인 penicillin G, V, O

표 1-3. 곰팡이 유래 생리활성물질의 수

생리활성물질	*Aspergilus* 및 *Penicillium* spp.
Nucleoside	2
β-lactam	2
Quinone	8
Peptide	55
Glycopeptide	0
Macrolide	4
Aminoglycoside	0
Ansamycin	0
Polyether	0
Terpenoid	21
기타	190
계	282

등이 있다. 이 중 의약용으로 적당한 것은 penicillin G로 생합성 전구체로는 페닐초산을 첨가하여 순도 높은 pencillin을 얻는 것이 가능해졌다. Penicillin G는 포도상구균, 연쇄상구균 등의 그람양성 세균과 그람음성 세균에 강한 활성을 가지고 있어서 감염성 치료에 가장 많이 이용되어 왔다. Penicillin의 부작용으로는 알러지 과민증이 알려져 있다. Penicillin V는 산에 대하여 안정성이 있어서 경구로 투여가 가능하며, 현재는 전 합성이 가능하다.

Penicillin과 같이 세균의 세포벽 합성을 저해하는 항생물질로 생산균주로는 *Cephalosporium acremonium*이며, 항생물질 종류로는 cephalosporin P와 N이 있다. 또한 발효법 뿐만 아니라 효소나 화학적 수식에 의하여 약효가 향상된 cephems을 생산한다. Cephems은 편의상 포도상구균에 항균력을 가진 1세대(cephaloridine, cephalotin, cephapirin, cephazedone), 그람음성균에도 항균력이 있는 2세대(cefuroxime, cefotiam, cefmetazole, cephamandole), 그람음성균에 항균력은 강하나 그람양성균에 약한 3세대(cefotaxime, cefazidine, ceftriaxone, cefperazone), 그람양성균에도 강한 4세대(cefpirone) 등으로 구분한다.

Cephalosporin C의 발효과정을 보면 포도당과 메티오닌을 흡수하여 cephalosproin C 합성효소가 생성되면서 균사는 원형의 분절자로 바뀐다. 이 시점부터 cephalosproin C가 본격적으로 생성된다. 균체의 성장기에는 메티오닌과 용존산소를 충분히 공급하고, 생산기에는 자화가 어려운 식용유를 첨가함으로써 생산성을 증가시킨다. 발효 4～5일 정도에서 20～25 g/L의 cephalosporin C가 축적되며, 제품의 회수율은 80～90% 정도이다.

Cephalosporin C는 초기에 활성 및 생산성이 낮아 실용화에 상당한 시간이 요구되었으나 penicillin과 달리 내산성과 penicillinase에 대한 저항이 있고, 항균스펙트럼이 광범위하다는 이점을 가지고 있어서 그 후로 합성에 의한 생산이

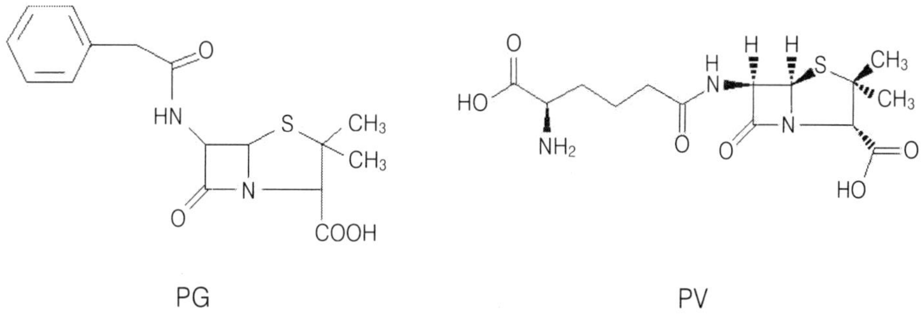

그림 1-11. Penicillin G(PG) and V(PV)

시도되었다. Cephalosporin C는 값싼 7-ADCA(aminodeacetoxy-cephalosporanic acid)로부터 화학적 수식에 의해서 제조한다. 7-ADCA는 *Streptomyces clavuligerus*의 expandase를 생산하는 gene을 *Penicillium chrysogenum*에 형질전환한 새로운 *P. chrysogenum*에 의하여 발효법으로 생산할 수 있다. 그림 1-13은 1995년 Crawford 등에 의한 새로운 7-ADCA의 반합성 방법이다. 페니실린의 sulfoxide ester의 고리를 확대하여 cephalosproin C ester로 전환한 후 에스테르 부위와 페닐아세틸 측쇄부위를 제거하면 7-ADCA

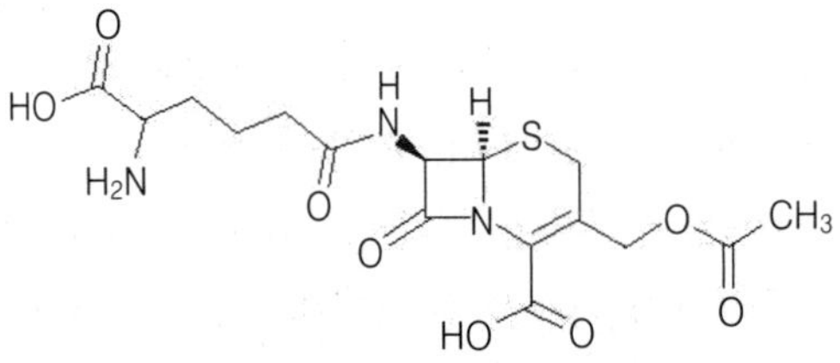

그림 1-12. Cephalosporin C

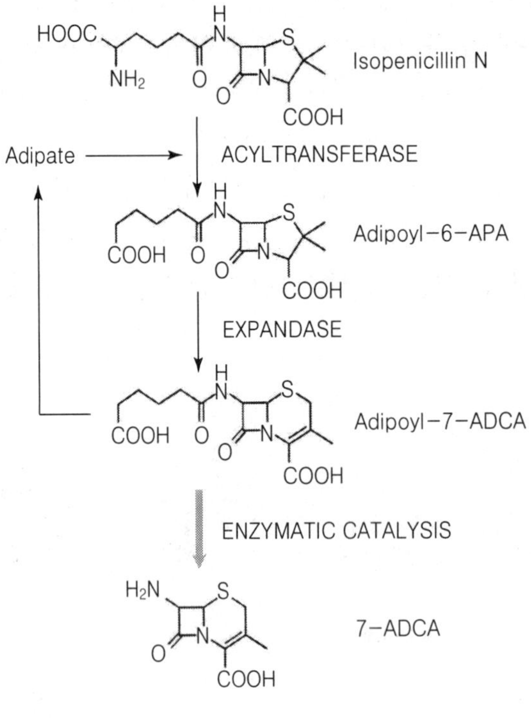

그림 1-13. *Penicillium chrysogenum*에 의한 7-ADCA의 생산

가 생성된다. 또한 7-ACA(7-aminocephalosporanic acid)로부터 얻을 수 있으며, cephalosproin C의 생산량은 7-ACA의 생산량으로 추정할 수 있을 정도이다.

(2) Peptide계 항생물질

Tyrothricin은 *Bacillus brevis*가 생산하는 항균물질로서 항생물질 연구 초기에 발견된 물질이다. 이것은 후에 환상의 tyrocidine과 사슬모양의 gramicidin A, B, C로 분리되었다.

Gramicidin A는 세균의 세포막에 2분자의 channel을 형성하여 이온투과성을 유도하는 ionophore 작용을 한다. Gramicidin S는 *Bacillus brevis*가 생산하는 환상 peptide 항생물질로 gramicidin J와 동일 물질이다. 이들은 그람양성 세균의 세포막 형성을 저해함으로써 항균력을 나타낸다. 그 밖에 *B. coistinus*로부터 colistin, *B. polymyxa*로부터 polymyxin, *B. circulans*로부터 circulin과 같은 항생물질이 있다.

혈전용해 물질로 surfactin과 E-64는 각각 *B. subtilis*와 *Asp. japonicus* TPR-64로부터 생산된다.

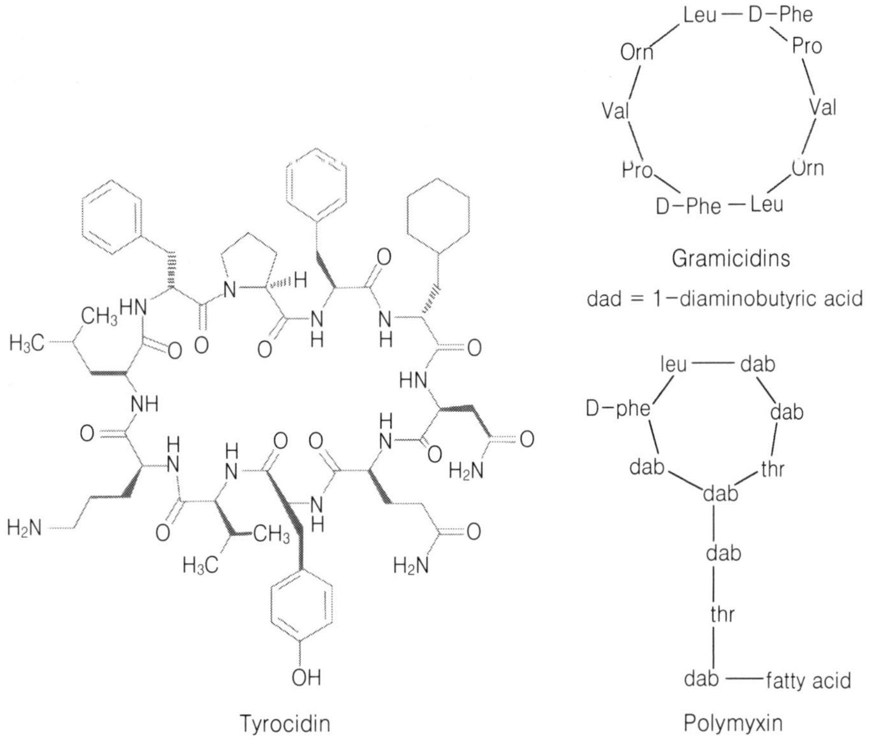

그림 1-14. Tyrocidine, gramicidin 및 polymyxin의 구조

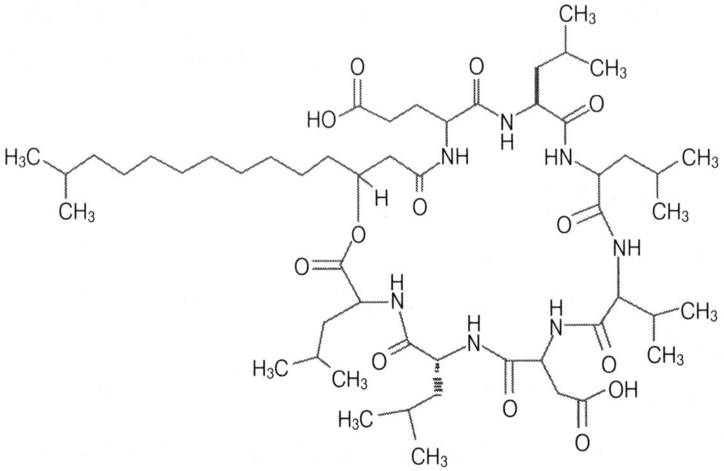

그림 1-15. Protease 저해제 surfactin

(3) 기타 생리활성물질

*Oudemonisiella radicata*로부터 tyrosine hydroxylase 저해물질인 oudenone, *Asperillus niger*로부터 orobol, *Fusarium oxysporum* 부터 fusaric acid, *Pseudomonas* BA C125로부터 dopastin 등이 분리되었다.

참고문헌

1. Gottlieb, D. 1974. Bergey's Manual of Determinative Bacteriology, 8th ed.
2. Kutzner, H.J. 1967. Variability in streptomycetes. A review. Zentralbl Bakteriol Parasitenkd Infektionskr Hyg.: 121(4): 394~413.
3. Strauss, D. 1967. Antineoplastic effective antibiotics from Streptomycetes. Arzneimittelforschung. 17(6): 693~706.
4. Mitscher, L.A. 1968. Biosynthesis of the tetracycline antibiotics. J Pharm Sci. 57(10): 1633~49.
5. Iwami, M., Kiyoto, S., Terano, H., Kohsaka, M., Aoki, H. and Imanaka, H. 1987. A new antitumor antibiotic, FR-900482. I. Taxonomic studies on the producing strain: a new species of the genus Streptomyces. J Antibiot (Tokyo). 40(5): 589~93.
6. Kiyoto, S., Shibata, T., Yamashita, M., Komori, T., Okuhara, M., Terano, H., Kohsaka, M., Aoki, H. and Imanaka, H. 1987. A new antitumor antibiotic, FR-900482. II. Production, isolation, characterization and biological activity. J Antibiot (Tokyo). 40(5): 594~9.
7. Shimomura, K., Hirai, O., Mizota, T., Matsumoto, S., Mori, J., Shibayama, F. and Kikuchi, H. 1987. A new antitumor antibiotic, FR-900482. III. Antitumor activity in transplantable experimental tumors. J Antibiot (Tokyo). 40(5): 600~6.
8. Fujita, T., Takase, S., Otsuka, T., Terano, H. and Kohsaka, M. 1988. Precursors in the biosynthesis of FR-900482, a novel antitumor antibiotic produced by *Streptomyces sandaensis*. J Antibiot (Tokyo). 41(3): 392~4.
9. Masuda, K., Nakamura, T., Shimomura, K., Shibata, T., Terano, H., Kohsaka, M., 1988. A new antitumor antibiotic, FR-900482: V. Interstrand DNA-DNA cross-links in L1210 cells. J Antibiot (Tokyo). 41(10): 1497~9.
10. Masuda, K., Suzuki, A., Nakamura, T., Takagaki, S., Noda, K., Shimomura, K., Noguchi, H. and Shibayama, F. 1989. A new antitumor antibiotic, FK973: its metabolism in the blood and the antitumor effects of its metabolites on experimental models. Jpn J Pharmacol. 51(2): 219~26.
11. Pandey, R.C., Toussaint, M.W., Stroshane, R.M., Kalita, C.C., Aszalos, A.

A., Garretson, A.L., Wei, T.T., Byrne, K.M., Geoghegan, R.F. and Jr, White, R.J. 1981. Fredericamycin A, a new antitumor antibiotic. I. Production, isolation and physicochemical properties. J Antibiot (Tokyo). 34(11): 1389~401.

12. Oka, H., Yoshinari, T., Murai, T., Kawamura, K., Satoh, F., Funaishi, K., Okura, A., Suda, H., Okanishi, M. and Shizuri, Y. 1991. A new topoisomerase-II inhibitor, BE-10988, produced by a streptomycete. I. Taxonomy, fermentation, isolation and characterization. J Antibiot (Tokyo). 44(5): 486~91.

13. MacLeod, A.M. and Thomson, A.W. 1990. FK-506. A new immunosuppressive drug. Medicina (Firenze). 10(3): 329~32.

14. Elbein, A.D., Tropea, J.E., Mitchell, M., Kaushal, G.P. 1990. Kifunensine, a potent inhibitor of the glycoprotein processing mannosidase I. J Biol Chem. 265(26): 15599~605.

15. Omura, S., Fujimoto, T., Otoguro, K., Matsuzaki, K., Moriguchi, R., Tanaka, H. and Sasaki, Y. 1991. Lactacystin, a novel microbial metabolite, induces neuritogenesis of neuroblastoma cells. J Antibiot (Tokyo). 44 (1): 113~6.

16. Hino, M., Takase, S., Itoh, Y., Uchida, I., Okamoto, M., Hashimoto, M. and Kohsaka, M. 1989. Structure and synthesis of FK409, a novel vasodilator isolated from Streptomyces as a semi-artificial fermentation product. Chem Pharm Bull (Tokyo). 37(10): 2864~6.

17. Tamaoki, T., Nomoto, H., Takahashi, I., Kato, Y., Morimoto, M. and Tomita F. 1986. Staurosporine, a potent inhibitor of phospholipid/Ca^{++} dependent protein kinase. Biochem Biophys Res Commun. 135(2): 397~402.

18. Sudhakaran, V.K. and Borkar, P.S. 1985. Microbial transformation of beta-lactam antibiotics: enzymes from bacteria, sources and study-a sum up. Hindustan Antibiot Bull. 27(1-4): 63~119.

19. Roskoski, R. Jr, Gevers, W., Kleinkauf, H. and Lipmann F. 1970. Tyrocidine biosynthesis by three complementary fractions from *Bacillus brevis* (ATCC 8185). Biochemistry. 9(25): 4839~45.

20. Polin, A.N. and Egorov, N.S. 2003. Structural and functional characteristics of gramicidin S in connection with its antibiotic activity. Antibiot Khimioter. 48(12): 29~32.

21. Huddleston, J.A. and Abraham, E.P. 1978. The stereochemistry of beta-lactam formation in cephalosporin biosynthesis. Biochem J. 169(3): 705~7.

22. Ellaiah, P., Adinarayana, K., Chand, G.M., Subramanyam, G.S. and Srinivasulu, B. 2002. Strain improvement studies for cephalosporin C production by *Cephalosporium acremonium*. Pharmazie. 57(7): 489～90.

23. Velasco, J., Luis Adrio, J., Angel Moreno, M., Diez, B., Soler, G. and Barredo, J.L. 2000. Environmentally safe production of 7-aminodeacetoxycephalosporanic acid (7-ADCA) using recombinant strains of *Acremonium chrysogenum*. Nat Biotechnol. 18(8): 857～61.

24. Vogler, K. and Studer, R.O. 1966. The chemistry of the polymyxin antibiotics. Experientia. 22(6): 345～54.

25. Daniels, M.J. 1968. Studies of the biosynthesis of polymyxin B. Biochim Biophys Acta. 156(1): 119～27.

26. Kluge, B., Vater, J., Salnikow, J. and Eckart, K. 1988. Studies on the biosynthesis of surfactin, a lipopeptide antibiotic from *Bacillus subtilis* ATCC 21332. FEBS Lett. 231(1): 107～10.

27. Komatsu, K., Inazuki, K., Hosoya, J. and Satoh, S. 1986. Beneficial effect of new thiol protease inhibitors, epoxide derivatives, on dystrophic mice. Exp Neurol. 91(1): 23～9.

28. Umezawa, H., Takeuchi, T., Linuma, H., Suzuki, K. and Ito, M. 1970. A new microbial product, oudenone, inhibiting tyrosine hydroxylase. J Antibiot (Tokyo). 23 (10): 514～8.

29. Umezawa, H., Tode, H., Shibamoto, N., Nakamura, F. and Nakamura K. 1975. Isolation of isoflavones inhibiting DOPA decarboxylase from fungi and streptomyces. J Antibiot (Tokyo). 28(12): 947～52.

30. Dobson, T.A., Desaty, D., Brewer, D. and Vining, L.C.1967. Biosynthesis of fusaric acid in cultures of *Fusarium oxysporum* Schlecht. Can J Biochem. 45(6): 809～23.

31. Iimura, H., Takeuchi, T., Kondo, S., Matsuzaki, M. and Umezawa H. 1972. Dopastin, an inhibitor of dopamine-hydroxylase. J Antibiot (Tokyo). 25(8): 497～500.

2. 식물유래 생리활성물질

1) Flavonoids

플라보노이드(flavonoids)는 벤젠링(bezene ring)을 갖는 C6-C3-C6 형태의 화합물로서 식물체에서는 주로 당과 결합한 형태(glycosides)로 분리된다. 식물의 줄기, 뿌리, 과육 및 화분 등 모든 부위에서 분리되는 물질로서 생리활성 효능으로는 이뇨작용과 항산화작용을 갖는 것으로 알려져 있다.

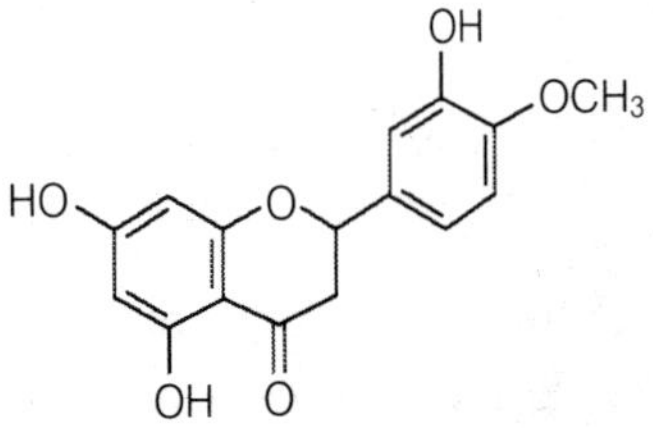

Hesperetin 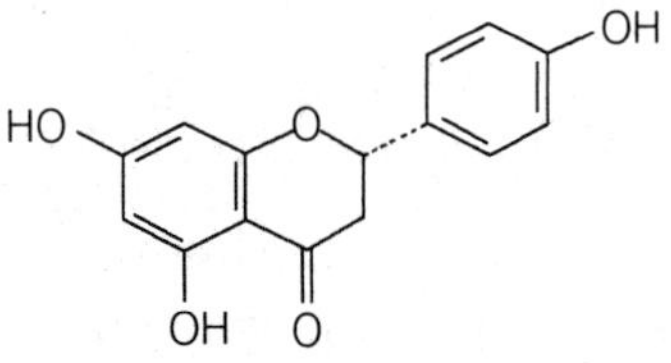　　Naringenin 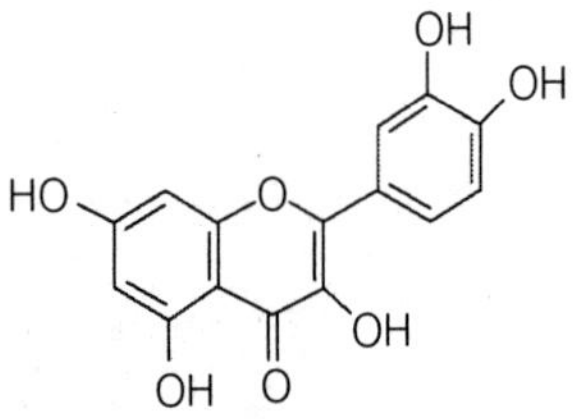　　Quercetin

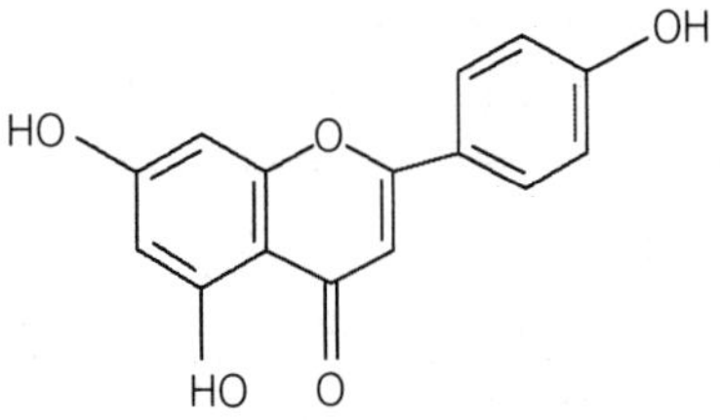

Apigenin 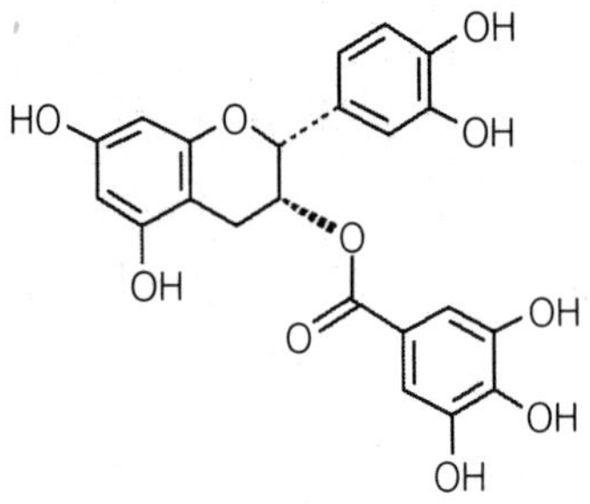　　Epigallocatechin 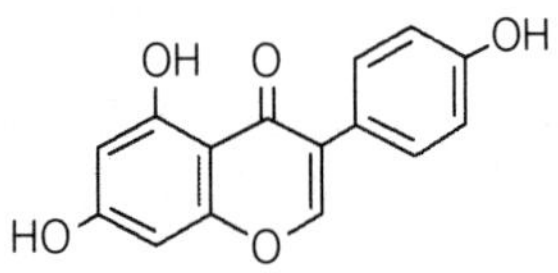　　Genistein

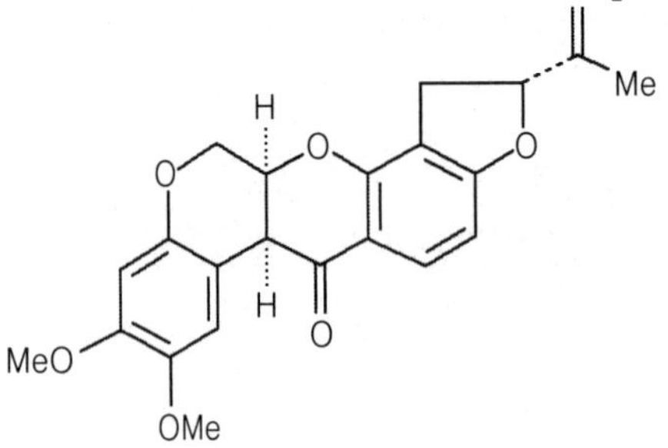

Rotenone 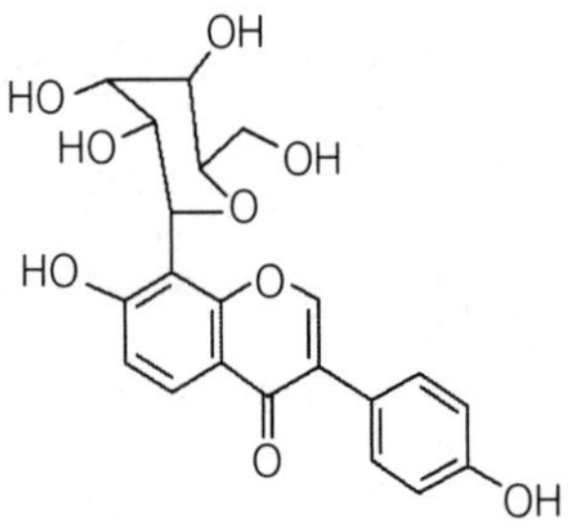　　Puerarin

그림 1-16. 각종 Flavonoid계 화합물

표 1-4. Flavonoid

Source	Flavonoid	Activity
Yerba santa	Hesperetin	Anti-fungus
Grape fruit	Naringenin	Anti-bacterial
Allium cepa	Quercetin	Anti-allergic
Chamomile	Apigenin	Anti-inflammatory
Camellia Sinensis	Epigallocatechin	Anti-oxidant
Trifolium pratense	Genistein	Estrous(여성호르몬 유사 작용)
Pinus densiflora	Pycnogenol	Aniti-oxidant
Derris elliptica	Rotenone	Disinfestation(살충제)
Pueraria lobata	Puerarin	Alcohol detoxification
Cirsium japonicum	Silymarin	간 보호

2) Alkaloid

알카로이드(alkaloid)는 생리활성물질 중 일반적으로 강한 효능을 가지고 있다. 염기성 아민이며 비휘발성, 무취의 쓴맛을 내며, 일반적으로 물에 잘 녹지 않는다. 종류는 12,000여 종이 넘는 것으로 알려져 있다.

표 1-5. Alkaloid

Source	Alkaloid	Activity
Crocus sativus	Colchicine	Gouty(통풍)
Ephedra sinica	Ephddrine	Asthma(천식)
Vinca rosea	Vincristine	Anti-cancer(항암)
Hydrastis Canadensis	Berberine	Flu(감기)
Lobelia erinus	Lobeline	Asthma(천식)
Circaea alpina	Tropanes	Anti-cholinergic(부교감 신경차단제)
Veratrum	Veratrine	Hypertension(고혈압)
Aconitum	Acontine	Heart failure(심부전)

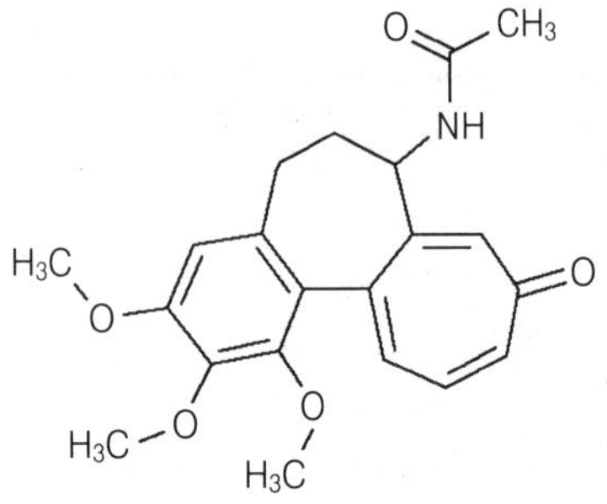

Colchicine

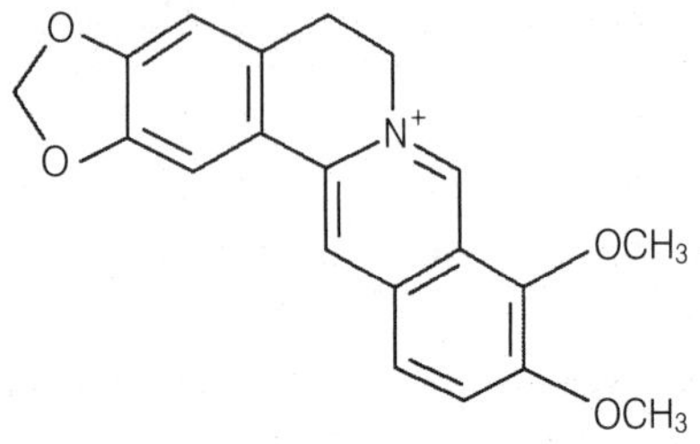

Berberine

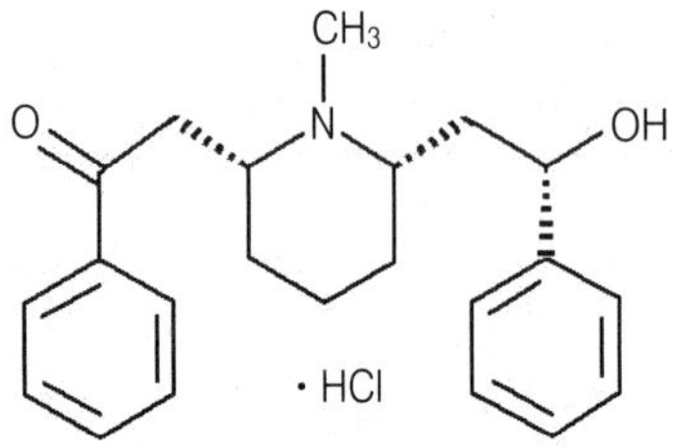

Lobeline

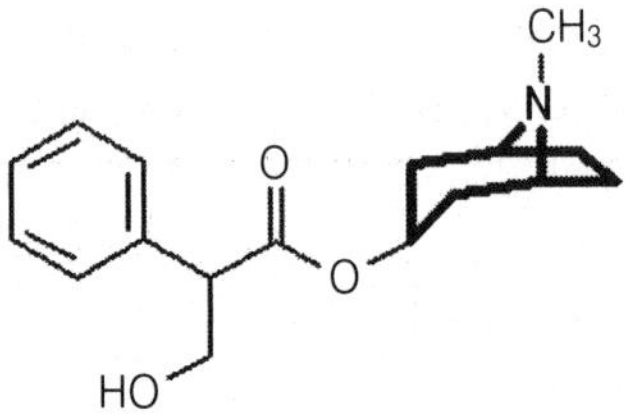

Tropanes

그림 1-17. 여러 가지의 Alkaloid류

3) Saponin

사포닌(saponin)은 테르펜과 유사한 아글리콘 성분이 있는 글리코사이드류이다. 사포닌은 steroidal, terpenoid, glycoalkaloids 계열로 분류한다.

표 1-6. Saponin

Source	Saponin	Activity
Panax ginseng	Ginsenosides	Immune stimulation
Glycyrrhiza glabra	Glycyrrhizin	Antitussive(해소, 천식)
Chestnut	Aescin	정맥기능부전
Astragalus sinicus	Astragalosides	Immune stimulation
Actaea asiatica	Cycloartanes	Estrous
Digitalis purpurea	Digitoxin	Cardiotonic(강심작용)
Hedera helix	Hederosaponins	Apophlegmatic(거담제)
실난초	Sarsasapogenin	Anti-inflammatory

4) Terpenoids

테르페노이드(terpenoids) 화합물은 acetyl-CoA부터 합성된 5-탄소 아이소프렌 단위로 구성되어 있다. 이들은 식물체에서 가장 흔한 물질이며, 구조상 변이가 심한 물질로서 종류는 20,000여 종 이상이 된다.

표 1-7. Terpenoids

Source	Terpenoids	Activity
Coriandrum sativum	Terpinenes	Carminative(구풍약)
Artemisia absinthium	Artemesin	Anti-malarial
Ginkgo biloba	Ginkgolides	Anti-inflammatory
Taxus cuspidata	Taxol	Anti-cancer
Daucus carota var. sativa	Carotene	Anti-oxidant
Lycopersicon esculentum	Lycopene	Anti-cancer

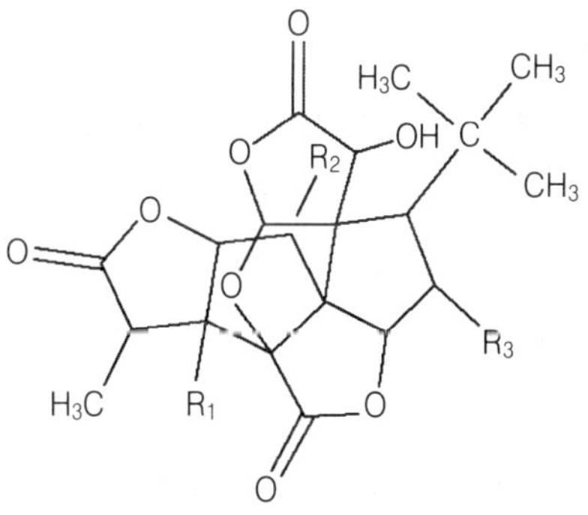

Ginkgolides

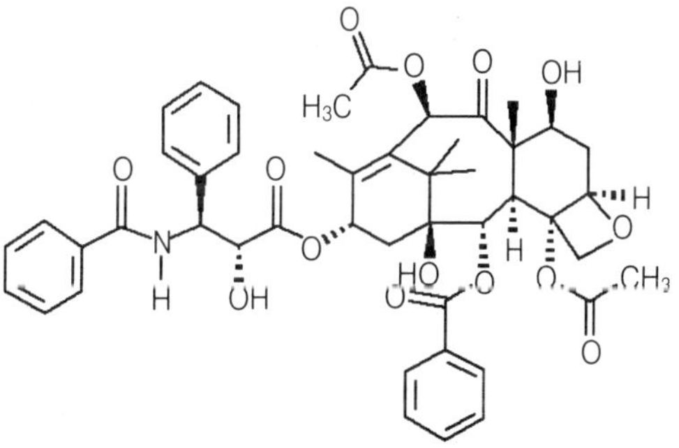

Taxol

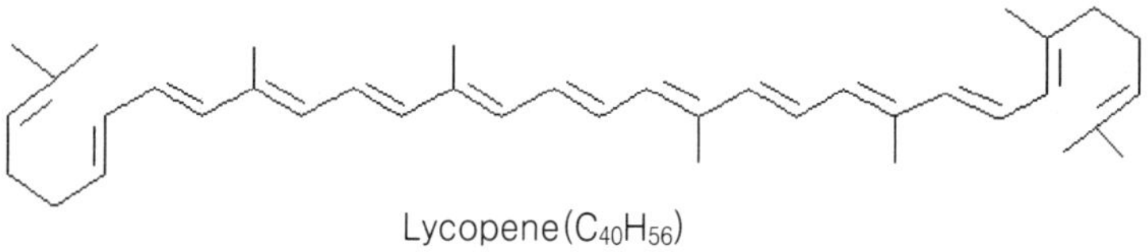

Lycopene($C_{40}H_{56}$)

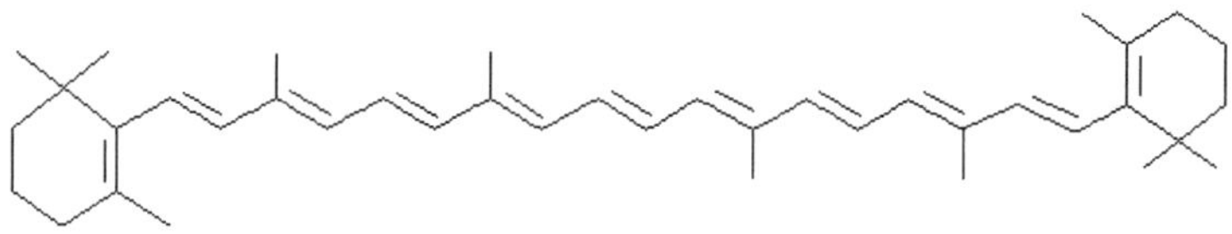

β-carotene($C_{40}H_{56}$)

그림 1-18. 여러 가지의 Terpenoids류

5) Amino acids 및 peptide

Emil Fisher에 의해 단백질의 구성성분이 아미노산으로 이루어졌음이 밝혀져, 아미노산의 생체에 있어서의 중요성이 인식된 이래 다수의 아미노산이 밝혀졌다. 최근에는 일반적으로 단백질을 구성하고 있는 21종의 아미노산 이외에 새로운 아미노산이 발견되고 있다.

이러한 신규 아미노산은 식물 중에 유리 아미노산의 형태로 존재, 분리되는 경우가 많아 미생물이 생산하는 펩타이드 항생물질의 구성 아미노산으로 발견되는 일이 많게 되었다.

(1) 생리활성을 보유하고 있는 천연 아미노산

가) 감미효과

단백질 구성 아미노산은 일반적으로 L-형이며, α-탄소의 입체 배치를 역으로 한 D-형 아미노산의 존재는 매우 한정되어 있다고 믿어 왔으나, 1937년 *Bacillus anthracis*로부터 D-glutamic acid의 발견을 시작으로 세균의 세포벽이나 세균의 배양 생산물로부터 D-형의 아미노산이 보고되었다.

아미노산의 경우 L-형과 D-형에서 그 맛의 차이는 확실히 나타난다. Glycine은 아미노산 중에서 감미가 있는 물질로 잘 알려져 있으며, 그 밖의 아미노산의 경우 D-형의 alanine, serine, valine, leucine 및 tryptophan은 감미가 강하다. 그러나 반대로 다시마의 감미 주성분인 L-sodium glutamate는 D-형일 때는 감미가 상당히 떨어진다.

식품첨가물로 사용하는 aspartame(상품명)은 aspartate와 phenylalanine으로 된 dipeptide의 methyl ester로 설탕보다 200배 이상의 단맛이 있어 저칼로리 인공감미료로 saccharine 대용으로 사용되고 있다.

나) 혈당강하

열대식물인 Akee 식물(*Blighia sapida*)로부터 분리된 hypoglycine A(β-(methyllenecyclopropyl)-alanine과 여지(*Litchi chinensis*)로부터 분리된 α-(methyllenecyclopropyl)-glycine 등은 동물의 혈당을 무작위적으로 내리는 효과가 있다.

다) 혈압강하

일반적으로 식물에 널리 존재하는 혈압강하 물질로 γ-aminobutyric acid가 있다.

(2) 식물유래의 펩타이드

가) 맥각 알칼로이드

맥각은 호밀에 *Claviceps purpuriea*가 기생함으로써 생성된 물질이다. 약용으로는 ergonetrine과 ergotamine 등을 예로 들 수 있다.

맥각 알칼로이드는 adrenaline, serotonin 수용체에는 상승제(synergist)와 부분적 상승제 및 길항제로 작용하고, 중추신경계 dopamine 수용체에는 상승제로 작용한다. 자연에 존재하는 알칼로이드는 강력한 환각물질로 알려져 있다.

Lysergic acid diethylamide는 맥각 알칼로이드로서 행동에 대한 효과는 중추신경계에서 접합부 전의 5-HT2 수용체에 작용하거나 접합부 후의 5-HT2 수용체에 작용한다. 현재 사용중인 맥각 알칼로이드 중 bromocriptine, pergolide는 연수의 도파민(dopamine) 수용체에 강한 선택성을 나타내며, 조절성 도파민 수용체의 자극에 의하여 연수세포에서 prolactin 분비를 억제한다. 이것들은 도파민 자체와 apomorphine와 같은 도파민 작용제의 수용체 결합을 직접 경쟁적으로 억제한다.

Ergotamine과 관련 물질들은 대부분의 사람의 혈관에 대하여 예측 가능하고, 지속적이며 강하게 수축작용을 나타낸다. 특히 대뇌의 동정맥문합 혈관은 ergotamine, dihydroergotamine, sumatriptan 등과 같은 약물에 민감하다. 맥각 알칼로이드의 현저하고 특이한 편두통 치료효과는 신경세포나 혈관의 세로토닌 수용체에 대한 효과와 관련 있는 것으로 여겨지며, ergotamine, ergonovine, methysergide는 편두통 치료에 가장 일반적으로 쓰이는 약물이다. Ergotamine은 강한 혈관 수축작용을 가진 맥각 알칼로이드이다.

맥각 알칼로이드의 자극효과에 대한 자궁의 감수성은 임신 시에 매우 급변하는데, 임신이 진행되면서 알파-1-수용체의 우세성이 증가하기 때문일 것이다. 만삭의 자궁은 임신 초기 자궁보다 민감하며 비임신 자궁보다는 훨씬 민감하다. 소용량에서 맥각제제는 자궁의 규칙적인 수축과 이완을 유도할 수 있으며, 고용량에서는 매우 강하고 지속적인 수축을 유발한다.

나) 펩타이드 알칼로이드

주로 Rhamnaceae(갈매나무)과 식물로부터 발견되며, 14개의 환상 cyclic peptide alkaloid 등도 있다. 주로 Rhamnaceae, Hymenocardiaceae(대극), Pandaceae, Celastraceae(노박덩굴) 등에서 발견되나, 약용식물로는 좀갈매나무(*Rhamnus frangula*)로부터의 보고가 가장 많다.

6) Nucleic acids(핵산)

핵산은 세포의 핵으로부터 분리되며, 당의 존재에 따라서 pentose ribonucleic acid나 ribonucleic acid(RNA)와 deoxypentose nucleic acid 혹은 deoxyribonucleic acid(DNA)의 두 가지 종류로 나눌 수 있다. RNA는 주로 세포질에서 얻을 수 있고, DNA는 세포핵으로부터 얻을 수 있다.

7) Porphyrins(포피린류)

포피린(porphyrins)류는 일찍이 동식물체의 호흡계 색소의 보결분자족으로 발견되었으며, 구조는 4개의 피롤 환이 메틴기(-CH=)에 의해 고리화되어 포피린 핵을 형성하고, 그 핵 주변의 위치에 메틸, 에틸, 피롤, 프로피온산기 등의 측쇄가 도입된 여러 종류의 유도체를 형성한다. 피롤 환의 질소 원자가 금속 이온과 결합하기 쉽고, 금속 포피린은 단백질과 결합하는 생화학적으로 중요한 물질이다. 예를 들면 헤모글로빈, 시토크롬, 카탈라제 등에는 철 포피린인 헴 또는 헤마틴이 함유되어 식물의 엽록체에는 마그네슘이 도입된 클로로필이 있다. 악성빈혈 치료제인 비타민 B_{12}도 포피린 유도체의 한 예이다.

포피린은 생체 시료 중에 때때로 매우 저농도이기는 하나 존재한다. 조직에의 침착 또는 생체에 의한 분비는 어떠한 대사이상의 결과인 경우가 많고, 침착 또는 분비의 패턴을 조사함으로써 대사이상을 진단할 수 있다.

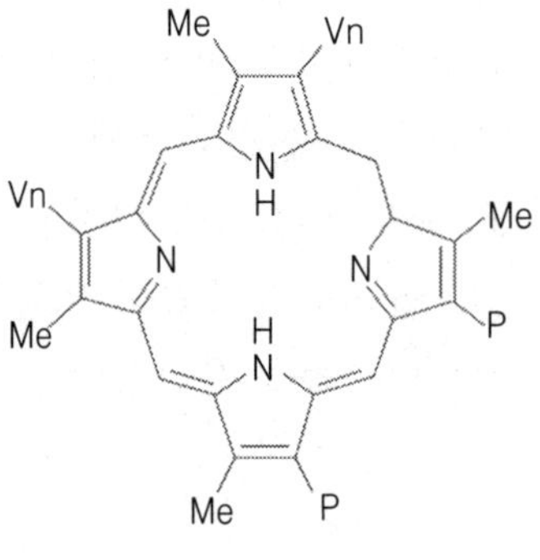

Me; CH_3, P; $-CH_2COOH$, Vn; $-CH=CH_2$

그림 1-19. Protoporphyrin

최근의 포피린 유도체의 연구로는 레이저광이 정상 조직보다 암조직에보다 많이 흡수되는 점을 이용, 적색 레이저광의 방사에 의해 암조직을 파괴하는 광선역학 치료(photodynamic therapy : PDT)도 전 세계적으로 주목을 받고 있다.

8) Proteins(단백질)

단백질은 L-amino acid 간의 결합에 의한 polypeptide로 통상 분자량 1만 전후 혹은 그 이상의 고분자이다. 순수하게 polypeptide로만 이루어진 단순단백질과 단백질과 기타 다른 구성분자가 결합된 복합단백질로 크게 분류할 수 있다. 또한 핵산과 결합하여 핵단백질, 다당류가 결합한 형태인 당단백질로 ricin 같은 것이 있다. Lecithin, sphingomyelin과 같이 polypeptide 중의 serine에 인산이 결합된 지단백질과 금속이 결합된 금속단백질 등 다양하게 분류되고 있다.

기원에 따라서는 식물로부터 분리된 ricin, viscotoxin, abrin 및 crotin과 같은 생리활성 단백질과 뱀독이나 곤충독인 동물성 단백질도 있다. 또한 당의 측쇄를 인식할 수 있는 식물 유래 단백질로 혈구의 응집작용을 나타내는 렉틴(lectin)도 있다.

생리활성을 나타내는 단백질 중 많은 것으로는 효소가 있다. 다종 다양한 효소가 효모나 미생물로부터 제조되고 있으며 상당수가 리파아제(lipase), 아밀라아제(amylase), 프로테아제(protease) 및 셀루라아제(cellulase)와 같은 가수분해효소(hydrolase)이다. 이러한 효소는 식품, 양조, 폐수처리 및 사료첨가용으로 사용되고 있으며, 의료분야에서도 많은 효소가 사용되고 있다. 충치 방지제로 덱스트라나아제(dextranase)와 백혈병 치료를 위한 아스파라기나아제(asparaginase) 등이 대표적이다.

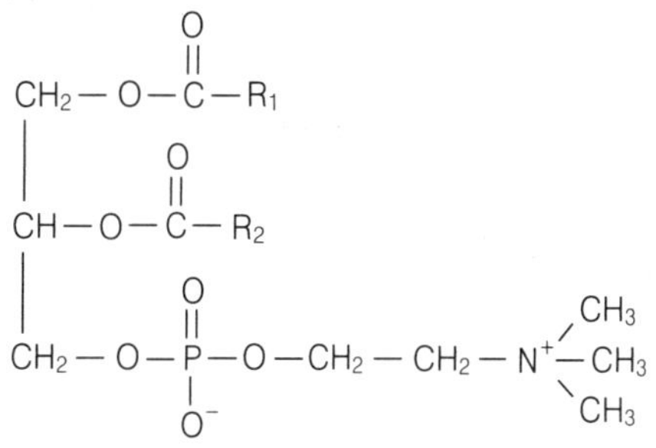

$$
\begin{array}{l}
CH_2-O-\overset{O}{\overset{\|}{C}}-R_1 \\
| \\
CH-O-\overset{O}{\overset{\|}{C}}-R_2 \\
| \\
CH_2-O-\underset{O^-}{\underset{|}{\overset{O}{\overset{\|}{P}}}}-O-CH_2-CH_2-N^+(CH_3)_3
\end{array}
$$

그림 1-20. Lecithin

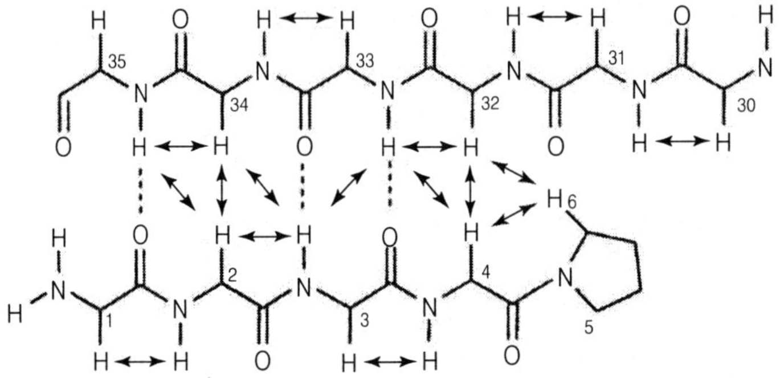

그림 1-21. Viscum 유래의 viscotoxin

9) Carbohydrates(탄수화물)

식물성 다당류로는 세포벽 성분인 cellulose, pectin질 성분 및 hemicellulose가 있다. 통상적으로 천연의 cellulose라 하면 hemicellulose, pectin질, lignan 등이 공존하는 것을 말한다. 저장물질로는 starch, inulin이 있으며, 점액질 성분으로는 plant gum이나 plant mucilage 등이 있다.

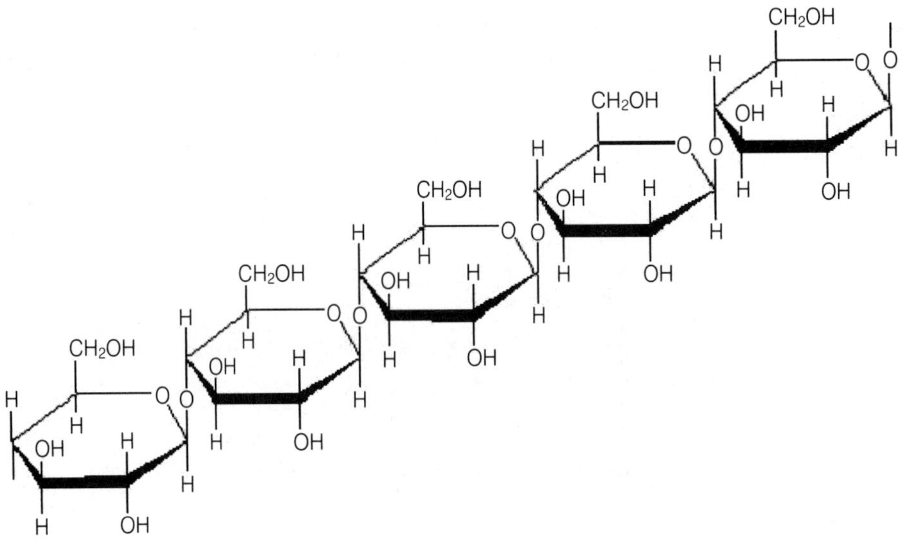

그림 1-22. Cellulose

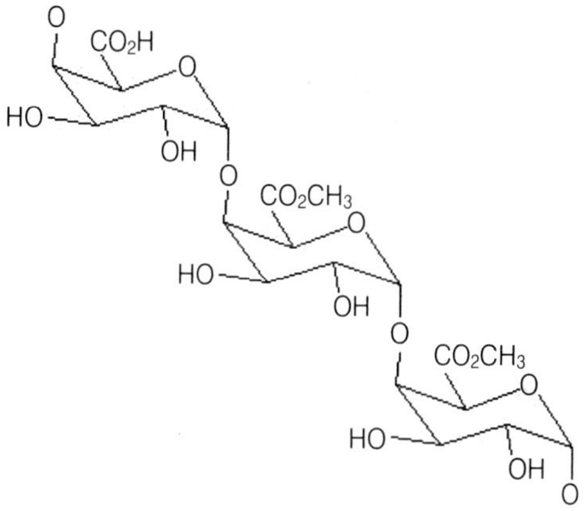

그림 1-23. Pectin

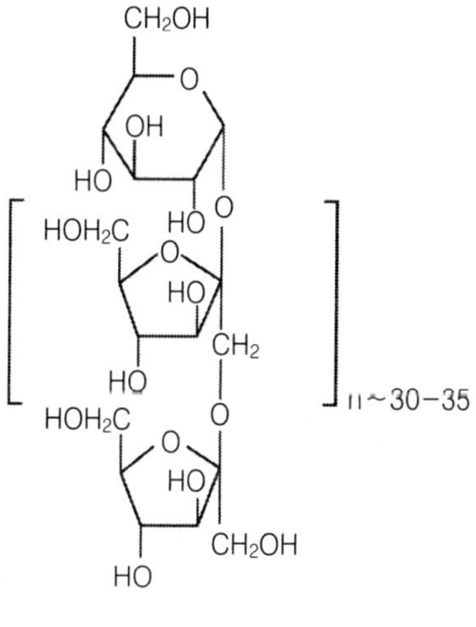

그림 1-24. Inulin

참고문헌

1. Harborne, J.B., Mabry, T.J. and Mabry, H. 1975. The flavonoids. Chapman & Hall, London.

2. Ho, P.C., Saville, D.J., Coville, P.F. and Wanwimolruk, S. 2000. Content of CYP3A4 inhibitors, naringin, naringenin and bergapten in grapefruit and grapefruit juice products. Pharm Acta Helv 74(4): 379~85.

3. Hakimuddin, F., Paliyath, G. and Meckling, K. 2004. Selective cytotoxicity of a red grape wine flavonoid fraction against MCF-7 cells. Breast Cancer Res Treat 85(1): 65~79.

4. McAnlis, G.T., McEneny, J., Pearce, J. and Young, I.S. 1999. Absorption and antioxidant effects of quercetin from onions, in man. Eur J Clin Nutr 53(2): 92~6.

5. Svehlikova, V., Bennett, R.N., Mellon, F.A., Needs, P.W., Piacente, S., Kroon, P.A. and Bao, Y. 2004. Isolation, identification and stability of acylated derivatives of apigenin 7-O-glucoside from chamomile (Chamomilla recutita [L.] Rauschert). Phytochemistry 65(16): 2323~32.

6. Lambert, J.D., Kim, D.H., Zheng, R. and Yang, C.S. 2006. Transdermal delivery of (-)-epigallocatechin-3-gallate, a green tea polyphenol, in mice. J Pharm Pharmacol 58(5): 599~604.

7. Woclawek-Potocka, I., Bah, M.M., Korzekwa, A., Piskula, M.K., Wiczkowski, W., Depta, A. and Skarzynski, D.J. 2005. Soybean-derived phytoestrogens regulate prostaglandin secretion in endometrium during cattle estrous cycle and early pregnancy. Exp Biol Med (Maywood) 230(3): 189~99.

8. Schonlau, F. and Rohdewald, P. 2001. Pycnogenol for diabetic retinopathy. A review Int Ophthalmol 24(3): 161~71.

9. Khera, K.S., Whalen, C. and Angers, G. 1982. Teratogenicity study on pyrethrum and rotenone (natural origin) and ronnel in pregnant rats. J Toxicol Environ Health 10(1): 111~9.

10. Lin, R.C., Guthrie, S., Xie, C.Y., Mai, K., Lee, D.Y., Lumeng, L. and Li, T.K. 1996. Isoflavonoid compounds extracted from Pueraria lobata suppress alcohol preference in a pharmacogenetic rat model of alcoholism. Alcohol Clin Exp Res 20(4): 659~63.

11. Yamada, M., Kobayashi, Y., Furuoka, H. and Matsui, T. 2000. Compa-

rison of enterotoxicity between autumn crocus (Colchicum autumnale L.) and colchicine in the guinea pig and mouse : enterotoxicity in the guinea pig differs from that in the mouse. J Vet Med Sci 62(8): 809～13.

12. Abdel-Haq, H., Cometa, M.F., Palmery, M., Leone, M.G., Silvestrini, B. and Saso, L. 2000. Relaxant effects of Hydrastis canadensis L. and its major alkaloids on guinea pig isolated trachea. Pharmacol Toxicol 87(5): 218～22.
13. Jain, S.K., Subramanian, S., Julka, D.B. and Guz, A. 1972. Search for evidence of lung chemoreflexes in man: study of respiratory and circulatory effects of phenyldiguanide and lobeline. Clin Sci 42(2): 163～77.
14. von Schantz, M. 1966. Saponin drugs. Dan Tidsskr Farm. 40(5):140～55.
15. Hiller K, Keipert M, Linzer B. 1966. Triterpene saponins. Pharmazie 21(12): 713～51.
16. Rose, C. 2006. Effect of ammonia on astrocytic glutamate uptake/release mechanisms. J Neurochem 97 Suppl 1: 11～5.
17. Mills, J., Melville, G.N., Bennett, C., West, M. and Castro, A. 1987. Effect of hypoglycin A on insulin release. Biochem Pharmacol 36(4): 495～7.
18. Melde, K., Buettner, H., Boschert, W., Wolf, H.P. and Ghisla, S. 1989. Mechanism of hypoglycaemic action of methylenecyclopropylglycine. Biochem J 259(3): 921～4.
19. Hayakawa, K., Kimura, M. and Yamori, Y. 2005. Role of the renal nerves in gamma-aminobutyric acid-induced antihypertensive effect in spontaneously hypertensive rats. Eur J Pharmacol 524(1-3): 120～5.
20. Larson, B.T., Harmon, D.L., Piper, E.L., Griffis, L.M. and Bush, L.P. 1999. Alkaloid binding and activation of D2 dopamine receptors in cell culture. J Anim Sci 77(4): 942～7.
21. Craven, R.M., Grahame-Smith, D.G. and Newberry, N.R. 2001. 5-HT1A and 5-HT2 receptors differentially regulate the excitability of 5-HT-containing neurones of the guinea pig dorsal raphe nucleus in vitro. Brain Res 899(1-2): 159～68.
22. Giacomelli, S.R., Maldaner, G., Gonzaga, W.A., Garcia, C.M., da Silva, U.F., Dalcol. I.I. and Morel, A.F. 2004 . Cyclic peptide alkaloids from the bark of Discaria americana. Phytochemistry 65(7): 933～7.
23. Joullie, M.M. and Richard, D.J. 2004. Cyclopeptide alkaloids: chemistry and biology. Chem Commun (Camb). Sep 21;(18): 2011～5.

24. Zarbin, M. 2006. Should corticosteroids be considered as part of the standard care with photodynamic therapy? Arch Ophthalmol 124(4): 563 ~71.

25. Spivak, L. and Hendrickson, R.G. 2005. Ricin. Crit Care Clin 21(4): 815 ~24

26. Itakura, H. 2004. Lecithin-cholesterol acyltransferase (LCAT). Nippon Rinsho Suppl 12: 82~5.

27. Bar-Sela, G., Gershony, A. and Haim, N. 2006. Mistletoe (Viscum album) preparations: an optional drug for cancer patients? Harefuah 145(1): 42~6, 77.

28. Iwe, M.O., Obaje, P.O. and Akpapunam, M.A. 2004. Physicochemical properties of cissus gum powder extracted with the aid of edible starches. Plant Foods Hum Nutr 59(4): 161~8.

29. Willats, W.G., McCartney, L., Mackie, W. and Knox, J.P. 2001. Pectin: cell biology and prospects for functional analysis. Plant Mol Biol 47(1~2): 9~27.

30. Weaver, C.M. 2005. Inulin, oligofructose and bone health: experimental approaches and mechanisms. Br J Nutr. Suppl 1: S99~103.

31. 원장원, 안세영. 2002. 증거에 입각한 생약의학. 한우리.

32. 강삼식. 1996. 트리테르페노이드 사포닌, 서울대학교 출판부.

33. 윤영진. 2000. 세계기능성식품시장 현황과 전망, Health Industry News.

3. 해양생물유래 생리활성물질

바다가 지구에서 차지하는 면적비율은 71% 정도이며, 그 중의 대부분인 81% 정도가 남반구에 위치하고 있다. 평균 수심은 3,800 m이고, 총 바닷물의 부피는 1.4×10^{21}L로서 지구 전체의 97%를 차지한다.

해양 생태계는 지구에서 가장 큰 수계환경으로 그 크기와 복잡성 때문에 생물 다양성이 영역별로 차이가 크다고 할 수 있으며, 또한 그 영역으로의 접근이 지상만큼 쉬운 일은 아니다.

선진국에서는 해양 천연물에 대한 연구를 1960년대부터 시작하였으나, 아직 육상 천연물만큼의 많은 발전은 가져 오지 못하였다. 해양 천연물에 대한 중요성 인식의 계기는 카리브해에 널리 서식하는 연산호(*Plexaura homomalla*)로부터 prostaglandin A2와 그 유도체를 다량 분리한 일로 부터이다. 비슷한 시기에 동일 장소에서 강력한 세포독성 물질인 cembrane 골격의 diterpenoid계 물질들이 발견되었다. 이 밖에 열대해역에 서식하는 해면동물로부터 spongothymidine

Spongothymidine (ara-T)

Spongrouridine (ara-U)

Cytosine arabinnoside (ara-C)

Adenine arabinoside (ara-A)

Zidovudine (AZT)

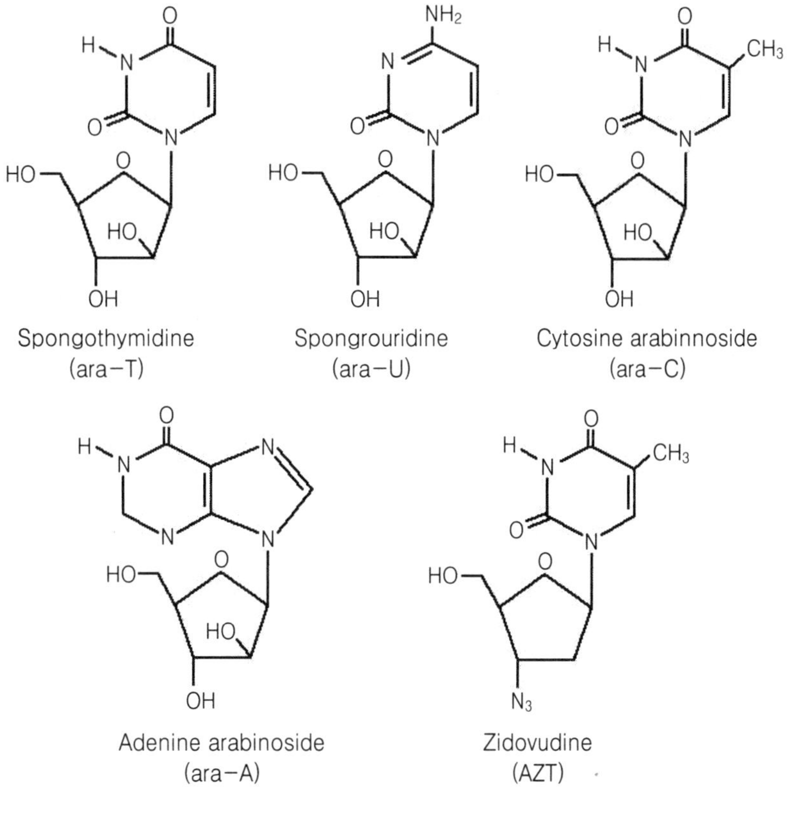

그림 1-25. 해면동물로부터의 생리활성물질

표 1-8. 해양 천연 생리활성물질

Source	Compound	Activity
Gelidum sp *Gracilaria* sp. *Hypnea* sp.	Agar	Suspensions Bacterial media
Fucus sp. *Macrocystis* sp.	Alginic acid	Satabilizer & emulsifier
Oyster sehells	Calcium	Dietary mineral source
Cephalosporium acremoniu	Cephalosporin C	Antibiotics
Gadus moohua	Cod liver oil	Vitamins source
Chondrus crispus	Carrageenan	Suspending & thicking agent
Bituminous shists containing fossil fish	Ichthammol	Antiseptic(방부제)
Diqenia simplex	Kainic acid	Anthelmintic(구충제)
Lumbriconereis heteropa	Nereistoxin	Insecticide(살충제)
Spem Salmon testes	Protamine sulfate	Complexing or drug prolonging agent(약물 지속시간, 연장제)
Spheroides spengleri	Tetrodotoxin	Relax muscle spasms,(근경련 억제)

그림 1-26. 해양 천연 생리활성물질

(ara-T)과 spongouridine(ara-U) 등이 발견되어 현재 ara-A, ara-C, acyclovir, AZT 등의 항바이러스, 항암제 등의 선도물질 역할을 하고 있다. 해양 천연물을 선도하고 있는 나라는 미국, 뉴질랜드 등이며, 이들 나라의 대학, 민간 및 제약 연구소 등이 주최를 이루고 있다. 이 밖에 인도, 브라질, 일본 등에서도 연구가 활성화되어 현재 기술적 측면에서는 성숙기에 접어들었다고 할 수 있다.

해양 환경은 크게 해수, 해양 퇴적토 및 해양생물 서식지로 나눌 수 있다. 따라서 해양생물로부터의 천연 생리활성물질은 해수, 해양 퇴적토 및 해양식물·동물 및 미생물로부터 얻을 수 있다.

1) 해양미생물

해양미생물은 광범위한 서식지를 가지고 있으며, 해양식물을 위한 미네랄 영양원이도 하다. 약 95% 정도가 그람음성균이며, 해양의 표면으로부터 5 m 아래에서 가장 많은 미생물을 발견할 수 있다. 이들은 오렌지색, 갈색 및 분홍색의 색소나 형광을 나타내는 것이 많다.

현재까지 보고된 해양미생물로부터 분리된 생리활성물질로는 약 100여 종류나 된다. *Flavobacterium* sp.로부터 분리된 4종류의 monoacyldiglycosyl-monoacylglycerols이나 flavocristamides 등이 있다. 해양 침전물에서 분리한 *Streptomyces* sp.로부터 얻어진 lysophosphatidyl inositols은 항진균 활성을 가지고 있다. 해양 *Streptomyces* sp.로부터 분리된 생리활성물질로는 arenaric acid, luisols, 항염증 효과를 나타내는 salinamide류, 세포독성 물질인 cylcoumarins A–C 등이 있다.

표 1-9. 해양미생물로부터 분리된 생리활성물질

Microorganism	Compound	Source
Pseudomonas sp.	Phosphatidyl glyceride Quinolone derivatives	Sponge *Homophymia* sp. New Caledonia
Actimomycete	Lobophorins A, B	Brown alga *Lobophora variegata*, Belize
Actimomycete	Holyrines A, B	Sediment core Newfoundland
Penicillium sp.	Pyranolactone	Sea, South China
Penicillium sp.	11, 11'-dideoxylverticillin A 11'-dideoxylverticillin A	Green alga, Caribbean
Fusarium sp.	Sansalvamide	Seagrass, Bahamas
Thraustochytrium globosum	Thraustochytrosides A–C	Seagrass, Bahamas

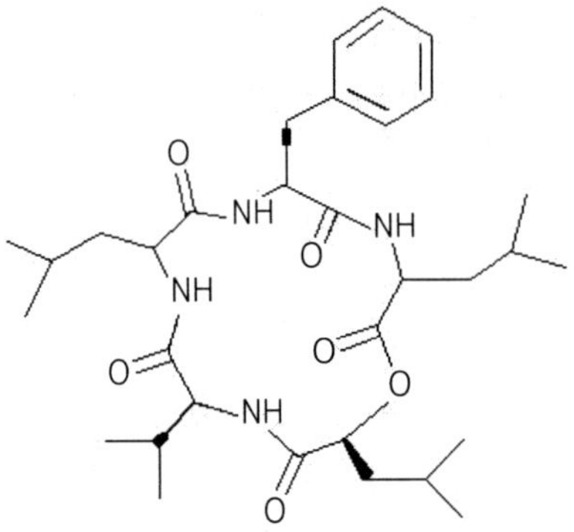

그림 1-27. 해초의 *Fusarium* sp.로부터 분리된 sansalvamide

이와 같은 물질을 생산하는 미생물의 경우 대부분이 sponge나 조류 등과 같은 해양생물에서 분리되는 등 환경에 따라서 다양한 물질을 분리할 수 있다. 이 밖의 미생물의 종에 따라서 생산되는 천연 생리활성물질은 표 1-9와 같다.

2) 조류(Algae)

해양조류로는 green algae, brown algae 및 red algae가 있다. 일반적으로 조류에는 유용한 phycocolloid가 함유되어 있을 뿐만 아니라 thiamine, niacin, rihoflavin, folic acid, vitamin A, ascorbic acid 등과 같은 비타민이 풍부하고, α-tocopherol 및 ergosterol이 함유되어 있다. 또한 halide, sulfate, phosphate 및 calcium oxide, magnesium, potassium 및 sodium 등과 같은 미네랄이 풍부하며 다른 물질에 비해 상대적으로 높은 비율을 차지하고 있다.

큰실말, 미역, 녹미채, 다시마 등의 갈조류라고 하는 다갈색 종류의 해초에서 분리된 성분으로 후코이단(fucoidan)이 있으며, 이것은 후코스(fucose)를 주요 구성 당(糖)으로 하여 황산기 및 우론산과 결합하고 있는 분자량이 20만을 넘는 거대한 고분자 다당체로 L-fucose의 에스테르화 황산을 주성분으로 하여 galactose, xylose, glucuronic acid 등을 함유한다. Glucuronic acid를 함유한 것을 U-fucoidan, 후코이단 특유의 미끈거리는 물질을 만들어 내는 성분이기도 한 황산기를 갖는 황산화 fucose로 된 F-fucoidan, 그리고 galactose를 함유한 것을 G-fucoidan이라 하며, 이러한 물질들은 조류 내에 많이 함유되어 있다.

Phycocolloid는 gelling, emulsifying, suspending 및 sizing과 같은 물리적 특성이 갖고 있어 식품, 의약, 섬유 및 화장품 산업에 널리 이용되고 있다.

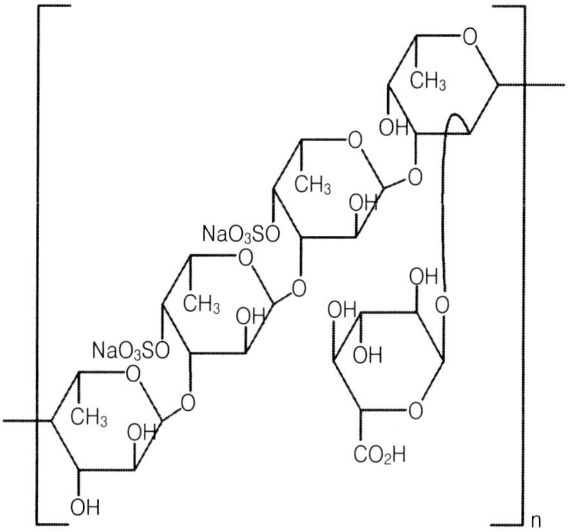

그림 1-28. Fucoidan의 구조

표 1-10. 조류로부터 분리된 생리활성물질

Algae	Compound
Ulvella lens	2,4,.6-bromophenol
Bryopsis	Kahalalide K
Caulerpa errulata	Caulersin
Dictyota ciliolata	Sulfonoglycolipid
Notheia anomola	(6S,7S,9S,10R)-6,9-epoxynonadec
Stypopodium zonale	Stypoquinonic acid
Sporochnus bolleanus	(-)-Sporochnol A
Dilophus okamurai	Secospatacetals A-E
Cystoceira tamariscifolia	Methoxybifurcarenone
Polycavernosa tsudai	(-)-polycavernosamide A
Laurencia japonensis	Japonenynes A, B
Laurenci obtusa	Laurencienyne B
Spatoglossum variabile	Spatosterol, Varninasterol

규조류(diatoms)는 전통적으로 filtering aids(여과가 잘 되도록 도와 주는 물질)로 사용되어 왔고, 그 밖에 흡착제로도 사용된다. 편조류(dinoflagellate)는 운동방향이 다른 두 개의 편모를 가진 단세포생물로 온대해역의 표영 생태계에서 돌말류 다음으로 많이 출현하는 종으로 그 수는 2,000여 종이 알려져 있으

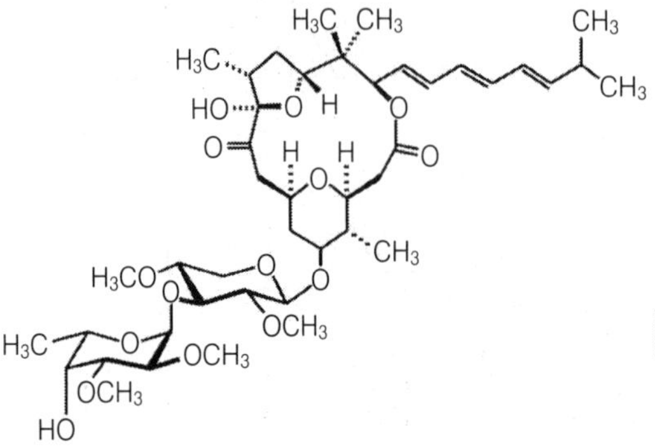

(−)−Polycavernoside A 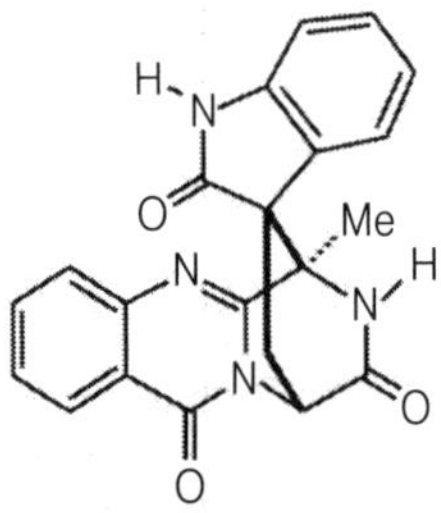 Alantrypinone

그림 1−29. 조류로부터의 생리활성물질

며, 이 중 40～60%가 광합성에 참여하고 있다. 편조류는 진핵생물로 핵막이 존재하나 핵 안의 염색체가 일생 동안 농축되어 있는 형태이기 때문에 중핵생물로 구분하기도 한다. 이들의 껍질은 없는 형태(naked type) 또는 단순한 점액질로 덮여 있는 상태, 섬유질의 피각(theca)으로 덮인 상태(armored type), 즉 갑주형과 편모류로 구분된다. 편조류는 광합성을 하는 독립영양자 이외에도 광합성을 하면서 다른 생물을 잡아 먹는 혼합영양자(mixotroph)가 있다. 또한 편조류는 다른 생물의 체내에 공생 또는 기생하기도 한다. 특히 산호와 산호체 내에 서식하는 황록공생조류(zooxanthellae)는 공생의 대표적인 예이다. 한편 편조류는 적조를 일으키는 원인생물로 작용하기도 하는데, 이들의 대번식이 일어나면 근처의 해수가 붉은색 또는 짙은 갈색으로 변화하며, 독성을 가진 적조도 있다.

이러한 조류로부터 분리된 천연 생리활성물질은 표 1-10과 같다.

3) 해면동물(Sponges)

후생동물 중 가장 원시적인 것으로 갯솜동물이라고도 하며, 원생동물에서 후생동물로 진화하는 과정 중 옆길로 발달한 동물이라고 생각하여 측생동물(側生動物)이라고도 한다. 다세포동물 중 가장 하등한 몸의 구조를 가진 동물이며, 소수의 담수산을 제외하고는 대부분이 해양동물이다. 대부분이 조간대의 바위, 자갈과 내만(內灣)의 모래, 진흙바닥에 착생해 있고 해조, 배밑창, 멍게류・패류・게 등의 갑각(甲殼) 위에 붙어 있는 종류도 있으며, 500～1,000 m의 진흙

표 1-11. 해면동물로부터의 천연 생리활성물질

Sponges	Compound
Oceanapia phillipensis	Oceanapiside
Plakortis simplex	Simplexides
Agelas sp.	Agelagalastin
Myrmekioderma sp.	Myrmekiosides A, B
Penares sp.	Penaresidin A
Plakinastrella sp.	Elenic acid
Crella spimulata	Benzylthiocrellidone
Theonella swinhoei	Theopederins F-J
Discodermia dissoluta	Discodermolide
Amphimedon sp.	Amphilactams A-D
Echinoclathria	Echinoclathrines A-C

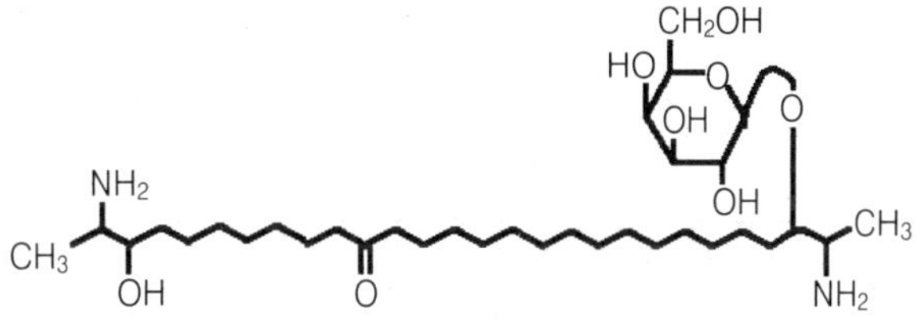

Oceanapiside

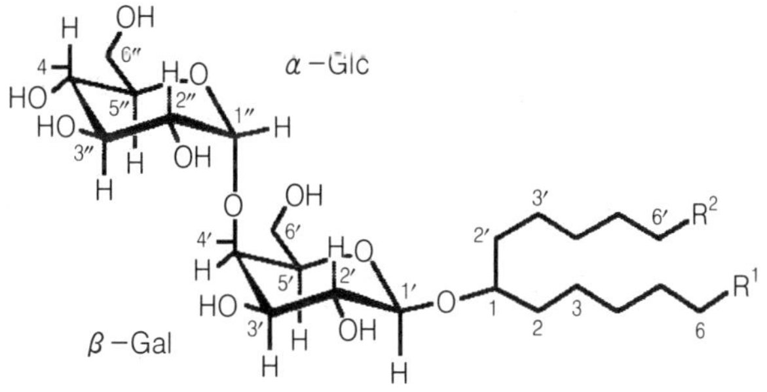

Simplexides

그림 1-30. 해면동물로부터의 천연 생리활성물질

바닥에 꼿꼿이 서있는 종류도 있다. 또한, 해면은 다른 동물에 부착하여 운동을 하지 않고 그 위에 소화기관과 감각기관도 가지고 있지 않기 때문에 얼핏보면 식물로 생각할 수 있다.

이들 중 상당수가 세균에 대한 저항성을 갖고 있는 것으로 보고되어 있어 약학적으로 잠재력이 풍부한 것으로 여겨지고 있다. *Microcionia prolifera*로부터 항균물질인 ectyonin이 보고되었고, 그 밖에 *Haliclona viridis* 및 *Tedania ignis*도 항균성 물질을 가지고 있는 등 다양한 활성물질들이 약 380여 개 이상 보고되었다.

4) 강장동물(Coelenterata)

다세포동물이면서도 몸의 구조가 간단하고, 중추신경과 배설기가 없으며, 소화계와 순환계가 분리되어 있지 않는 등 진화 정도가 낮은 동물이다. 이러한 강장동물은 히드로충강, 해파리강, 산호충강의 3강으로 나뉜다. 히드로충류 중에 기수(汽水)나 담수에 사는 종류 일부를 제외하면 대부분이 바다에 살며, 약 9,000여 종이 알려져 있다.

히드로충강(hydroids)에는 폴립형과 해파리형이 있다. 폴립은 방사상이고 위강에는 격벽이 없으며, 촉수를 가지는 히드라꽃, 히드라줄기, 히드라뿌리의 세 부분으로 되어 있다. 출아 또는 주근을 내어 무성생식을 하고 군체를 만드는 경우가 있다. 해파리형은 외초를 가지며 또 석회질의 골격을 분비하는 것도 있다. 해파리는 구병, 방사관, 환상관, 연막을 갖고 있고 생식선은 외배엽성이다.

해파리는 떨어지지 않고 자낭이 된다. 유생은 planula 유생이나 민컵히드라류에서는 actinula 유생이 된다. 세계적으로 약 3,000여 종이 알려지고 있으며, 히드로충강은 히드로충목, 히드로산호목, 경해파리목, 관해파리목으로 나뉜다.

말미잘(sea anemones)은 지금까지 세계적으로 약 1,000종이 알려져 있는 해양생물로 강장동물이면서도 해파리형의 부유성 세대가 없고 바로 고착형의 폴립생활을 하는 점은 산호충강의 일반적인 특징과 같다. 그러나 산호충류의 다른 여러 목(目)과 비교하면 거의가 군체를 만들지 않고 단체(單體)인 점은 폴립형의 구조와 기능면으로 보아 독립생활을 위한 여러 가지 적응을 엿볼 수 있다.

해파리(jellyfish)는 수모(水母)라고도 한다. 「재물보」에 해차(海), 「물명고」에 수모라 하였고, 「본초강목」에 해차・수모・저포어(樗蒲魚)・석경(石鏡)이라 하였다. 「자산어보」에는 해타(海馱)라 하고 속명을 '해파리'라 하였으며, 「전어지」에는 수모를 '물알'이라 하였다. 몸은 한천질로 헤엄치는 힘이 약하기 때문에 수면을 떠돌며 생활하고 해류와 같이 이동하므로 플랑크톤 무리에 넣고 있다. 대부분은 바다에 살며 예외적으로 담수와 기수에 살기도 한다.

산호(corals)는 팔방산호아강(八放珊瑚亞綱)에 속하는 빨간산호, 연분홍산호, 흰산호 등을 가리키는데, 넓은 뜻으로는 육방산호아강(六放珊瑚亞綱)에 속하

표 1-12. 해면동물로부터의 천연 생리활성물질

Coelenterates	Compound
Montipora digitata	Montiporic acids A, B
Clavularia viridis	17, 18-dehydroclavulone Ⅰ Clavulactone Ⅰ 4-epeclavulones Ⅱ, Ⅲ Clavirins Ⅰ, Ⅱ
Zoanthus sp.	Zoanthenol, 3-hydroxynorzoanthamine 30-hydroxynorzoanthamine, 11-hydroxynorzoanthamine, 11-hydroxyzoanthamine
Lignopsis spongiosum	β-carboline alkaloid
Sinularia crassa	N-hexadecanoyl-1,3-dihydroxy-2-amino-4,8-octadecadiene, N-heneicosanoyl-1,3,4-trihydroxy-2-aminotetradecane

는 석산호류·각산호류·토규류(葵類)와 히드로충류에 속하는 의산호류(擬珊瑚類) 등도 포함된다.

이러한 강장동물 중에서 말미잘과 산호에 비하여 히드라나 해파리는 여러 가지 toxin(nemoatocysts)을 함유하고 있다. 일반적으로 강장동물은 terpenoids를 많이 함유하고 있으며, 특이한 지질이나 akaloids의 분리가 보고되었다. Lane과 그 연구자들은 *Physalia physalis*로부터 nematocyst를 분리하는데 성공하였다. 이 toxin은 여러 가지의 펩타이드로 되어 있으며, 그 독성은 mice에 있어서 1.7 mg/kg의 독성을 나타낸다.

5) 극피동물(Echinoderms)

척추동물과 유연관계가 가장 가까운 무척추동물로 특징으로는 가시가 난 피부와 방사 대칭체제인데, 대부분 5 또는 그 배수의 방사상 체제를 하고 있으며, 수관계는 식도를 둘러싸서 고리모양 수관을 이루고, 이것이 갈라져서 석회판을 뚫고 몸 밖으로 관족을 낸다. 이 관족이 나오는 부분을 보대(步帶)라 하고, 그 사이를 간보대(間步帶)라고 한다. 보통 5줄씩 있다. 껍데기는 작은 석회질 골편(骨片)으로 이루어진다. 종류로는 불가사리(starfishes), 성게(sea urchins) 및 해삼(sea cucumbers) 등이 있다. 약 6,000여 종이며, 이 중 80여 종이 독성물질을 내는 것으로 알려져 있다.

표 1-13. 의약품으로 개발 중인 해양 천연 생리활성물질

Source	Compound	Activity
Plexaura homomalla	Prostaglandin A2	Cell cycle inhibition
Bugula neritina	Bryostatins	Anticancer
Lissodendroyx	Halichondrin B	Anticancer
Sea dwelling bacteria	Cyclomarin A	Antiviral
Stylotella aurantium	Debromohymenialdisine	Osteoarthritis
Discodermia dissoluta	Discodermolide	Immunesuppress
Dolabella auricularia	Dolastatins	Anticancer
Ecteinascidia turbinata	Ecteinascidin	Anticancer
Luffariella variabilis	Manoalide	Antiinflammatory
Pseudopterogorgia elisabethae	Pseudopterosins	Antiinflammatory

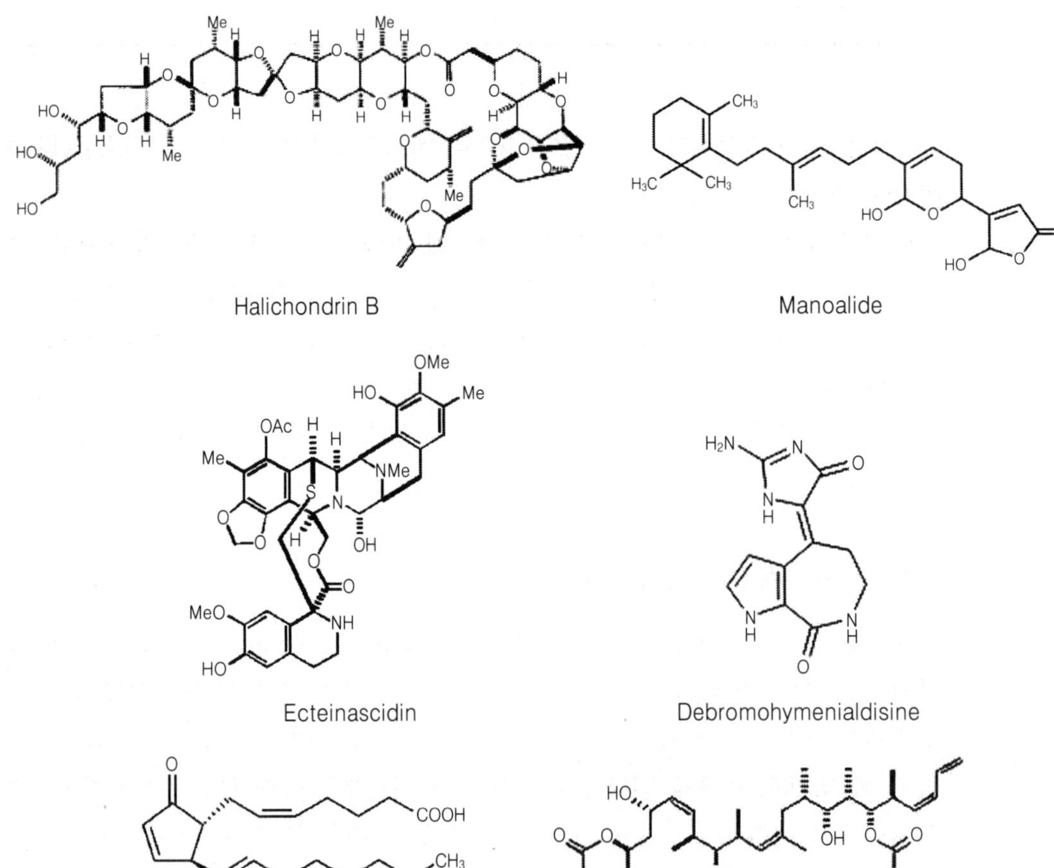

그림 1-31. 개발 중인 해양 천연 생리활성물질

최근에 극피동물로부터 분리된 새로운 생리활성물질은 그리 많지 않으나 *Comanthus japonica*의 지질 중에서 분리된 inositolphosphoceramides, 일본의 불가사리인 *Luidia maculata*와 해삼인 *Stichopus japonicus*로부터 분리된 neutrogenic ganglioside 등이 보고되었다.

이와 같이 해양 천연물은 대체적으로 독특한 구조와 강력한 생리활성을 가지고 있어, 향후 산업적 기술적 개발 가치가 높다. 선직국의 해양 천연물 연구는 1960년대부터 시작하여 40여년 정도의 짧은 역사를 가지고 있으나 해양 신물질의 수는 14,000여 종에 달하고 있으며, 이들 중에서는 상당수가 강력하고 독특한 생리활성을 나타내어 현재 의약품의 개발을 위하여 전임상 혹은 임상연구 중으로 향후 10년 후에는 상당수가 상용화되리라 판단한다.

참고문헌

1. Fautin, D.G. 1988. Biomedical importance of marine organisms, California Academy of Sciences, San Francisco, pp.157.
2. Federal Coordinating Council for Science, Engineering, and Technology Comittee Report, Biotechnology for the 21st Century, US Government Printing Office, 1992, pp.125.
3. Faulkner, D.J. 2001. Marine natural products. Nat Prod Rep. 18(1): 1∼49.
4. Sakala RM, Hayashidani H, Kato Y, Hirata T, Makino Y, Fukushima A, Yamada T, Kaneuchi C, Ogawa M. 2002. Change in the composition of the microflora on vacuum-packaged beef during chiller storage. Int J Food Microbiol. Mar 25;74(1∼2): 87∼99.
5. Obluchinskaia, E.D., Voskoboinikov, G.M. and Galynkin, V.A. 2002. Content of alginic acid and fucoidan in fucus algae of the Barents sea. Prikl Biokhim Mikrobiol. 38(2): 213∼6.
6. Fujita, T. 2004. Active Absorbable Algal Calcium (AAA Ca): new Japanese technology for osteoporosis and calcium paradox disease. J Assoc Physicians India. 52: 564∼7.
7. Sims, G.G., Cosham, C.E., Campbell, J.R. and Murray, M.C. 1975. DDT residues in cod livers from the Maritime Provinces of Canada. Bull Environ Contam Toxicol. 14(4): 505∼12.
8. van de Velde, F., Peppelman, H.A., Rollema, H.S. and Tromp, R.H. 2001. On the structure of kappa/iota-hybrid carrageenans. Carbohydr Res. 331(3): 271∼83.
9. Jirova, D., Kejlova, K., Bendova, H., Ditrichova, D. and Mezulanikova, M. 2005. Phototoxicity of bituminous tars-correspondence between results of 3T3 NRU PT, 3D skin model and experimental human data. Toxicol In Vitro. 19(7): 931∼4.
10. Sakai, R., Minato, S., Koike, K., Koike, K., Jimbo, M. and Kamiya, H. 2005. Cellular and subcellular localization of kainic acid in the marine red alga Digenea simplex. Cell Tissue Res. 322(3): 491∼502.
11. Raymond Delpech, V., Ihara, M., Coddou, C., Matsuda, K. and Sattelle, D.B. 2003. Action of nereistoxin on recombinant neuronal nicotinic acetylcholine receptors expressed in Xenopus laevis oocytes. Invert Ne-

urosci. 5(1):29～35.

12. Vilfan, I.D., Conwell, C.C., Hud, N.V. 2004. Formation of native-like mammalian sperm cell chromatin with folded bull protamine. J Biol Chem 279(19): 20088～95.

13. Yagi, H. and Maruyama, A. 1999. A novel monoacyldiglycosyl mono-acylglycerol from Flavobacterium marinotypicum. J Nat Prod. 62(4): 631～2.

14. Jiang, Z.D., Jensen, P.R. and Fenical, W. 1999. Lobophorins A and B, new antiinflammatory macrolides produced by a tropical marine bacterium. Bioorg Med Chem Lett. 9(14): 2003～6.

15. Hwang, Y., Rowley, D., Rhodes, D., Gertsch, J., Fenical, W. and Bushman, F. 1999. Mechanism of inhibition of a poxvirus topoisomerase by the marine natural product sansalvamide A. Mol Pharmacol. 55(6): 1049～53.

16. Crayton, M.A., Wilson, E. and Quatrano, R.S. 1974. Sulfation of fucoidan in Fucus embryos. II. Separation from initiation of polar growth. Dev Biol. 39(1): 164～7.

17. Pereira, L., Sousa, A., Coelho, H., Amado, A.M. and Ribeiro-Claro, P.J. 2003. Use of FTIR, FT-Raman and 13C-NMR spectroscopy for identification of some seaweed phycocolloids. Biomol Eng. 20(4～6): 223～8.

18. Haritoglou, C., Yu, A., Freyer, W., Priglinger, S.G., Alge, C., Eibl, K., May, C.A., Welge-Luessen, U. and Kampik, A. 2005. An evaluation of novel vital dyes for intraocular surgery. Invest Ophthalmol Vis Sci. 46(9): 3315～22.

19. Kan, Y., Fujita, T., Sakamoto, B., Hokama, Y. and Nagai, H. 1999. Kahalalide K: A new cyclic depsipeptide from the hawaiian green alga bryopsis species. J Nat Prod. 62(8): 1169～72.

20. Sassaki, G.L., Gorin, P.A., Tischer, C.A. and Iacomini, M. 2001. Sulfonoglycolipids from the lichenized basidiomycete Dictyonema glabratum: isolation, NMR, and ESI-MS approaches. Glycobiology. 11(4): 345～51.

21. Dorta, E., Cueto, M., Brito, I. and Darias, J. 2002. New terpenoids from the brown alga Stypopodium zonale. J Nat Prod. 65(11): 1727～30.

22. Kita, Y., Furukawa, A., Futamura, J., Ueda, K., Sawama, Y., Hamamoto, H. and Fujioka H. 2001. Remarkable effect of aluminum reagents on rearrangements of epoxy acylates via stable cation intermediates and its application to the synthesis of (S)-(+)-sporochnol A. J Org Chem. 66(26): 8779～86.

23. Yasumoto, T. 2001. The chemistry and biological function of natural marine toxins. Chem Rec. 1(3): 228~42.

24. Nicholas, G.M., Hong, T.W., Molinski, T.F., Lerch, M.L., Cancilla, M.T. and Lebrilla, C.B. 1999. Oceanapiside, an antifungal bis-alpha, omega-amino alcohol glycoside from the marine sponge Oceanapia phillipensis. J Nat Prod. 62(12): 1678~81.

25. Costantino, V., Fattorusso, E., Mangoni, A., Di Rosa, M. and Ianaro, A. 1999. Glycolipids from sponges. VII. Simplexides, novel immunosuppressive glycolipids from the Caribbean sponge Plakortis simplex. Bioorg Med Chem Lett. 9(2): 271~6.

26. Mizushina, Y., Murakami, C., Ohta, K., Takikawa, H., Mori, K., Yoshida, H., Sugawara, F. and Sakaguchi, K. 2002. Selective inhibition of the activities of both eukaryotic DNA polymerases and DNA topoisomerases by elenic acid. Biochem Pharmacol. 63(3): 399~407.

27. Lee, K.H., Nishimura, S., Matsunaga, S., Fusetani, N., Horinouchi, S. and Yoshida, M. 2005. Inhibition of protein synthesis and activation of stress-activated protein kinases by onnamide A and theopederin B, antitumor marine natural products. Cancer Sci. 96(6): 357~64.

28. Stillway, L.W. and Lane, C.E. 1971. Phospholipase in the nematocyst toxin of Physalia physalis. Toxicon. 9(3): 193~5.

29. Fusetani, N., Toyoda, T., Asai, N., Matsunaga, S. and Maruyama, T. 1996. Montiporic acids A and B, cytotoxic and antimicrobial polyacetylene carboxylic acids from eggs of the scleractinian coral Montipora digitata. J Nat Prod. 59(8): 796~7.

30. Zhu, Q., Qiao, L., Wu, Y. and Wu, Y.L. 2001. Studies toward the total synthesis of clavulactone. J Org Chem. 66(8): 2692~9.

31. Arao, K., Inagaki, M., Miyamoto, T. and Higuchi, R. 2004. Constituents of Crinoidea. 3. Isolation and structure of a glycosyl inositolphosphoceramide-type ganglioside with neuritogenic activity from the feather star *Comanthus japonica.* Chem Pharm Bull (Tokyo). 52(9): 1140~2.

4. 동물유래 생리활성물질

1) Heparin

헤파린(heparin)은 1922년 발견되었으며 포유동물 체내의 구성성분의 하나로 간, 폐, 대동맥벽 등 mast cell이 있는 조직에서 생성되며, 이들 조직으로부터 알칼리를 추출하여 단백질을 제거하면 얻어진다. 헤파린의 구조는 그림 1-32에서 보는 바와 같이 화학적으로는 D-글루코사민과 D-글루쿠론산이 α-1,4의 결합으로 교대로 사슬 모양을 이룬다. 황산이 글루코사민의 N과 6위치 및 1개 건너 글루쿠론산의 2위치에 결합하고 있으며, 단백 중에는 serine 잔기와 *O*-glycoside 결합을 하고 있다고 생각되고 있으며, 분자량은 약 2만 정도이다.

의약적 용도로는 혈액응고 방지, 혈전 방지에 사용되며, *in vitro* 뿐만 아니라 *in vivo*에서도 항응혈 작용을 하여 혈전증 치료에 쓰인다. 헤파린의 혈액응고

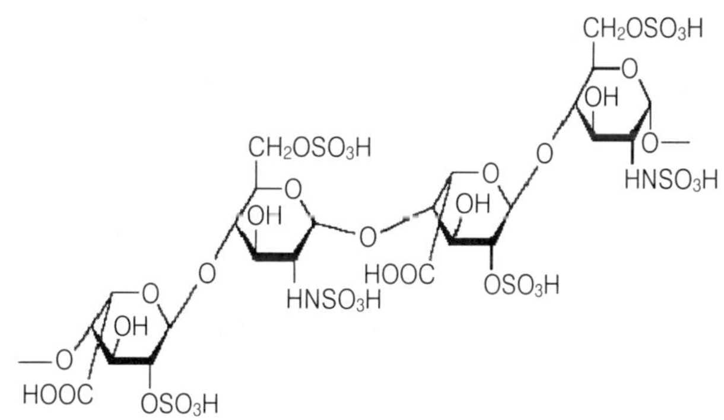

그림 1-32. 헤파린 황산의 구조

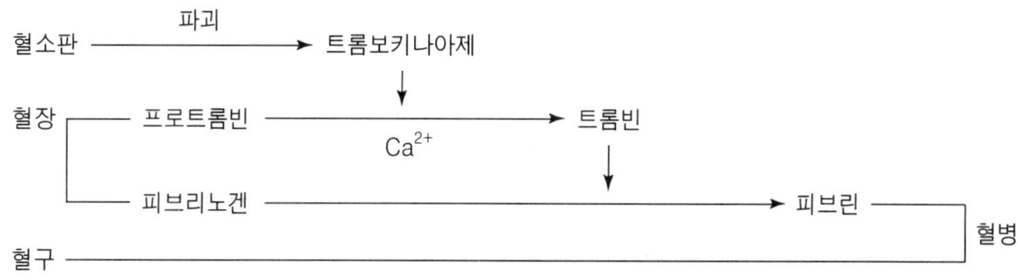

그림 1-33. 혈액의 응고과정

저지작용의 기전은 인체 내의 알부민 분획에 존재하는 일종의 단백질이 Co-factor로 작용하여 헤파린 활성에 영향을 미친다고 생각되며, 이 Co-factor 존재하에 heparin이 thrombin을 불활성화하여 fibrinogen이 fibrin으로 되는 것을 방지한다. 다만 헤파린은 효과의 지속성에 문제가 있어 2~4시간마다 주사를 맞아야 하는 문제점이 있다.

일반적으로 heparin Na염은 체내에서 Ca^{2+}와 결합하여 활성화되지만, 그 변환은 혈중 전해질의 균형을 이룬다. Ca형의 헤파린은 용혈작용과 같은 부작용이 거의 없다. 혈액 응고시간의 연장은 혈액 중의 헤파린 농도에 비례하며, 혈액 1 mℓ당 1unit의 헤파린 농도가 있으면 혈액은 응고되지 않는다.

2) Chondroitin

연골 · 골 · 연골종 · 각막 · 혈관벽 · 힘줄 등의 결합조직 일반에 널리 분포되어 있는 콘드로이틴(chondroitin) 황산에서 촉매효소인 sulfatarase를 제거시킨 것이다. 이것은 현재 일부 국가에서는 식품의 첨가물로 되어 있으며, 기능으로는 유화에 의한 품질 개량제, 어육, 소시지, 마요네즈, 드레싱 등에 사용되고 있으나 국내에서는 식품첨가물로 지정되어 있지는 않다.

일반적인 사용량은 어육 소시지에서 1 kg에 대하여 3 g 이하, 마요네즈 및 드레싱에서는 1 kg에 대하여 20 g 이하이다. 백색~유백색의 분말로 무미 · 무취,

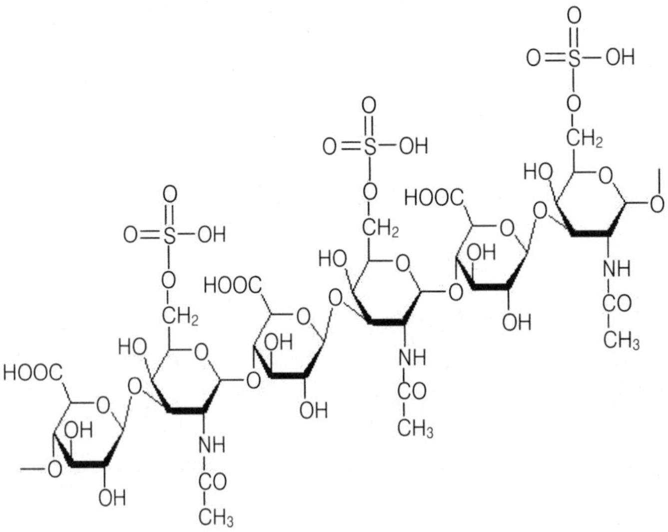

그림 1-34. 콘드로이틴 황산의 구조

물에 잘 녹고, 에탄올에는 녹지 않는다. 수용액 상태에서는 점조. 황산기와 carboxyl기를 갖는 강산성의 다당류로 이온교환성을 가져 여러 가지 금속과 염을 만든다. 수용액에 중금속 이온을 가하면 침전된다. 5N HCl용액으로 37℃에서 3시간의 가수분해를 하면 황산을 잃고 콘드로이틴이 된다. 생체 내에서는 연골의 주성분으로서 구성성분, 이온교환능을 갖는다.

콘드로이틴 황산은 단독으로 보다는 glucosamine과 chondroitin의 복합에 의하여 관절 연골의 구성성분으로 골관절염의 대체 요법으로 많이 사용되거나 건강기능식품으로 많이 사용되고 있다.

3) Squalene

스쿠알렌은 수심 300～1000 m의 심해에 서식하는 상어의 간유에서 추출한 엑기스를 정제한 것을 말한다. 스쿠알렌을 대량 함유하는 상어는 척추동물의 일종으로 세계적으로 약 250여 종류가 있으며, 이 중 심해 상어는 약 50여 종이 있다. 심해 상어의 간유에는 주성분인 스쿠알렌(squalene, C_3OH_{50})과 비타민 A, D, E 및 스쿠알란(squalane, C_3OH_{62})이 존재한다. 간장내 함유량은 75% 이상이며, 이 90%가 스쿠알렌이다.

스쿠알렌은 생체 내에서는 초산보다 메발론산을 거쳐 생합성된다. 이것을 내인성 스쿠알렌이라 한다. 왜냐하면 스쿠알렌으로부터 콜레스테롤을 경유하여 스테로이드 호르몬의 성호르몬계(프로케스테론, 안드로겐, 에스트로겐 등의 스테로이드 호르몬) 부신피질 호르몬계(코티손), 당 코티코이드, 전해질 코티코이드 등의 코티코이드계 활성형 비타민 D_3 등이 생합성된다.

이러한 생합성계는 초산으로부터 스쿠알렌까지는 산소를 필요로 하지 않는 혐기성 합성경로를 거치며, 스쿠알렌에서 콜레스테롤에 달하는 경로는 산소를 필요로 하는 호기성 합성경로를 거친다. 종래 내인성 생합성 경로에 의한 콜레

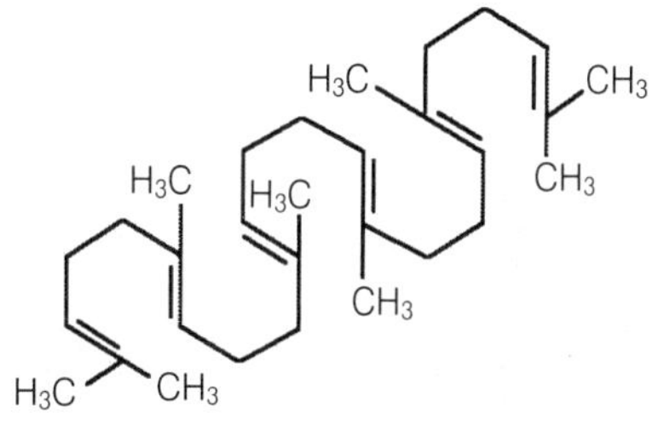

그림 1-35. Squalene 구조

스테롤이 생산되는 경우 이 주역을 하는 HMG-CoA(보효소)이기 때문에 이 반응속도가 대단히 빠르게 하는 메카니즘에 의해 생성시킨 것이 잘 알려지지 않았다. 따라서 종래의 콜레스테롤 생합성 경로는 없고 별도의 경로가 있다고 알려져 콜레스테롤이 이 대사 경로에 유전자 발현을 억제하여 제어된다는 것이 알려져 있다.

4) Hyaluronic acid

히아루론산(hyaluronic acid)은 황산콘트로이틴 등과 함께 주요한 뮤코다당류로 알려져 있다. *N*-아세틸글루코사민(*N*-acetyl glucosamine)과 글루쿠론산(D-glucuronic acid)이 교대로 사슬 모양으로 결합한 분자량이 20만~40만 되는 고분자 화합물이다. 눈의 초자체나 탯줄 등에 존재하며, 점성이 크고 세균의 침입이나 독물의 침투를 막는 데 중요하다. 이것은 식물의 펙틴질과 비슷하며, hyaluronidase에 의하여 가수분해된다. 1934년 소의 초자체막으로부터 독일의 Meyer에 의해 처음으로 얻어졌고, 초자체막(hyaloid)의 우론산이라는 뜻으로 이름을 붙였다.

히아루론산(hyaluronic acid)의 분자량은 원료와 제조공법에 따라 수만에서 수백만에 이르며, 저분자량 물질은 보습력 및 피부 친화력이 뛰어나 화장품용으로, 고분자량 물질은 관절, 성형 및 안구관련 의약품용으로 쓰인다. 특히 일본의 화학, 제약, 화장품 및 식품관련의 10여 개 회사들은 이미 80년대 초에 이 분야를 본격적으로 연구하여, 1985년 이후부터 히아루론산을 세계적으로 공급하고 있는 실정이다. 히아루론산은 초기에는 닭의 벼슬로부터 추출・정제하여 얻어졌으나, 최근에는 미생물의 발효에 의하여 생산된다.

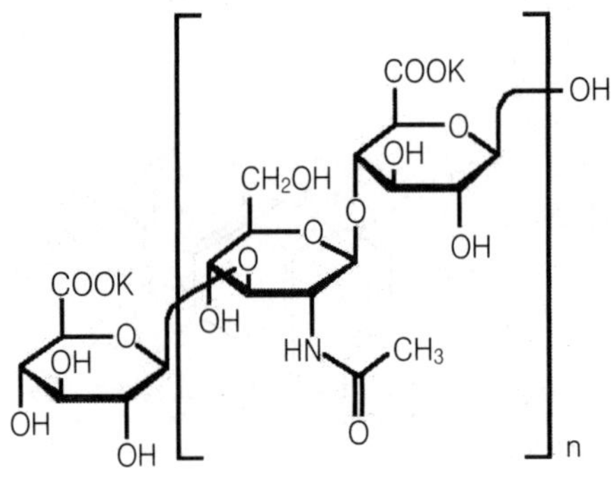

그림 1-36. 히아루론산의 구조

5) 오메가(ω) 지방산

오메가 지방산이란 알킬 사슬 구조의 가장 끝에 있는 메칠기로부터 시작하여 탄소원자 번호를 매길 때 최초의 이중결합이 몇 번째 탄소에 있느냐에 따라 오메가 3 계열과 오메가 6 계열로 나눌 수 있다.

오메가 3 지방산에는 리놀레닌산, EPA(eicosapentaenoic acid), DHA(docosahexaenoic acid)이 대표적이다. EPA와 DHA는 물고기, 어유에 풍부하게 함유되어 있는 리놀레닌산의 최종 대사산물이다. 오메가 6 지방산에는 리놀레익산(18:2w6), 감마 리놀레닉산. 아라키돈산(20:4w6) 등이 있다. 이러한 오메가 지방산은 혈류 중의 콜레스테롤을 저하시키는 역할을 지니고 있다.

오메가 지방산의 콜레스테롤 저하기전은 다음과 같다.

① 혈중 콜레스테롤을 조직으로 이동하고 재분배 해주는 저단백 대사를 조절해 준다.

② 간으로부터 합성, 분비되는 TG량을 낮춤으로써 VLDL 생성 분비량을 떨어뜨린다.

③ VLDL remnant의 간내 LDL 수용체에 의한 제거 기능을 가속화시킨다.

④ VLDL remnant로부터 전환되는 LPL-C의 수준을 떨어뜨린다.

⑤ LDL의 간내 LDL 수용체에 의한 제거기능을 가속화한다.

⑥ HDL의 역수송 기능을 보다 활성화시켜 줌으로써 혈액 내 유해 콜레스테롤

표 1-14. 동물성 식품 중의 오메가 지방산 비율

식품	오메가-3 지방산			오메가-6 지방산
	α-Linolenic acid	EPA	DHA	linoleic acid
가다랭이	0.6	6.6	22.8	1.7
다랑어	0.9	5.1	26.5	1.7
꽁치	1.1	4.9	11.0	1.6
정어리	0.8	16.8	10.2	2.7
청어	1.1	6.0	7.7	1.4
대구	0	12.6	5.0	0.5
돼지고기	1.2			25.4
소고기	0.7			2.5

함량을 낮추고 유익한 콜레스테롤인 HDL-C를 높여 주어 동맥경화증과 같은 각종 성인병 예방에 기여할 수 있다. 또한 간의 콜레스테롤 합성률을 낮추며, 분을 통한 스테로이드의 배설량을 높여 준다.

사람의 몸에서는 이러한 지방산은 생성되지 않으므로 식품을 섭취함으로써 보충이 가능하다. 식품 중에 함유되어 있는 오메가 지방산은 표 1-14와 같다.

6) 난황유

계란 노른자에서 분리한 것으로 생체막(세포막)의 구성성분인 인지질을 함유한 복합지질이다. 생명체로서의 조직, 골격, 근육과 오장육부를 발달시키는 데 필요한 영양뿐 아니라 뇌신경의 형성에 필요한 갖가지 영양소가 골고루 들어 있다. 난황유의 주요 성분으로는 레시틴(lecithin) 및 리놀산(linoleic acid)이 있으며, 이들 성분은 혈관이나 체내에 침착된 콜레스테롤과 지방을 분해하여 배출해 준다.

7) 뱀 독

현재 전 세계적으로 2,700여 종 이상의 뱀이 분포하고 있으나 그 중에서 독사는 약 560여 종이며, 주로 코브라과, 바다뱀과, 살무사과로 분류되는데, 우리나라에서는 살무사과에 속하는 살무사(원명 殺母蛇), 북살무사가 서식하고 있다. 뱀의 독은 국소에 출혈과 괴사를 일으키는 출혈독과 중추신경을 마비시켜 근육을 이완시키는 신경독이 대부분이나, 그 외에도 여러 다른 독성분이 있는 것으로 알려져 있다. 뱀독은 신경독과 용혈독으로 크게 구분지을 수 있다.

뱀독의 주성분은 90%가 단백질이고, 그 중에는 25가지 정도의 enzyme이 들어 있는 것으로 보고되고 있으며, 그 자세한 성분은 아직도 알려져 있지 않다. 현재까지 알려진 성분으로는 단백조직을 파괴하는 proteolytic enzyme과 신경 및 근육조직을 파괴하는 phosphorylase, 세포내 물질을 분해시키고 포획물 속으로 뱀독을 확산시키는 hyaluronidase 및 혈관벽과 근육조직을 파괴하는 protease 등이 있으며, 그 밖에도 cholinesterase, endonuclease, deoxyribonuclease, alkaline phosphatase, acid phosphatase 등이 있다.

이러한 뱀독으로부터 제품된 것으로는 고혈압, 울혈성 심부전 치료에 사용되는 약품의 성분으로 captopril이 있다.

8) 약용 동물자원

(1) 지렁이(지룡, 地龍)

학명은 *Lumbricus*이며, 약용으로는 건조하여 전체 혹은 내장을 제거하여 약으로 사용되어 왔다. 각종 지룡에는 lumbrofebrine, lumritin, terrestrolumbrolysin이 함유되어 있으며, 중국 광도에서 생산되는 내장을 제거한 광지룡에는 hypoxanthin 등의 성분을 함유하고 있다. 알려진 약리효능으로는 해열, 진정 및 항히스타민 효과가 있다.

(2) 거머리(수질, 水蛭)

거머리는 *Hirudo whimania pigra* Whitman의 학명으로 표기하며, 본초강목(本草綱目) 등의 약전에는 수질(水蛭)로 표기되어 있다. 의절과 동물로 종류로는 관체금선질(Whitmania pigra Whitman) 및 일본의질(Hirudo nipponica Whitman) 등이 있다.

건조한 수질 전체를 약으로 사용하며, 포획은 주로 여름이나 겨울철에 한다. 건조된 수질은 주로 단백질을 함유하고 있다. 신선한 수질의 타액에는 수질소(hirudin)이라는 일종의 혈액 응고물질이 함유되어 있다. 이밖에 헤파린(heparin), 안티롬빈(antithrombin) 및 일부의 히스타민을 함유하고 있다.

(3) 갯지렁이(해구인, 海狗蚓)

사촉과동물 해구인(*Arenicola cristata* Stimpson)은 원추모양으로 앞쪽은 두껍고, 뒤쪽은 가늘고, 형태가 지렁이와 비슷하여 바다에서 서식한다. 중국에는 발해, 황해 연안일대에 분포되어 있다. 해구인의 성분은 taurine, methionine, cysteine, cystine, serine, glycine, alanine, glutamic acid, valine, leucine, threonine, arginine 등 다양한 아미노산이 함유되어 있는 단백질원이다. 해구인에 속하는 동물은 피부에 주로 수용성 황색 및 녹색의 형광물질이 함유되어 있고, 근육에는 paromyosin, adeninnucleotides, phosphotaurocyamine, dimerictauro cyanine kilase가 함유되어 있다.

(4) 별벌레(사장자, 沙腸子)

별벌레(*Sipunculus nudus* Linnaeus)는 성충과 동물로서 몸체는 지렁이와 비슷하고, 입의 기부에는 고리 갈구리가 있으며, 입의 앞 끝 주변에는 촉수들이 나 있어 촉수를 뻗으면 별모양이 되고, 수축하면 주름모양이 된다. 바닷가의 갯

벌에서 서식한다.

근육에는 arginine phosphoric acid, lactic acid. Octopine dehydrogenese 등이 함유되어 있다. Cuticular collagen은 다모강환영동물의 아미노산 구성과 비슷하나 glycine과 tyrosine 함량이 높은 편이다. 비단백 성분으로 황산화 mucopolysaccharide가 함유되어 있다.

(5) 해분(海紛)

해분(*Ovum notarchi*)은 해토의 알집덩어리를 말하며, 본초강목습유(本草綱目拾遺)에 의하면 소화기계의 전염성 질환에 이용한다고 전해지며, 현재 국내외에서 이 품종에 대한 연구가 깊이 진행되고 있는 의학계에서 매우 중요한 자원이다. 국내에서는 남해안에서 군노, 말군소 등의 4종이 서식한다.

해토의 피부가 함유하고 있는 휘발유는 신경계통을 마비시키는 작용을 하며, 대량 식용시는 두통을 유발할 수 있다. 해토소(Aplysin)는 혈압을 내리는 기능과 심장박동을 늦추는 기능도 가지고 있다.

(6) 둥근전복(석결명, 石決明)

석결명은 전복과 동물로 전복(*Haliotis discus* Reeve), 귀전복(*Haliotis asinine* Linne) 및 오부자기(*Haliotis diversicolor* Reeve)가 약용으로 쓰인다.

전복의 껍질을 석결명이라 하며, 전복은 4계절 언제나 채취할 수 있으며, 내용물은 식용으로 하고, 껍질은 햇볕에 말려 생으로 또는 구워서 가루를 내어 약으로 사용하며, 급성결막염이나 소화불량 등에 쓰인다.

성분은 주로 탄산칼슘, 각각질(concholin)과 담즙산을 함유하고 있다.

(7) 두드럭고둥류의 껍데기(Rock shell)

Reishia속의 고둥으로 본초(本草)에는 기재되어 있지 않으나 중국에서는 민간에서 임파선결핵 치료에 이용되어 왔고, 국외에서는 화학과 약리 방면에서 비교적 연구가 되어 있는 약물이다. 학명은 *Thais gradata* Jonas에 속하며, 우리말로는 뿔소라과 동물의 민두드럭고둥이라 한다. 알려진 성분으로는 β-di-methyl-acrylylcholine과 프로필렌 아실기 콜린을 함유하고 있다.

(8) 전갈(Scorpion)

전갈(*Buthus martensii*)은 몸길이 약 1.5～21 cm이다. 화석종 가운데에는 최대 1 m에 이르는 것도 있었을 것으로 추정된다. 현재 지구상에 살아 있는 종은 전 세계적으로 약 1,100종이 알려져 있고 한국에는 극동전갈(*Buthus martensii*) 1종이 분포한다. 대부분의 종이 독을 지니고 있으나 사람에게 해를 끼칠 만한 독을 지니고 있는 종은 20여 종에 불과한 것으로 알려져 있다.

옛 문헌 가운데에서는 「물명고」에 그 형태와 생태에 관한 기록이 있고, 「동의보감」에는 "풍과 중풍으로 밀미암아 입이 비뚤어지거나 반신불수, 인어장애, 어린아이의 경풍 등을 다스린다"고 적혀 있다. 「한국생물학사」에 따르면, 1489년에 이맹손(李孟孫)이 중국에서 가져와 내의원과 대전(大殿)에서 길렀다고 한다.

성분으로는 전갈독소(Buthotoxin)로 독성단백질로 뱀독과 유사하다. 그 밖의 성분으로 lecithin, trimethylamine, betaine, taurine 등을 함유하고 있다. 전갈제제는 혈관 운동중추의 기능에 영향을 미칠 수 있으며, 혈관을 확장하여 심장의 활동에 직접 영향을 주며, 부신피질의 증압작용을 낮춘다고 알려져 있다. 또한 구안왜사나 임파선결핵 등에 치료제로 쓰인다.

(9) 땅강아지(Mole cricker)

땅강아지과 동물로 아프리카누고(*Gryllotalpa Africana*)와 화북누고(*Gryllotalpa unispina*)가 있으며, 성충을 약을 쓴다. 누고의 고환에 여러 종류의 아미노산이 함유되어 있다.

동물실험 결과 독성이 적은 것으로 알려졌으나, 약리작용인 이뇨작용이 아직은 뚜렷이 밝혀져 있지 않다.

(10) 벌침독(봉독, 蜂毒)

봉독은 일종의 엷은 황색의 불투명한 액체로 자극성이 있으며, 쓴맛을 가지고 있고, 냄새는 상쾌하고 향기롭다. 비중은 1.13이며, pH는 5.5이다. 실온에서 쉽게 건조되어 교상의 투명한 건조물을 형성한다. 성분으로는 단백질, 봉독 폴리펩티드(melittine) 및 leucine, arginine, lysine 등의 여러 종류의 아미노산, 히아루론산, 콜린(choline) 및 항원면역원 등을 함유하고 있다.

봉독은 부신피질자극호르몬과 유사한 작용이 있다.

(11) 참개구리

참개구리(*Rana nigromaculata*)는 전체 혹은 쓸개를 약으로 쓴다. 전체는 단백질, 지방, 탄수화물, 비타민 B_1, 비타민 B_2, 니코틴산을 함유하고 있다. 참개구리의 가죽에는 adrenalin과 noradrenalin을 파괴하는 성분이 있는 것으로 알려져 있다. 또한 가죽과 근육으로부터 자궁수축 물질인 bradykinin과 이와 비슷한 펩타이드류 등이 분리된다. 또한 피부와 안구로부터는 열에 안정한 접체(pteroid) 형광색소인 와색소(Ranachromes)를 얻을 수 있다.

쓸개의 담즙 속에는 5β-cyprinol과 소량의 cholic acid, α-trihydroxycoprostanic acid, β-trihydroxybisnorsterocholic acid, sodium tauro-α-trihydroxycoprostanate 등이 함유되어 있다.

참개구리는 주로 부종, 천식 및 홍역의 치료에 주로 사용된다.

(12) 히말라야살모사(백화사, 白花蛇)

백화사(*Agkistrodon acutus*)는 구아살모사과 동물의 히말마야 살모사로서 약으로는 내장을 제거하여 말려 사용한다. 이렇게 말린 건사는 주로 단백질과 지방이 함유되어 있으며, 머리의 독선에는 많은 양의 출혈성 유독물질과 소량의 신경성 독, 미량의 용혈성분과 혈액응고 성분이 함유되어 있다. 약리효과로는 진통작용이 있어 좌골신경통 및 관절염 치료에 사용되었으며, 나병 치료에도 사용되었다. 그밖에 주사제로 하여 고혈압 치료 및 혈관 확장에 의한 혈압강하 효과가 알려져 있다.

(13) 향유(Ambergris)

향고래의 장내 분비물을 향유라 한다. 포획하여 장내 분비물을 채취하거나 고래가 배출한 분비물이 해면에 떠 있어 해면에서 건져 얻을 수 있다. 건조품은 흑갈색이나 오색 얼룩무늬를 나타낸다. 비중은 0.7～0.9이고 융점은 60℃이며, 산에 용해되고 연소 시 남색불꽃이 피며, 향은 마치 사향과 비슷하다. 성분으로는 25% ambreum과 회분 중에는 burnt lime, magnesia, phosphoric acid, silica 등이 함유되어 있다. 약리작용으로는 사향과 비슷하다. 소량은 동물의 중추신경계에 흥분작용이 있고, 다량은 억제작용을 나타낸다.

(14) 웅담(Asian black bear gall)

반달가슴곰(*Selenarctos thibetanus*)의 쓸개를 건조한 것을 웅담이라 한다. 웅담에는 담즙산류의 알칼리성 금속염을 함유하고 콜레스테롤 및 담즙색소를 함유하고 있다. 웅담의 주요 성분은 tauro-urosodesoxy cholic acid이며, 가수분해하면 taurine과 ursodesoxycholic acid로 된다. 이밖에 chenodesoxycholic acid 및 cholic acid가 함유되어 있고, ursodesoxycholic acid는 chenodesoxycholic acid와 입체적으로 서로 다른 구성물로 다른 짐승의 담과 구별된다.

대표적인 약리작용으로는 경련을 제거하는 해경작용이다. 해경작용의 주요성분은 tauro-urosodesoxy cholic acid로 해경원리로는 papaverine과 비슷한 근육의 이완작용에 의한 것이다. 또한 sodium urosodesoxycholic acid는 해독작용이 있다. 이밖에 진통, 담즙분비, 이뇨작용이 있다.

(15) 사향

사향은 사향사슴(*Moschus mosohiferus*) 수컷의 배꼽과 생식기 중간 복부에 있는 향낭(香囊)을 건조한 것으로서 강심, 진정, 호흡개선, 혈압강하, 항스트레스 등의 효능이 있어 현재 국내에서 의약품 원료로 사용되고 있다.

증류하면 진갈색의 휘발유을 얻을 수 있으며, 다시 조제하여 무색의 점성유액을 얻을 수 있으며, 이를 사향동(muskone)이라 하여 사향의 대표적 성분이다. 이밖에 muscopyridine, 5β-muscopyridine, 스테롤 및 스테로이드 등이 함유되어 있다. 사향은 현재 전 세계적으로 가장 비싼 천연물의 하나이다.

약리작용으로는 발한, 이뇨작용, 호흡 및 심장박동 촉진작용이 있으며, 대장균이나 황색포도상구균에 대한 항균작용이 있다.

참고문헌

1. Gervin, A.S. 1975. Complications of heparin therapy. Surg. Geynecol. Obstet 140:789～96.

2. Rosenberg, R.D. and Damus, P.S. 1973. The purification and mechanism of action of human antithrombin-heparin cofactor. J. Biol. Chem. 248: 6490～6505.

3. Bell, W.R. and Royall, R.M. 1980. Heparin-associated thrombocytopenia: A comparison of three heparin preparations. N. Engl. J. Med. 303: 148～155.

4. Pelletier, J.P. 2006. Glucosamine and chondroitin sulfate for knee osteoarthritis. N Engl J Med. 354(20): 2184～5

5. Harasen, G. 2005. Good stuff for joints! Can Vet J. 46(10): 933～4.

6. Kakehi, K., Kinoshita, M. and Yasueda, S. 2003 . Hyaluronic acid: separation and biological implications. J Chromatogr B Analyt Technol Biomed Life Sci. Nov 25; 797(1～2): 347～55.

7. Radaeva, I.F., Kostina, G.A. and Zmievskii, A.V. 1997. Hyaluronic acid: biological role, structure, synthesis, isolation, purification, and application. Prikl Biokhim Mikrobiol. 33(2): 133～7.

8. Bourre, J.M. 2005. Effect of increasing the omega-3 fatty acid in the diets of animals on the animal products consumed by humans. Med Sci (Paris). 21(8-9): 773～9.

9. Herron, K.L. and Fernandez, M.L. 2004. Are the current dietary guidelines regarding egg consumption appropriate? J Nutr. 134(1): 187～90.

10. Kemparaju, K. and Girish, K. 2006. Snake venom hyaluronidase: a therapeutic target. Cell Biochem Funct. 24(1): 7～12.

11. Lu, Q., Clemetson, J.M. and Clemetson, K.J. 2005. Snake venoms and hemostasis. J Thromb Haemost. 3(8): 1791～9.

12. 오창영. 약용동물학, 의성당, 2002.

5. 광물질유래 생리활성물질

건강에 영향을 주는 광물과 천연 무기체에 대한 연구분야는 의료광물학(medical mineralogy) 영역이며, 그 중 약재로 이용되는 광물은 약용 광물학으로 구분한다. 각종 광물들은 의약품 제조에 필요한 성분이 포함되어 있을 경우 이를 추출하여 사용하고 있으며, 광물 자체가 의약품으로 직접 사용되기도 한다.

예를 들면, 황철석은 뼈를 다쳤을 경우 '산골'이라는 이름으로 이용되기도 하며, 중국에서는 한약제로 사용되는 광물종이 207종이나 된다. 또한, 우리 인체를 이루고 있는 골격은 결국 인산칼슘이라는 광물질로 구성되어 있다.

예를 들면, 치아라든가 인체 내의 결석도 광물학적으로 연구되고 있으며, 인공 치아 및 골격의 제조도 연구되고 있다. 폐암 원인으로 알려진 석면이 폐 안에서의 역할과 동태가 광물학적 방법으로 연구되고 있다. 광물에는 인체에 유해한 것도 많기 때문에 광물과 건강에 대한 연구가 더욱 필요하다. 맥반석, 황토 등의 천연 광물질이 인체에 미치는 영향에 대해서도 더 많은 연구가 요구된다.

1) 광물약재의 종류

본초강목에는 약 1,890여 종의 약물이 소개되어 있는데, 이 중 약 80종에 이르는 각종 자연산 광물이 한약재로 사용되고 있다. 이러한 자연상태로 채집된 것을 원광물약이라 한다. 한약재로 이용되고 있는 원광물약으로는 주로 규산염광물, 탄산염광물, 황화광물 및 산화광물 등이 있다. 그러나 이러한 원광물약은 동일계통의 광물이라 하더라도 그 생성환경에 따라서 주성분과 미량성분의 조성이 다양하여 서로 다른 약재명으로 세분되기도 한다. 즉, 운모류에는 운모, 금오석, 청목석 등으로 세분되기도 하고, 각 섬석류로는 연옥, 양기석, 음기석, 활석 및 불회목 등으로 세분하기도 한다.

2) 광물약재의 포제

광물성 한약은 불순물을 제거하고 소화와 흡수를 돕기 위하여 포제라는 전처리 과정을 거친다. 포제란 치료효과를 높이기 위하여 약재를 가공하는 과정을 말하는데, 이 포제의 주요 목적은 첫째 해로운 성분을 제거하여 약재의 품질을 향상시키고, 둘째 약재의 독성, 극성, 부작용을 제거 혹은 감소시켜 약재의 안전성을 확보하며, 셋째 약재의 보관 및 휴대, 복용을 용이하게 하기 위함이다.

전통적으로 사용되어 온 포제방법에는 물 속에서 연마하여 분리하는 수비법

표 1-15. 광물약재로 이용되는 자연광물의 종류

원광물	약재명	광물명
규산염광물	금몽석	흑운모($K(Mg, Fe)_3(Al, Fe)Si_3O_{10}(F, OH)_2$)
	금정석	금운모($KMg_3(AlSi_3)O_{10})(F, OH)$)
	백석영	석영(SiO_2)
	불회목	석면($Mg_3Si_2O_5(OH)_4$)
	연 옥	투각섬석($Ca_2Mg_5Si_8O_{22}(OH)_2$)
	양기석	양기석($Ca_2(Mg, Fe)_5Si_8O_{22}(OH)_2$)
	음기석	활석+양기석+녹니석
	운 모	백운모($KAl_2(AlSi_3)O_{10}(OH)_2$)
	적석지	할로이사이트($Al_2Si_2O_5(OH)_4$)
	청몽석	녹니석($(Mg, Fe)_5Al(Si, Al)_4O_{10}(OH)_8$)
	활 석	활석($Mg_3Si_4O_{10}(OH)_2$)
	마 노	미정질 석영
탄산염광물	녹 청	공작석($Cu_2(CO_3)_2(OH)_2$)
	노감석	능아연석($ZnCO_3$)
	모 려	굴껍질
	증 청	남동석($Cu_3(CO_3)_2(OH)_2$)
	진주모	진주조개껍질
	석결명	전복껍질
	석 회	석회암 분말
	석 연	고생물 화석
	산 호	산호
	아관석	종유석
	한수석	방해석($CaCO_3$)
	화예석	돌로마이트($CaMg(CO_3)_2$)
황화광물	자연동	황철석(FeS_2)
	사함석	백철석(FeS_2)
	자 황	석황(As_2S_3)
	웅 황	계관석(AsS)
	여 석	유비철석($FeAsS$)
	주 사	진사(HgS)
황산염광물	반 석	명반($KAl(SO_4)_2 \cdot (OH)_6$)
	녹 반	녹반($FeSO_4 \cdot 7H_2O$)
	망 초	유조석($Na_2SO_4 \cdot 10H_2O$)
산화광물	자 석	자철석(Fe_3O_4)
	우여량	갈철석($FeOOH \cdot nH_2O$)
	비 석	산화비소(As_2O_3)
	무명이	연망간석(MnO_2)
기 타	황	황(S)
	월 석	붕사($Na_2B_4O_5(OH)_4 \cdot 10H_2O$)

자연광물의 한약재 응용, 광물과 산업(2005)

(flotation)이 있다. 이 수비법은 연마 시 발생하는 광물약의 열 변화와 산화를 방지하는 이점이 있으며, 자황, 석웅황 및 주사는 함유된 독성물질인 비소와 수은의 산화물을 제거하는 데 이용된다. 불에 태우는 하소법은 약재를 가열, 용융하지 않고 일정 온도에서 흡착수나 휘발성 물질을 용출시키는 것으로서 석고와 방해석 등에 적용된다. 용매에 녹이는 용해법(immersion in solvent)은 주로 식초로 담금질하는 방법을 사용한다.

(1) 수비법

물에 녹지 않는 광물약을 분쇄하여 물에 뜨는 성질을 이용하여 물 중에 현탁한 부분을 분리시켜 채취하는 방법을 '수비법'이라고 한다. 목적은 약물을 세말하고 깨끗하게 함으로써 내복과 외용에 편리하게 하고 연마할 때에 손실되는 것을 방지하기 위한 것이다.

약물을 유발에 넣고 적량의 물을 붓고 갈아서 풀처럼 만든 다음, 다시 다량의 물과 함께 저어서 거친 입자가 아래로 가라앉으면 바로 현탁액을 따라낸다. 아래에 가라앉은 거친 입자는 다시 갈아서 위와 같은 과정을 반복하여 입자가 곱게 되면 그친다. 마지막으로 현탁되지 않는 잡질을 제거한다. 따라 부은 현탁액을 합하여 방치해 두어서 현탁액이 완전히 가라앉으면 위의 맑은 물을 따라내고 곱게 분쇄된 분말로 된 침전물을 건조시킨다.

수비법은 물에 용해되지 않은 광물 혹은 패각류의 가공에 주로 적용된다.

(2) 하소법

원광물약을 강력한 화력을 이용하여 적색의 홍투가 될 때까지 원광물약 입자간의 흡착수나 쉽게 휘발하는 휘발성 물질을 제거하고 원광물을 산화 분해시키는 가공법이다. 하소 후의 광물약의 재질은 부드럽고 파쇄가 용이하도록 되어진다. 하소의 시간이나 온도는 광물의 종류에 따라서 다르게 행해지고 있다. 규산염광물의 경우는 고온, 장시간 동안 실시하며, 황화광물의 경우는 상대적으로 저온, 단시간에 걸쳐서 하소한다. 이 방법은 불에 구우므로 산화되거나 독성물질이 생성되는 자황, 웅황 및 주사와 같은 광물은 이용할 수 없다.

(3) 용해법

하소하여 홍투된 약재를 신속하게 식초나 약액 속에 투입하여 냉각시켜 식초나 약액을 광물약 속으로 침투시키고 약액의 흡수 정도에 따라 약재의 성질을 신속히 저온으로 냉각시키는 과정에 의해 약재가 부드럽게 되고 파쇄가 쉽도록

하여 가공성을 용이하게 한다.

광물약재의 포제에는 단순한 세척에서부터 위와 같은 여러 가지 포제방법을 동원하여 단독 또는 복합적으로 적용한다. 예를 들어 황철석의 경우는 원광물을 하소법을 이용한 후, 용해법을 적용하고 광물을 미분하여 수비법을 거친다.

광물약 포제의 방법과 정도에 따라 단순한 결정구조의 변화에서 결정구조와 화학성분이 모두 변화하는 정도까지 원광물약의 광물조성과 화학성분의 변화가 다양할 수 있다. 이 과정에서 불필요하고 해로운 성분이 제거될 수 있으나 반대로 유용 성분을 잃어버리는 경우도 있을 수 있다.

따라서 동일한 원광물에 대해 적용된 포제의 방법이나 정도가 다르면 그 치료효과도 다를 수 있다. 그러나 포제 전·후 원광물의 변화과정에 대한 과학적 연구가 거의 없어 광물약 포제방법은 현재까지도 큰 발전을 이루지 못하고 전통적인 방법을 답습하고 있는 실정이다.

3) 광물약의 약성 및 약미

광물약의 약성(藥性)과 약미(藥味)는 약재의 성능과 밀접한 관련이 있다. 약미에는 신맛, 쓴맛, 단맛, 매운 맛, 짠맛, 떫은 맛, 싱거운 맛이 있다. 약성은 약은 먹은 후에 몸에 생기는 감각을 말하는 것으로 더운 것, 찬 것, 따스한 것, 서늘한 것으로 분류하며, 이 중 따스한 것과 찬 것이 광물약의 대표적인 약성이라 할 수 있다.

4) 광물약재의 효능

광물약의 대표적인 효능은 다음과 같다.

(1) 청열약

고열이나 열에 의한 병을 치료하는 약으로, 석고 및 한수석이 이에 속한다.

(2) 이수삽습약

이뇨함으로써 과열을 제거하는 약으로 활석이 이에 속한다.

(3) 이혈약

지혈작용을 이용하여 혈문의 병증을 치료하는 약으로 화예석과 자연동이 이에 속한다.

(4) 보양약

기, 혈, 음, 양이 허한 증상을 치료하는 약으로서 양기석과 아관석이 이에 속한다.

(5) 고삽약

대변, 오줌, 정액이 자신의 의지와 무관하게 배출되는 활탈증에 효과가 있는 약으로서 적석지와 우여량이 있다.

(6) 안신약

정신불안정, 불면 등에 쓰이며 진정, 정신안정의 효과가 있는 약으로서 자석, 대자석, 주사, 백석영, 용골, 진주모, 호박 등이 있다.

표 1-16. 각종 광물약의 성질

	원광물약	약미							약성		
		단맛	매운맛	떫은맛	짠맛	신맛	쓴맛	싱거운맛	온(溫)	한(寒)	평(平)
규산염광물	활 석	✔								✔	
	양기석			✔					✔		
	적석지	✔		✔				✔	✔		
	몽 석		✔		✔					✔	
	자석영	✔							✔		
황화광물	자연동		✔								✔
	주 사	✔								✔	
	웅 황					✔			✔		
산화광물	자 석		✔							✔	
	대자석						✔			✔	
	우여량	✔		✔							✔
	무명이	✔			✔						✔
탄산염광물	한수석	✔	✔							✔	
	화예석			✔		✔					✔
	아관석	✔							✔		
	진 주	✔								✔	
	석결명				✔					✔	
	노감석	✔									✔
기타	유 황		✔			✔			✔		
	석 고	✔	✔							✔	
	용 골	✔		✔							✔
	명 반			✔		✔				✔	

(7) 화담지해약

소화관, 기도 등에 병리적 요인에 의해 생기는 액체를 담이라고 하는데, 이를 치료하는 약으로서 몽석, 청몽석 등이 있다.

(8) 외용약

신체 표면 국소부에 약물을 직접 접촉시킴으로써 치료효과를 나타내는 약이나 내용약으로는 거의 사용되지 않는다. 주로 명반, 경분, 웅황, 밀타승, 노감석, 월석, 무명이 및 유황 등이 있다.

5) 광물약재의 이용현황

광물성 약재는 타 한약재에 비해 독특한 약효를 가지고 있으나, 아직 우리나라에서는 광물이 한약재에서 차지하는 비중이 매우 낮다. 고문헌에 의하면 광물성 약재 중 주사, 웅황, 유황, 자연동 등의 황화광물은 광물성 약재 중 그 활용도가 매우 높은 것으로 알려져 있다.

실제로 동의보감에서는 주사가 배합된 처방이 229개에 이르고, 웅황이 배합된 처방은 154개에 이르는 등 다양한 처방에 황화광물 약재가 배합되어 사용되어 왔다. 그러나 현재까지도 광물은 제한적으로 사용되고 있는데, 그 이유는 식물성 한약재에 비하여 독성이 강해 처방에 부담이 크며 또한 이에 대한 과학적 연구가 없기 때문이라 할 수 있다.

따라서 이러한 광물 약재의 사용을 위해서는 그 독성의 연구와 광물의 품질 표준화에 대한 연구가 바탕이 수행되어야 할 것이다.

노감석

자황

금정석

녹각상

명반

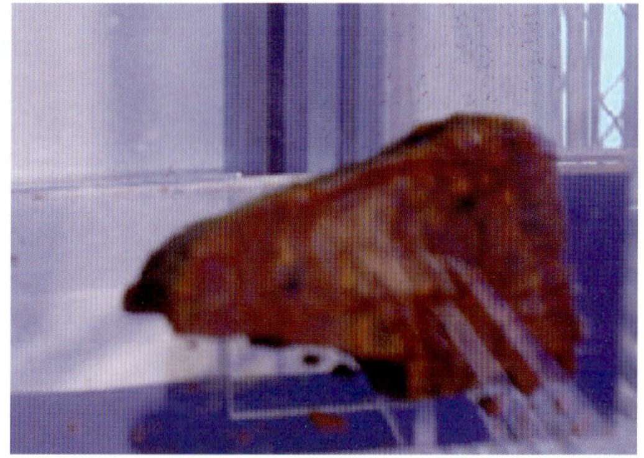

동황

망사

웅황

황단

우담

주사

모자석

자연동

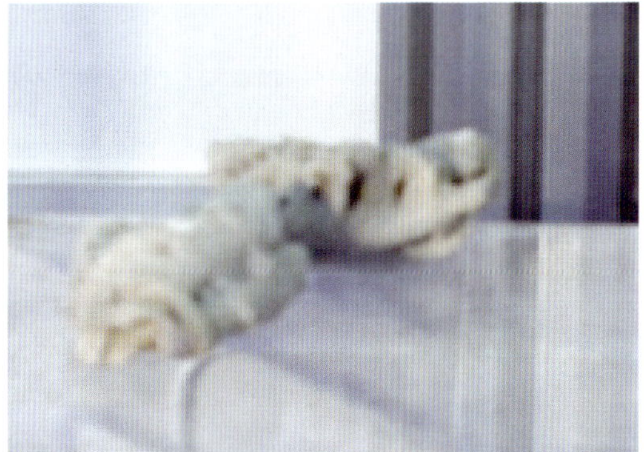

아관석

적석지

대자석

석고

한수석

그림 1-37. 각종 약물 약재

참고문헌

1. 주창호. 2001. 일라이트의 광물학적 특성과 그 응용. 한국광물학회지 14(2): 29～37.

2. 채수천, 장영남, 배인국. 2005. 제약용 광물의 응용현황. 광물과 산업 18(2): 22～31.

3. 황정, 2001. 자연광물의 한약재 응용. 광물과 산업 14(1): 40～47.

4. 이장천, 동의 약용광물, 의성당. 2005.

제 2장

용도에 따른 분류

1. 항생물질

1) 의약용 항생물질

(1) 의약용 항생물질의 정의

항생물질이란 "저농도(<1 mg/mℓ)에서 다른 생물체의 생육을 저해하는 저분자(150～5,000 daltons) 고체화합물"을 말한다. 따라서 일반적으로 알려진 의약용 항생물질은 물론 항암제와 농업용 살균제, 제초제 및 살충제도 모두 이 범주에 속한다. Berdey는 항생물질을 구조적 특징에 따라 carbohydrates, macrocyclic lactones(lactam), quinone and similar, amino acid and peptide, nitrogen(or sulfur)-containing heterocyclic, oxygen-containing heterocyclic, oxygen-containing heterocyclic, aromatic, aliphatic 및 unclassified 항생물질로 대분류하고 있다. 예를 들면 cycloserine은 amino acid and peptide계로 대분류되면 아미노산 유도체로 중분류, simple amino acid계 항생물질로 소분류된다.

1928년 Alexander Flemming이 최초의 천연물 유래 항생물질인 penicillin G를 발견한 이래 지금까지 약 10,000 종 이상의 항생물질이 천연물로부터 분리, 보고되었다. 일본 Kitasato(北里) microbial chemistry data base에 의하면 1990년까지 개발된 항생물질은 모두 9,046종에 이르며, 이 중 67%는 actinomycetes에 의하여 생산되는 것으로 알려져 있다. 이와 같이 방대한 수의 항생물질을 모두 한정된 지면에 소개한다는 것은 불가능하므로 본 장에서는 의약용 항생물질을 중심으로 세계시장 규모, 현재 감염증 치료에 의약용으로 사용하고 있는 대표적 항생물질의 구조와 작용기작, 새로운 항생물질 개발을 위한 항균력 측정 및 스크리닝, 방법, 금후 전망, 국내외 연구개발 실적 등에 관하여 간략하게 소개하고자 한다. 또한 의약용 항생물질을 소개하면서 (반)합성 항생물질을 제외시킬 수 없으므로 의약용으로 사용되고 있는 (반)합성 항생물질에 대하여도 약간 언급하고자 한다.

가) 연구의 필요성

1991년 12월 기준 세계 항생물질 시장 규모는 19,000백만 달러(15조원)에 이르며, 이 중 항세균성 항생물질이 15,650백만 달러(12조 5천억원)로서 82.4%를 차지하고 있다. 종류별 시장규모는 cephalosporin 계열이 7,350백만 달러(47.0%)로서 가장 크며, penicillin과 quinolone계가 각각 2,750백만 달러와 1,950백만 달러로서 2, 3위를 차지하고 있다(표 2-1). 단일 품목별 판매 순위는 1991년 기준으로 ceelor(Lilly), augmentin(SmithKline Beecham), ciproxin (Bayer), rocephin(Roche), Amoxil(SmithKline Beecham), Zinnat(Glaxo), ke-foral(Lilly), Zienam(MSD), minocin(Lederle), duracef(Bristol-Meyers Squ-ibb)이다.

세계 최대 항생물질 소비국가는 역시 미국으로서 1990년 기준으로 4,255백만 달러에 이르며, 서유럽 국가들 중에서는 이태리가 1989년 기준으로 1,204백만 달러, 불란서 785백만 달러, 독일 742백만 달러, 영국 398백만 달러, 스페인 339백만 달러이다. 이와 같이 엄청난 세계시장 규모에도 불구하고 국내에서 독자적으로 개발한 항생물질이 한 품목도 없는 실정이다.

인간은 지구상에 존재하는 한 질병과 끊임없이 싸워야만 할 것이다. 그간 수많은 항생물질이 천연물로부터 분리되거나 유기합성됨으로써 많은 질병이나 감

표 2-1. 항세균성 항생물질 종류별 판매규모

종 류	1991년 판매고(백만 달러)	비율(%)
Cephalosporins	7,350	47.0
Penicillins	2,750	17.6
Quinolones	1,950	12.5
Macrolides	1,050	6.7
Aminolglycosides	550	3.5
Tetracyclines	500	3.2
Others	1,500	9.6
Total	15,650	100.0

염증이 정복되었다고는 하나 최근 기존 항생물질에 대한 내성 병원균의 출현과 에이즈와 같은 새로운 질병의 발생으로 앞으로도 새로운 항생물질에 대한 요구는 끊임없이 제기될 것이다. Methicillin-resistant *Staphyloccus aureus*(MRSA), *Streptococcus pyogenes*, *Streptococcus pneumoniae*, Multi-drug resistant *Mycobacterium tuberculosis*, *Enterococci* spp., *Pseudomonas* spp. 등의 내성 획득은 유럽이나 미국에서 심각한 사회 문제로 대두되고 있다.

세계보건기구의 통계에 의하면 1992년 뉴욕시에서 분리한 *Mycobacterium tuberculosis*의 20%가 isoniazid와 rifampicin에 내성을 나타냈다고 한다. 헝가리의 경우 1988년과 1989년 어린이 감염환자에서 분리한 *Streptococcus pneumoniae*의 70%가 내성획득 균주로서 tetracycline, erythromycin, trimethoprim/sulfamethoxazole(TMP/SMX)에 대하여 내성을 나타냈고, 이 중 30%는 chlorampenicol에도 내성을 나타냈다고 한다. Sharon Kingman은 "현재 methicillin-resistant *Staphylococcus aureus*(MRSA)에 대하여는 vancomycin이 유일한 방어선이나 이 병원균이 vancomycin에 대한 내성마저 획득하면 악몽이 될 것이다."라고 하였다. 그러나 이미 뇌막염, 요도염 등을 일으키는 *Enterococci faecium*이 1989년 내성을 획득하였다고 보고되고 있으므로 머지 않아 *E. faecium*의 vancomycin에 대한 저항성 유전인자가 MRSA로도 전사될 것으로 판단한다. 또한, John Travis는 "우리는 현재 페니실린 이전세대(prepenillin day)로 돌아갈 의학적 참사에 임박해 있다"고까지 경고하였다.

일본은 1957년에 이미 kanamycin을 개발하여 의약용으로 등록하였다. 그 후에도 항생제, 항암제, 고지혈증 치료제, 면역억제제 등과 같이 수많은 생리활성물질을 개발하여 의약용은 물론 농약용으로 사용하고 있다. 일본 Kitasato(北里)대학 Omura 박사의 철학에 의하면, ① 미생물은 언제나 정당하며 당신의 친구이자 매우 민감한 동반자이다. ② 이 세상에 멍청한 미생물이란 없다. ③ 미생물은 어떤 일이라도 능히 해낼 수 있다. ④ 미생물은 영리하고 현명하며 그 어떤 화학자나 기술자보다 뛰어난 능력을 가지고 있다. ⑤ 만약 당신이 당신의 미생물 친구를 돌본다면 그들은 당신의 미래를 보장하여 주며 그 덕택으로 당신의 미래는 행복해질 것이다"라고 하였다.

일본이 최근 기초학문에 있어서도 현저하게 발전하고 있는 것은 새로운 생리활성물질을 속속 개발하여 작용기작을 연구하는 과정에서 많은 기술을 축적하게 된 것에도 그 원인이 있다 하겠다. 일례로서 면역억제제인 FK-506과 구충제인 avermectins 등을 들 수 있겠다. 이상에서 언급한 바와 마찬가지로 새로운 항생물질을 개발한다는 것은 경제적인 면은 물론 기초학문의 발전에도 크게 기여하므로 의미있는 일이라 하겠다.

나) 연구동향

지금까지 10,000종 이상의 항생물질이 천연물로부터 분리, 보고되어 있으므로 새로운 항생물질을 발견하는 일은 매우 어렵다. 그러나 최근 *Kitasatosporia*, *Actinoplanes*, *Micromonospora* 등과 같은 소수족(rare) 혹은 저영양성(oligotrophic) actinomycetes로부터 새로운 항생물질을 분리, 개발하는 빈도가 높아졌다. 또한 그간 방선균(actinomymycetes)을 주된 항생물질 개발원으로 이용하여 왔으나, 근래에는 marine sponge(해면동물)와 같은 해양생물체로부터 항생물질을 개발하는 연구도 활발하다. 미생물의 분리원이 되는 토양시료 역시 아프리카나 섬나라와 같이 특수환경으로부터 채취하고 있으며, 특정 속의 미생물만을 선택적으로 분리해 낼 수 있는 방법도 개발하고 있다.

과거의 항생물질 개발연구는 주로 그람음성균 및 양성균 모두에 광범위 항균활성을 나타내는 항생물질 개발에 역점을 두었던 것이 사실이다. 그러나 광범위 항균스펙트럼 항생물질의 경우 내성 균주의 출현빈도가 높으며, 독성이 비교적 강한 것이 특징이므로 최근에는 특정 속의 병원균에 대하여 선택적으로 강한 항균활성을 가진 화합물도 주목을 받고 있다. 학자에 따라서는 항균력과 관계없이 병원균의 항생물질에 대한 내성을 억제할 수 있는 화합물을 탐색하기도 한다. 최근, 특이한 것은 개구리나 곤충에 병원균을 접종하였을 경우 자체방어 수단으로 분비되는 항균성 물질을 탐색하기도 한다.

한편, 독창적 스크리닝 시스템을 도입하여 항생물질 스크리닝에 이용하고 있다. 예를 들면 *Mycoplasma*와 *Bacillus subtilis*를 이용하여 *B. subtilis*에만 항균력을 가진 물질을 1차 선발한 후 [^{3}H]diaminopimemelic acid와 [^{3}H]leucine이 거대분자(macromolecule)로 생합성되는 것을 저해하는 물질을 탐색하여 azureomycins, AM-5289와 같은 세포벽 합성저해제를 분리하였다. 또한 folate 관련 대사저해제인 diazaquinomycin을 개발하였다. 지금까지 개발된 10,000여 종의 천연물 유래 항생물질 중 임상적으로 이용되고 있는 것은 불과 60여 종에 불과하다. 그 이유는 기존의 항생물질에 비해 역가가 낮거나 독성이 있기 때문이다. 이러한 관점에서 볼 때 곰팡이나 세균의 세포벽 합성저해 항생물질 개발은 이들 세포벽 성분, 즉 target site가 포유류에는 존재하지 않으므로 효과만 우수하다면 실용화될 가능성이 매우 높다.

Aminoglycoside 항생물질의 경우 내성을 발현하는 효소(phospho-, adenyl- or acetyltranferase)를 규명함으로써 내성효소에 저항성인 반합성 항생물질을 개발하고 있다. 또한, 구조-활성 상관연구를 통하여 활성물질과 ligand와의 상관관계를 연구함으로써 분자설계(molecular design)를 하기도 한다. Boyd는 컴퓨터를 이용하여 β-lactam계 항생물질의 분자 설계를 시도하였다.

최근 국내에서는 새로운 생리활성물질의 개발이 극히 어렵다는 점 때문에 특허기간이 만료된 외국의 항생물질을 균주 개량이나 생산조건의 최적화를 통하여 기득권을 가진 생산업체와의 경쟁을 시도하고 있으나 이와 같은 투자는 엄청난 위험부담을 감수하여야 한다는 사실을 염두에 두어야 할 것이다.

그 이유는 우리가 경쟁사의 생산수율 정도로 높인다 하더라도 판매망을 구축하고 있는 기존의 제조회사는 이미 투자비용을 회수했으므로 덤핑을 한다. 그러므로 현재 유통되고 있는 가격을 계산에 넣고 투자하였을 경우 큰 손실을 감수할 수도 있다. 따라서 우리는 독자적인 기술개발을 통하여 새로운 의약용 항생물질을 개발하여야만 기술 축적은 물론 의약품 개발에 대한 자신감을 얻을 수 있을 것이다.

대량 배양을 위해서는 생산조건의 최적화와 활성물질의 생합성 경로를 밝혀 배양과정 중에 전구물질을 계속 공급하여 줌으로써 생산수율을 증대시키고 있다. 또한 전통적인 단포자 분리, 돌연변이, 유전공학 기술 등을 이용하여 균주를 개량함으로써 배양액 리터당 수십 그람의 활성물질을 생산하는 균주를 선발하고 있다.

(2) 항생물질의 작용 기작 및 내성

가) 원리

항생물질은 다음 5가지 중 한 가지에 활성을 가짐으로써 항균효과를 나타낸다. 즉, ㉠ 탄소나 질소가 monomer로 합성되는 것을 저해, ㉡ monomer가 macromolecules로 되는 것을 저해, ㉢ 에너지 대사 저해, ㉣ 유전정보 전달 방해, ㉤ 세포벽이나 막에 작용하여 투과성 변화 유도 등이다.

① 세균의 세포벽(peptidoglycan) 합성저해제

세균은 포유동물 세포와 달리 세포막 외에 세포벽을 가지고 있으며, 세포벽의 구성성분 중 하나인 peptidoglycan 합성을 저해하는 항생물질의 경우 선택 독성이 강하여 숙주세포에 대하여는 독성이 낮은 것이 특징이다. 이러한 부류에는 phosphomycin, cycloserine, amphomycin, tunicamycin, enramycin, vancomycin, moenomycin, macarbomycin, bacitracin 및 β-lactam계 항생물질들이 있다.

② 세포질막에 작용하는 항생물질

Amphotericin B와 nystatin은 polyene macrolide계 항생물질로서 진핵세포의 세포질막을 구성하고 있는 ergosterol과 결합함으로써 막기능을 변화시켜 칼슘과 아미노산 등을 유출시키므로 항균활성을 나타낸다. Polymyxin B와 colistin은 염기성 peptide계 항생물질로서 정균적(bacteriostatic) 및 살균적(bactericidal)으로 작용하며, 그람음성균인 녹농균에 강한 항균활성을 나타내나 선택 독성이 낮다. 이 외에도 gramicidin S는 ionophore와 같은 작용으로 세포질막의 기능을 저해하고 mitochondria에도 작용한다.

③ DNA에 작용하는 항생물질

Trimethoprim, methotrexate, aminopterine은 dihydrofolate reductase와 결합함으로써, sulfonamide는 ρ-aminobenzoic acid(PABA)와 길항작용을 함으로써 DNA 합성을 저해한다. 특히, trimethoprim은 세균 유래 효소에만 작용하므로 선택 독성이 높은 것이 특징이다. 이 외에도 mitomycin C, bleomycin, sarkomycin, nalidixic acid, novobiocin, 5-fluorouracil(5-FU), 5-fluorocytosine(5-FC) 등이 있다.

④ RNA에 작용하는 항생물질

Sangivamycin과 toyocamycin은 생체내에서 인산화됨으로 인하여 ATP analogues가 되어 transcription을 저해한다. Actinomycin D와 chromomycin A_3는 DNA-dependent RNA polymerase 활성을 저해한다. Daunomycin과 adriamycin은 DNA-dependent RNA 및 DNA polymerase에 매우 강한 저해활성을 나타내며, 선택 독성이 매우 높고 결핵균에 대하여 강한 항균활성을 나타낸다.

⑤ 단백질합성을 저해하는 항생물질

Tetracycline, puromycin, chorampenicol, macrolide(erythromycin, leucomycin), fusidic acid, aminoglycosides(streptomycin, kanamycin, gentamicin), viomycin, capreomycin, enviomycin, thiopeptin 등이 있으며, 이들은 세균 ribosome의 30S 혹은 50S subunit와 결합하거나 elongation factor, aminoacyl-tRNA에 작용함으로써 활성을 나타낸다. Puromycin은 선택 독성이 낮아 의약용으로는 사용되고 있지 않으나 생화학 시약으로 널리 이용되고 있다.

⑥ 기타 작용을 가진 항생물질

Cerulenin은 불완전균인 *Cephalosporium caerulens*가 생산하는 항생물질로서

지금까지 작용기작이 밝혀진 항생물질 중 미생물, 식물, 동물의 지방산 합성을 저해하는 유일한 항생물질이다. Cerulenin은 3-oxoacyl-acryl carrier protein-synthase를 특이적으로 저해함으로써 항균활성을 나타내나 선택독성이 낮아 의약용으로는 이용되지 않고 지방산 생합성 연구, 세포질막 연구 등과 같이 생화학 시약으로 시판되고 있다.

Valinomycin, monensin, nonactin 등은 Na^+, K^+, Mg^+ 등의 금속이온과 complex를 형성함으로써 세포내의 양이온을 유출시킨다. 이들은 일반적으로 선택 독성이 낮아 의약용으로는 이용되고 있지 않으나 농약, 수의약품 혹은 생화학 실험용으로 이용되고 있다. Avermectin은 1979년 일본 北里大學의 Omura 박사와 Merck사의 연구팀이 공동으로 40,000여 방선균을 스크리닝함으로써 개발한 구충제로 GABA antagonist이며, 현재 가축의 기생충약으로 널리 사용되고 있다.

⑦ 항생물질에 대한 내성

항생물질에 대한 내성균이란 원래 특정 항생물질에 감수성이었으나 내성을 획득하여 비감수성균으로 변한 것을 말한다. 최근 항생물질 사용에 있어 가장 큰 문제점은 저항성 병원균주들의 대량 출현이다. 항생물질에 대한 내성은 sufonamide가 개발된 4년 후(1939년)부터 이미 보고되기 시작하였으며, penicillin의 경우도 임상으로 사용한 다음 해부터 보고되기 시작하였다.

병원균주가 항생물질에 대한 내성을 획득하는 메카니즘은 매우 다양하다. β-lactam계 항생물질에 있어서는 penicillin-binding proteins(PBP)의 변형, 투과성 감소, β-lactamase의 생성이 원인이며, fluoroquinones계 항생물질의 경우 DNA gyrase의 변형, 투과성 감소, aminiglycoside계에서는 ribosomal binding과 uptake의 감소 및 modifying enzyme이 원인이고, macrolide계 항생물질에 있어서는 methylating 효소, chloramphenicol의 경우 acetylating enzyme, tetra-cycline계 항생물질에 있어서는 efflux와 ribosomal protein의 변형, rifampin의 경우는 DNA polymerase의 변형, folate 저해제의 경우 target의 변형, glyco-peptide계, mupirocin, fusidic acid에 있어서는 target의 변형, fosfomycin의 경우 막으로의 수송이 변형되는 것에 기인한다.

저항성 병원균에 저항하는 항생물질 시장은 규모면에서 아직은 미약하다 하겠으나 머지 않아 큰 규모로 성장하리라 판단한다.

나) 실험방법

① 연구개발 추진체계

새로운 항생물질을 개발하기 위해서는 그림 2-1에서 보는 바와 같이 여러 단계를 거쳐야만 하며, 미생물학자, 화학자, 약리학자, 독성학자, 생화학자, 의사, 농학전공자 등과 같이 다양한 전공분야 학자들이 공동 노력하여야 한다.

최근의 연구동향을 보면 대략 10,000균주를 스크리닝하여 1~5개의 새로운 화합물을 분리하고, 그 중 하나 정도가 실용화되는 것으로 알려져 있으므로 신물질 창출이란 연구분야가 얼마나 험난한지를 상상할 수 있을 것이다. 그러나 최근 목표지향적 스크리닝 시스템(target-oriented screening system)의 도입과 새로운 속이나 소수족 및 지금까지는 분리・배양하기가 까다롭던 미생물을 분리・배양하는 데 성공함으로써 신물질 개발의 확률을 높이고 있다.

② 토양시료의 채취

물론 종과 속이 전혀 다른 미생물이 동일한 항생물질을 생산하는 경우도 가끔 있으나 새로운 미생물이 새로운 항생물질을 생산할 수 있는 확률이 훨씬 높은 것이 사실이다. 따라서 미생물의 분리원이 되는 토양시료를 특이한 환경으로부터 채취하는 것이 매우 중요하다. 그 동안 항생물질 스크리닝 경험을 통하여 볼 때 국내에서 분리한 방선균의 경우 우리보다 먼저 항생물질 스크리닝을 시작한 일본학자가 이미 개발한 항생물질의 재분리 빈도가 매우 높았다.

따라서 다음 사항들을 고려하여 토양시료를 채취하는 것이 보다 유리하리라 사료된다. 즉, ① 기후별 특성을 고려한 토양시료 채취(열대성, 아열대성 기후의 토양), ② 지역별 특성을 고려한 토양시료 채취(대륙과 고립되어 진화한 미생물 분리를 위하여 섬나라(지역) 토양시료의 채취), ③ 인간의 발이 거의 닿지 않은 처녀림 속의 토양채취, ④ 국내 산악지, 갯벌, 동굴, 채소밭, 과수원, 퇴비장 등의 토양시료 채취 등이다.

③ 미생물 분리 및 보존

지구상에 존재하는 미생물 중 인간에 의하여 분리된 미생물은 1/10에 불과하다고 이야기 한다. 따라서 새로운 미생물을 분리하기 위하여는 독창적인 미생물 분리 방법을 개발하는 것도 중요하다. 최근, 일반 방선균(*Streptomyces*) 외에 rare(소수족), fastidious(까다로운) 및 oligotrophic(저영양성) actinomycetes로부터 새로운 항생물질을 분리하는 빈도가 높아졌다. 그러나 산업화를 고려한다면 중온성 미생물이 보다 유리하며, 저온성보다는 고온성 미생물이 유리하다는

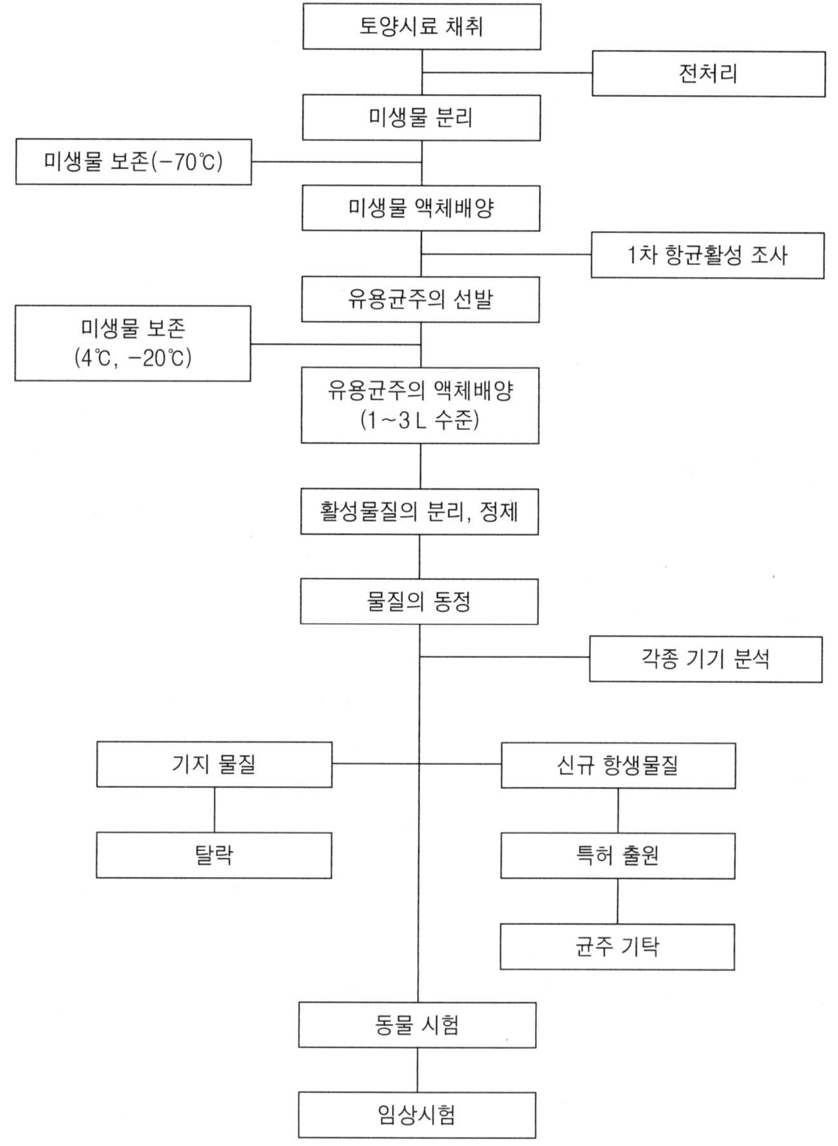

그림 2-1. 항생물질 개발의 추진체계

점을 알아야 할 것이다. 분리용 배지를 선택함에 있어서는 일반 방선균의 경우 modified Benett's agar, fumic acid agar 배지를, oligotrophic 방선균의 경우 diluted agar medium을 사용하며, 특정 미생물군 만을 선택적으로 분리하기 위하여 배지에 항생물질(penicillin G, cycloheximide)을 첨가하거나, confined medium에 특정 탄소원 혹은 생육저해제를 첨가하기도 한다. 그러나 연구실마다 여건이 다르므로 각 연구실의 인적구성 및 노동력에 따라 적절한 방법을 선택하는 것이 중요하다. 항생제나 생육저해제를 첨가하여 균을 분리하였을 경우 순수분리를 위한 접종은 저해제 무첨가 한천배지를 사용하는 것이 오염균 없이 단포자 분리를 위하여 바람직하다. 분리방법은 일반적으로 상법인 pour plate법을 사용하나 fumic acid 혹은 저영양배지의 경우는 streak법이 유리하다.

미생물 보존을 위하여는 방선균의 경우 잘 자라는 배지를 선택하여 slant 배양한 다음 포자와 균사를 긁어 취해 20% glycerol에 현탁시킨 후 -20℃에 보관하면 장기간(2년) 보존이 가능하다. 수시로 사용하여야 하는 미생물의 경우에는 사면배지에 계대배양한 후 면전을 고무전으로 교체하여 15℃나 실온에 보관하면 된다. 유용균주에 대하여는 동결건조 후 -70℃에 보존하는 것이 바람직하다. 이 외에도 포자형성을 하지 않는 균주에 대하여는 사면배지에 배양한 다음 mineral oil로 sealing하여 보관하기도 하며, 진균이나 방선균의 경우는 포자를 토양 내에 보존하기도 한다.

④ 유용균주의 동정

균의 종류에 따라 상이하겠으나 일반적으로 Bergey's Manual of Systematic Bacteriology를 이용하나 방선균의 경우 International Streptomyces Project, Numerical Taxonomy 방법으로 동정한다. *Streptomuces*의 경우 computer programe이 개발되어 있으므로 편리하나, rare actinomycetes의 경우 programe이 개발되어 있지 않으므로 세포벽의 diaminopimelic acid isomer type을 조사하여 속(genus)을 결정한 후 Goodfellow의 논문이나 지금까지 보고된 균주 특성과 비교하여야만 한다.

⑤ 활성물질의 분리・정제 및 동정

1차 분리・정제 시험에서 ① 산성, 중성, 알칼리 조건하에서의 열처리(100℃/15분)로 안정성(stability)을 조사, ② 산성, 중성, 알칼리 조건하에서의 유기용매(EtOAc, BuOH)로의 분배성 조사, ③ 산성, 중성, 알칼리 조건하에서의 활성탄흡착 및 용출성 조사, ④ 음이온(Dowex-1) 및 양이온(Dowex-50) 교환수지 흡착성 조사를 통하여 활성물질의 물리・화학적 특성 및 정제방법에 대한 정보를 얻는다. 물론 산이나 알칼리 상태의 수용액 층(aqueous phase)은 중화 후 항균활성을 조사함으로써 활성물질을 추적하여야 한다.

상기 조사를 위하여는 배양액 100 mℓ 정도면 충분하다. 유기용매로의 분배성은 배양액 2 mL과 동량의 유기용매를 시험관에 넣은 후 vortex 하고 원심분리

(3,000 rpm/15분) 함으로써 수층과 유기용매 층으로 나눈 다음 하층(수용액층)을 pasteur pipette으로 조심스럽게 pipetting하여 harvesting하면 된다.

활성물질의 동정을 위한 분리·정제는 1차 분리, 정제시험 결과를 토대로 유기용매 추출, macroreticular resins(Amberlite XAD-2, Diaion HP-10, -20) 흡착, 이온교환수지흡착, silica gel 및 ODS column chromatography, cellulose column chromatography, preparative TLC, HPLC 등을 이용하여 단일물질로 분리·정제한다. 이 때 주의할 점은 매 정제 단계별로 활성의 recovery를 check하는 것이다. 물질의 분리·정제 기술을 보다 자세하게 배우기 위해서는 유기화학 실험서, Method in Enzymology, Thin-layer Chromatography, Modern Analysis of Antibiotics, 물질의 분리와 정제, 추출 분리 분석법을 참고하기 바란다.

분리한 항생물질의 동정은 UV, IR, NMR, mass spectrometry와 같은 각종 기기 분석을 통하여 수행한다. 항생물질 스크리닝 과정 중 가장 많은 시간과 노동력이 소요되는 분야가 분리·정제로서 이 분야에 종사하는 연구자는 분리·정제를 위한 화학적 지식은 물론 기지 항생물질의 물리·화학적 및 항균스펙트럼 특성에 관한 해박한 지식을 갖추어야 유리하다.

Macrolide계 항생물질의 동정에 대하여는 천연유기화합물 실험법, aminoglycoside계 항생물질의 경우 pH에 따라 민감하게 활성차이를 보이는 것이 많으므로 조기 식별이 용이하다. Polyene 계열 항생물질의 경우 특징적인 UV 흡수패턴을 가지고 있으므로 조기 식별이 가능하며, Hamilton의 문헌을 참고하면 도움이 된다. 이 외에도 Aszalos 등은 TLC에 의한 항생물질의 분류·동정에 대하여 소개하고 있다.

신·기지(旣知) 여부는 Kitasato 연구소의 항생물질 data base 및 chemical abstract(CA)를 이용하여 검색한다. 이 외에도 Index of Antibiotics from Actinomycetes volume I은 1966년까지, volume II는 1976년까지 방선균 속에 의하여 생산되는 것으로 보고된 항생물질이 거의 총망라되어 있으며, 1988년에 발간된 CRC Handbook of Microbiology volume IX의 A권에는 방선균은 물론 곰팡이 및 기타 미생물에 의하여 생산되는 항생물질이, B권에는 미생물원에서 분리된 항바이러스 물질 및 약리활성물질과 식물원으로부터 분리한 생리활성물질이 수록되어 있으며, 화학 구조적으로 어떤 계열에 속하는지를 이해하기 쉽도록 기재되어 있다.

또한 1988년에 발간된 Dictionary of Antibiotics & Related Substances에는 계열별 항생물질의 정의와 화학구조, 문헌 출처가 수록되어 있고, 1994년 발간된 Dictionary of Natural Products는 총 6권으로 구성되어 있으며, 천연물 유래 생리활성물질이 총망라되어 있으므로 현재까지 발간된 data base용 간행물 중에서는 가장 최근까지의 항생물질이 수록되어 있다. 그러나 상기 어느 책자도 완벽하게 수록되었다 할 수 없으므로 이들과 CA를 모두 검색하여 봄으로써 완벽하게 신·기지(既知) 여부를 판정하는 것이 현명하다.

⑥ 향균력 검정

특정 피검정균에 대한 항생물질의 항균활성을 나타내는 방법으로는 통상 최소 발육저지농도(minimal inhibitory concentration : MIC)를 표시하나, 때에 따라서는 최소 사멸농도(minimal bactericidal concentration : MBC)로 표기하는 경우도 있다. MIC와 MBC는 액체배지나 고체배지를 이용하여 측정한다.

㉠ 액체배지를 이용한 MIC(MBC) 측정법

- 세균수가 10^3 ~ 10^6/mL이 되도록 희석한 액체배지를 시험관에 동일량 분주한다. 세균의 경우 주로 Mueller-Hinton broth를 곰팡이의 경우 potato dextrose broth나 potato sucrose broth를 사용하나 기타 검정균이 잘 자라는 배지를 선택하여도 무방하다. 그러나 이 경우 사용한 배지의 종류와 제조회사를 명기하여야만 한다.
- 조사하고자 하는 항생물질을 100 ㎍/mL 농도로부터 시작하여 50, 25, 12.5, 6.25 ㎍/mL로 2배씩 희석한다. 검정균의 희석은 증균배지 혹은 완충액과 젤라틴을 함유한 생리식염수(NaCl 8.5g, KH_2PO_4 300 ㎎, Na_2HPO_4 600 ㎎, gelatin 100 ㎎, D/W 1000 mL)를 사용한다. 장기간 보존한 피검정균은 필히 2~3회 계대하여 활력을 증대시킨 후 사용하는 것이 좋다. 또한, 검정균(*Streptococcus pneumonia*, *Klebsiella pneumonia* 등)에 따라서는 혈액을 필요로 하는 경우도 있다. 이 때 하나의 tube는 positive control로 항생물질을 첨가하지 않고 균이 잘 자라는지 관찰하여야 한다.
- 접종이 끝난 피검정균은 최적 발육온도에 넣어 일정시간 배양한다. 대부분 세균의 경우 하룻밤이면 충분하나 곰팡이의 경우는 2~3일이 소요된다.
- 배양이 끝나면 현탁 정도를 보아 세균이 자랐는지 관찰한다. 이 때 균이 자라지 못하여 투명한 상태를 그대로 유지하고 있는 최저농도를 MIC로 판정한다. MBC는 MIC와 동일하나 4항에서 투명한 시험관 모두로부터

일정량의 배지를 취해 같은 종류의 한천배지를 함유한 Petri dish에 접종하여 세균의 경우 24시간 후 균의 생육여부를 관찰한다. 이 때 항생물질을 함유하지 않은 positive control의 균수(colony forming unit : CFU)의 99.9%가 저지된 농도를 MBC로 판정한다.

㉡ 고체배지를 이용한 MIC 측정법

· 방법은 액체배지에서와 거의 동일하다. 즉, 2배씩 희석된 농도의 항생물질을 함유하도록 조제한 한천배지를 Petri dish에 분주하여 굳힌다. 검정균을 한천배지 위에 지름 8 mm 정도로 spot inoculation 한다. 곰팡이의 경우는 균사와 포자를 한천배지와 함께 같은 크기로 오려 취하여 균이 있는 부위가 아래로 향하도록 접종하며, 이 때 cork borer를 이용하면 매우 편리하다. 접종이 완료되면 피검정 균주별 최적 발육온도에서 일정시간 배양한 다음 세균의 경우는 bacterial film의 생성 여부, 곰팡이의 경우는 균사성장을 관찰한다. 장점이라면 하나의 Petri dish 상에서 여러 가지 피검정균에 대한 MIC를 동시에 측정할 수 있다는 점이다.

(3) 지금까지 개발된 주요 항생물질의 분류

가) β-Lactam계 항생물질

β-Lactam계 항생물질은 penicillin계와 cephalosporin계로 나눌 수 있으며, 이들은 세균의 세포벽 골격을 구성하는 peptidoglycan의 생합성을 저해하기 때문에 선택적 항균활성을 나타내는 것이 특징이다. 그러나 최근 penicillin에 대한 저항성 균들의 출현과 더불어 항균스펙트럼을 확대하거나 안정성을 높이기 위하여 penam을 기본골격으로 한 여러 가지 반합성품이 개발되었으며, 이 외에도 하나의 환으로 된 monobactam, 1번 위치의 S를 O로 치환시킨 oxapenam, 5원환에 이중결합을 도입한 penem, 1번 위치의 S를 C로 치환함과 동시에 이중결합을 도입한 carbapenem을 골격으로 하는 새로운 반합성 항생물질들이 개발되기에 이르렀다(그림 2-2).

한편, cephalosporin계 항생물질은 cephem계 항생물질이라고도 하며 cephalosporin계와 cephamycin계로 나눈다. Cephalosporin계는 cephalosporin의 골격 7-aminocephalosporanic acid(7-ACA)에 작용기를 도입하여 반합성한 항생물질을 총칭한다. Cephamycin계는 11번 위치를 α-methoxy기로 치환시킨 3-cephem을 기본 골격으로 하는 일군의 항생물질을 칭한다(그림 2-3).

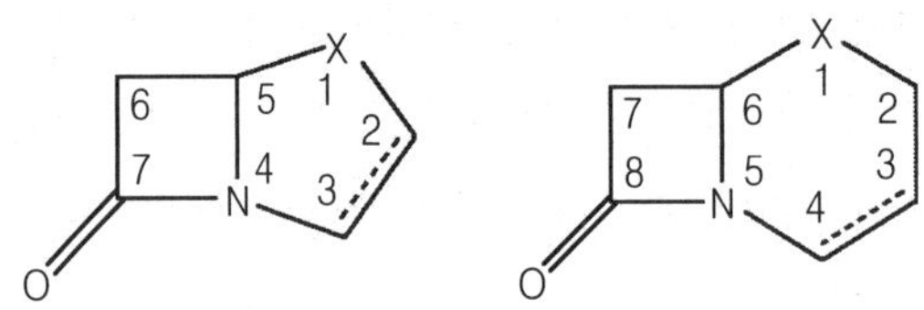

X saturated ring	unsaturated ring	saturated ring	unsaturated ring
S penam	penem	cepham	cephem
O oxapenam	oxapenem	oxacepham	oxacephem
C carbapenam	carbapenem	carbacepham	carbacephem

그림 2-2. β-Lactam계 항생물질의 분류

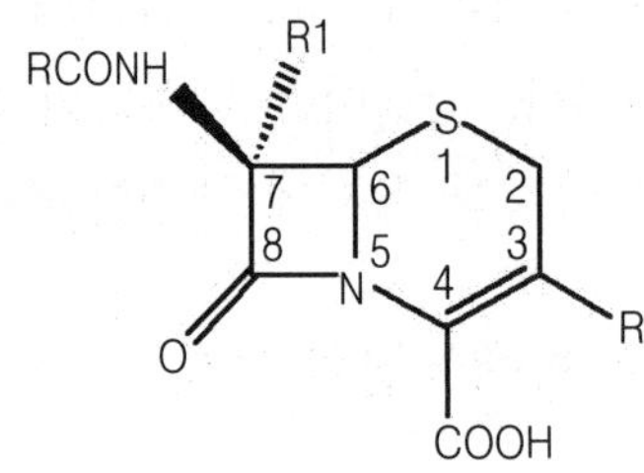

R_1=H Cephalosporin R_1=OMe Cephamycin

그림 2-3. Cephalosporin과 cephamycin의 구조

Cephem계 항생물질은 독성이 낮고 항균 스펙트럼이 넓은 것이 특징이다. 이와 같은 이유 때문에 대대적인 탐색연구가 수행되어 penicillin 및 cephalosporin 계열과는 다른 골격을 가진 norcardicin, clavulanic acid 및 thienamycin과 같은 항생물질들이 개발되기에 이르렀다. Cephem계 항생물질은 수용성이 너무 강해 경구투여시 장내 흡수가 낮은 것이 단점이었으나, C-7 위치에 측쇄를 도입하거나 dihydrothiazine의 C-3 위치에 지용성 관능기를 도입함으로써 경구투여로도 높은 항균효과를 나타내는 경구투여용 glycyl cephalosporins와 aminothiazole cephalosporins가 개발되었다.

나) Aminoglycoside계 항생물질

Streptomycin으로 대표되는 aminoglycoside계 항생물질은 cyclic amino alcohol에 amino sugars가 결합된 항생물질의 총칭으로 ribosome에 작용하여 단백

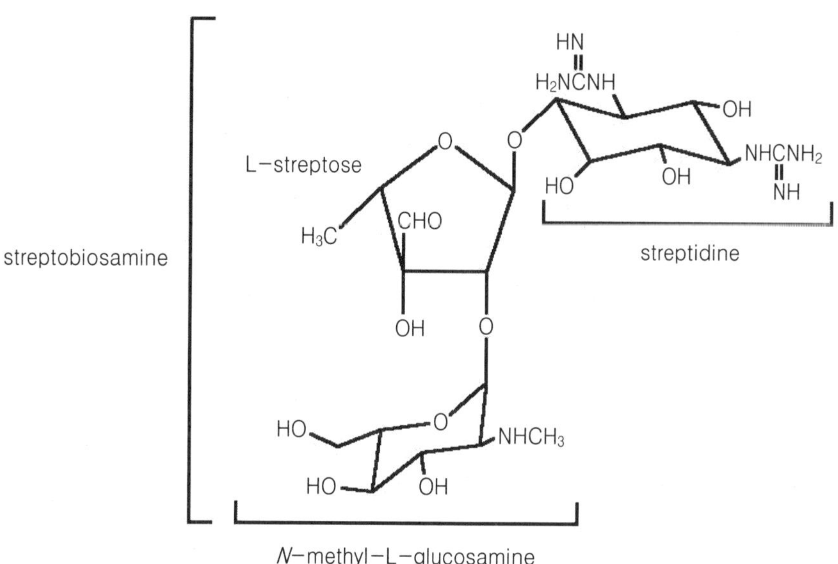

그림 2-4. Streptomycin의 구조

질 합성을 비가역적으로 저해하므로 살균효과(bactericidal)를 나타내는 것이 특징이다. Streptomycin 외에 kanamycin, gentamicin, neomycin 등이 있으며, 주로 그람양성 병원균, 특히 tuberculosis 치료에 효과적으로 사용되었으나 반합성 페니실린 및 tetracycline의 개발과 심각한 부작용 및 저항성 균의 출현으로 최근에는 다른 항생물질들의 내용 정도로만 사용되고 있다.

구조를 보아 알 수 있듯이 염기성 화합물로서 지용성이 아니므로 경구 투여시 장내에서 거의 흡수되지 않고 대부분 뇨로 배설된다. 그러나 이러한 특성 때문에 요로 감염증 치료에는 매우 효과적이다. 한편, streptomycin은 농약용 항생물질 분야에서 소개하겠으나, 우리나라에서는 감귤류의 재배나 저장, 수송중에 문제가 되는 궤양병(*Xanthomonas campestris* pv. *citri*)이나 무우, 배추의 검은 썩음병균(*X. canpestris* pv. *campestris*)의 방제를 위하여 연간 217,680 kg이나 수입하고 있으나, 선진국에서는 인체 병원균에 대하여 교차내성(cross-resistance)을 일으킨다는 이유 때문에 농약으로의 사용을 금하고 있다.

다) Tetracycline계 항생물질

Gram 음성 및 양성균, rickettsiae, chlamydiae와 protozoa에 대하여 광범위 항균스펙트럼을 나타내는 항생물질군으로서 naphthacene 환을 기본 골격으로 하고 있으며 5, 6, 7번 위치를 H, OH, $=CH_2$ 혹은 $N(CH_3)_2$ 등으로 수식한 반

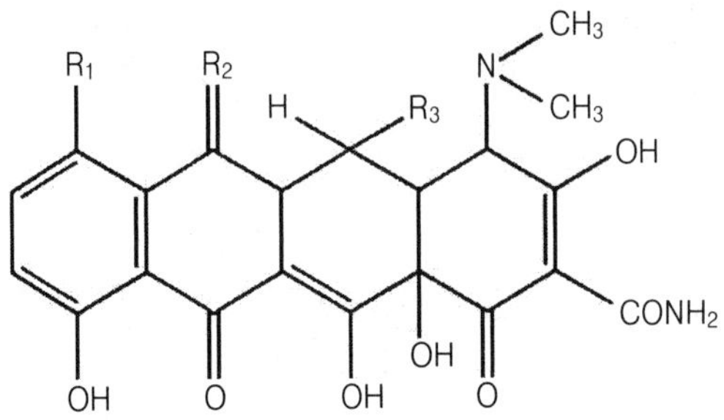

		R_1	R_2	R_3
Naturally occuring	Chlortetracycline	Cl	CH_3 OH	H
	Oxytetracycline	H	CH_3 OH	OH
	Tetracycline	H	CH_3 OH	H
	Demethylchlortetracycline	Cl	H OH	H
Semisynthetic tetracyclines	Methacycline	H	$=CH_2$	OH
	Doxycycline	H	CH_3 H	OH
	Minocycline	$N(CH_3)_2$	H H	H

그림 2-5. 천연 및 반합성 tetracycline의 구조

합성 tetracycline 항생물질들도 개발되어 있다. 천연물 유래 tetracycline은 중성 pH에서 물에 녹지 않으므로 경구투여만 가능하다.

Tetracycline계 항생물질이 직면한 가장 큰 문제점은 내성 병원균의 출현이다. 리보좀의 단백질 합성을 저해하나 항균효과는 가역적으로 bacteriostatic agent라 할 수 있다.

의학분야에 있어서는 β-lactam계 항생물질과 함께 가장 중요한 항생물질로 인식되고 있으며, 가축의 사료 첨가제로도 이용되고 있으나 교차내성분제로 되도록 의약용 이외의 사용은 금하도록 권유하고 있다.

현재 의약용으로 가장 많이 사용되고 있는 tetracycline계 항생물질은 chlortetracycline(aureomycin), oxytetracycline(terramycin)이 천연물에서 유래되었

으며 methacycline, doxycycline과 minocycline이 반합성품이다.

라) Macrolide계 항생물질

대표적인 것이 erythromycin으로서 대환상 lactone 기본 골격에 1~3개의 당이 결합되어 있는 항생물질을 총칭하며 중성, 염기성, polyene, ansa 및 macro-polylide 화합물들이 이에 속한다. 화학요법제로서 실제로 사용되고 있는 것들은 염기성 macrolide계에 속하는 것들이 많다. 광범위 항생물질에 내성을 가진 그람양성균과 mycoplasma에 대한 항균효과가 뛰어나다. 항세균성 마크로라이드는 12~16원환으로 구성된 lactone을 가지고 있으며, 리보좀에 작용하여 단백질 합성을 저해하므로 항균효과는 정균적(가역적)이다.

항진균성 및 항녹조류성 macrolide는 30 혹은 그 이상의 원소로 구성되어 있으며 4~7개의 이중결합을 가진 것이 특징이다. 또한, 항균스펙트럼에 따라 항

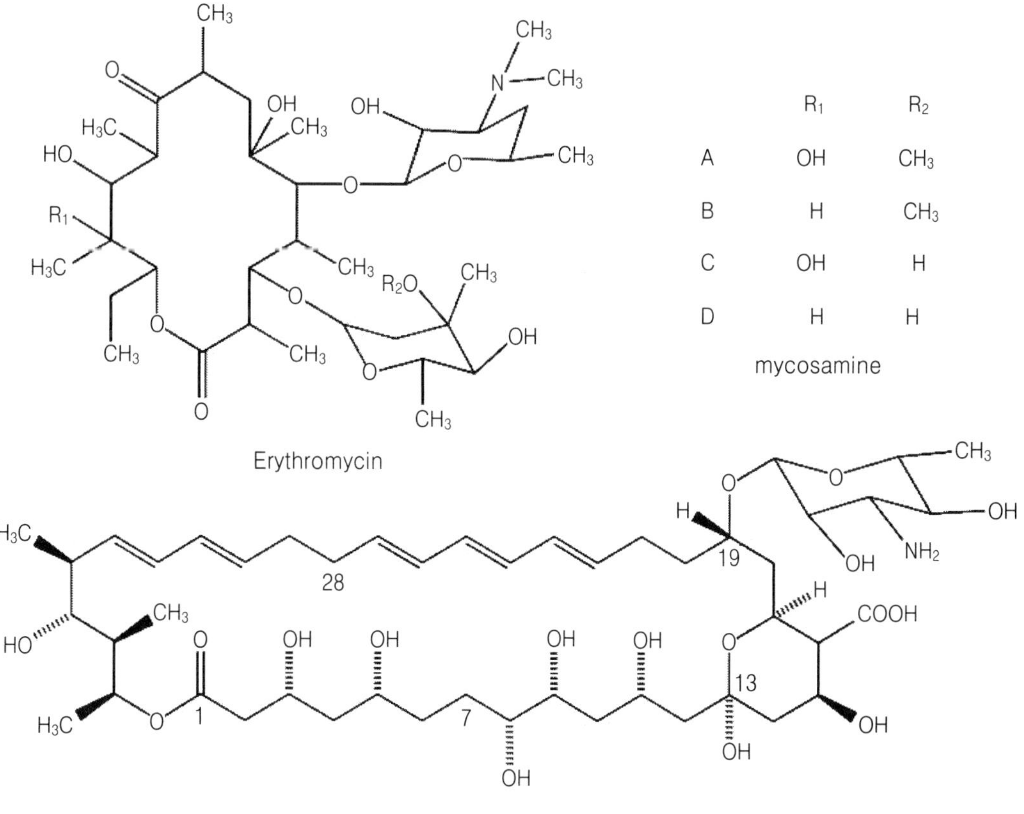

	R_1	R_2
A	OH	CH_3
B	H	CH_3
C	OH	H
D	H	H

그림 2-6. Erythromycins와 amphotericin B의 구조

세균성 macrolide와 항진균성, antiprotozoal macrolide로 구분한다. 항세균성으로는 erythromycin이, 항진균성으로는 amphotericin B가 대표적 macrolide계 항생물질이다. 이중결합을 여러 개 가지고 있으므로 polyenes라고도 하며, 이중결합수에 따라 tetraenes, pentaens, heptaenes 등으로 불린다.

항진균성 macrolide계 항생물질인 nystatin과 amphotercin B는 세포질막의 sterol에 작용하여 구조변화를 일으킨다. 따라서 세포막에 sterol 성분을 함유하고 있지 않은 세균류에 대하여는 항균활성을 나타내지 않는다.

마) Ansamycin계 항생물질

가장 최근 임상적으로 사용하게 된 항생물질군으로서 방향족의 특성에 따라 benzene계(geldanamycin, maytansin)와 naphthalene계(streptovaricins, rifamycins, tolipomycins, halomycins) ansamycin으로 구분된다. Ansamycin계 항생물질 중 가장 유용하게 이용되고 있는 것이 rifamycin 그룹으로서 구조 수식을 통하여 rifampin을 반합성하였으며, 현존하는 항생물질 중 결핵(tuberculosis) 치료에 가장 효과적인 항생물질로 알려져 있다.

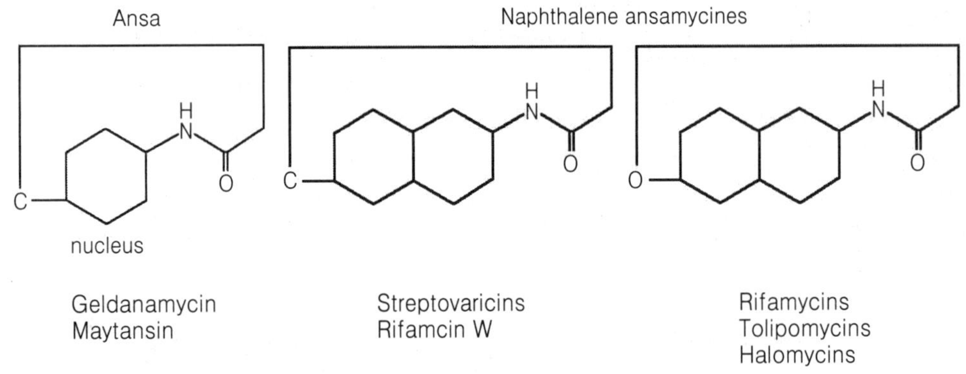

그림 2-7. Ansamycin계 항생물질의 분류 및 구조

바) Polypeptide 및 depsipeptide계 항생물질

Polypepetide계 항생물질은 amide 결합을 통하여 아미노산이 여러 개 결합되어 있는 항생물질로서 고리화되어 있는 것도 가끔 존재한다. 대표적인 화합물은 bacitracin, ionophore, gramicidin, polymyxins 등이 있다. Bacitracin과 gramicidin은 현재 독성 때문에 임상적으로 사용하지 않으나 polymyxins은 비교적

Bacitracin A

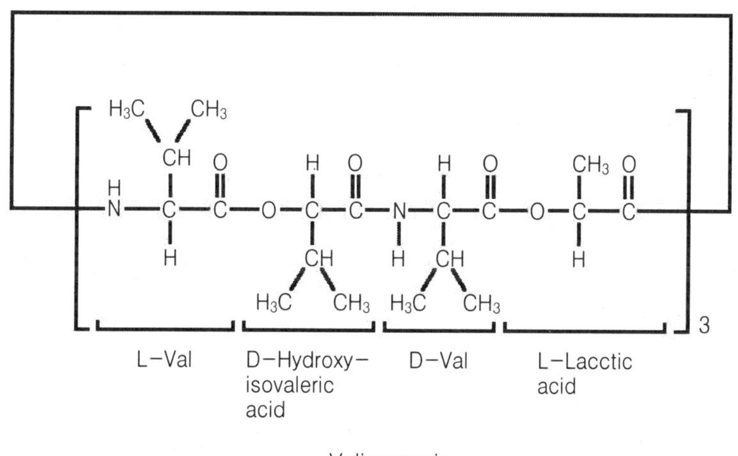

Valinomycin

그림 2-8. Bacitracin과 valinomycin의 구조

독성이 강하나 그람음성균에 매우 효과적이므로 심한 요로 감염증에는 사용하기도 한다. 대부분의 polypeptide계 항생물질들은 세포막에 작용하며 일부는 단백질 합성을 저해하기도 한다. 한편, depsipeptide계 항생물질은 polypeptide환에 ester 결합을 한 lactone 형태를 하고 있으며, 지용성 작용기나 아미노산을 측쇄로 가지고 있는 화합물도 상당수 존재한다. 대표적인 화합물로는 ionophore인 valinomycin이 있다.

사) 기타 항생물질

상기 범주에 속하지 않는 항생물질군으로서 chloramphenicol은 그람음성균 특히, typhoid fever에 매우 효과적이며 경구투여로도 치료효과가 탁월하다. 구조적으로 nitro group을 가지고 있으며 단백질 합성을 저해하므로 bacteriostatic 하다. Lincomycin은 구조적으로는 완전히 다르나 작용기전 및 항균스펙트럼이 erythromycin(EM)과 유사하므로 일부 병원균에 있어서는 EM과 교차내성을 유발하기도 한다.

Fusidic acid는 곰팡이가 생산하는 항생물질로서 steroid 구조를 가지고 있으며 그람양성균에 유효하다. 독성이 매우 낮은 것이 특징이고 경구투여로도 매우 효과적이며 단백질 합성을 저해한다. 현재 문제점은 저항성균 출현이며 그람양성균에 대하여 세포벽 합성을 저해하기 때문에 살균효과를 나타낸다. Vancomycin은 저항성균의 출현이 거의 없으므로 "methicillin-resistant *Staphylococcus aureus*(MRSA)에 마지막 남은 방어선"이라고 일컬어지고 있으나 이미 Enterococci에서 저항성 출현이 보고되었으므로 머지 않아 *Staph. aureus*로도 저항성 유전자가 전이될 것으로 사료된다.

Vancomycin의 단점이라면 혈관주사로만 사용할 수 있다는 점이다. Griseofulvin은 곰팡이가 생산하는 항진균성 항생물질로서 acetate와 malonate가 축합되어 생성되었으며 dermatophyte 감염에 유효하다. Daunomycin과 adriamycin은 anthracycline계 화합물로서 DNA와 복합체를 형성함으로써 cytostatic 효과를 나타내며 종양 치료용으로 사용되고 있다.

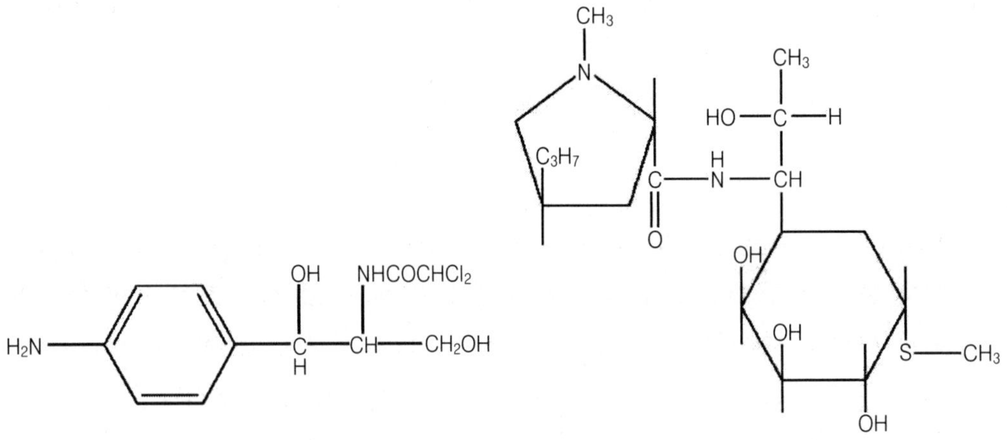

Chlorampenicol

Lincomycin

그림 2-9. Chlorampenicol과 lincomycin의 구조

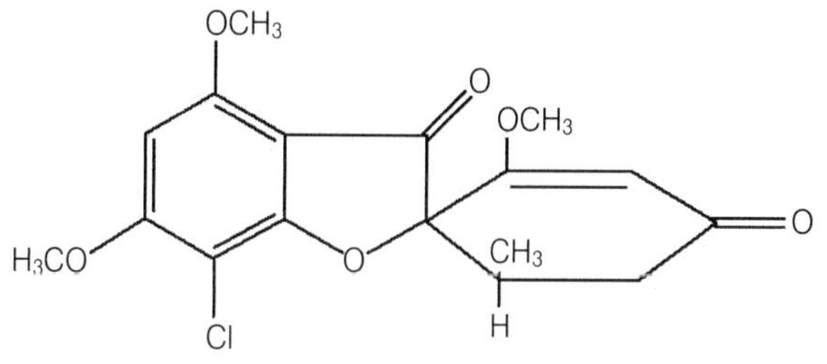

Griseofulvin

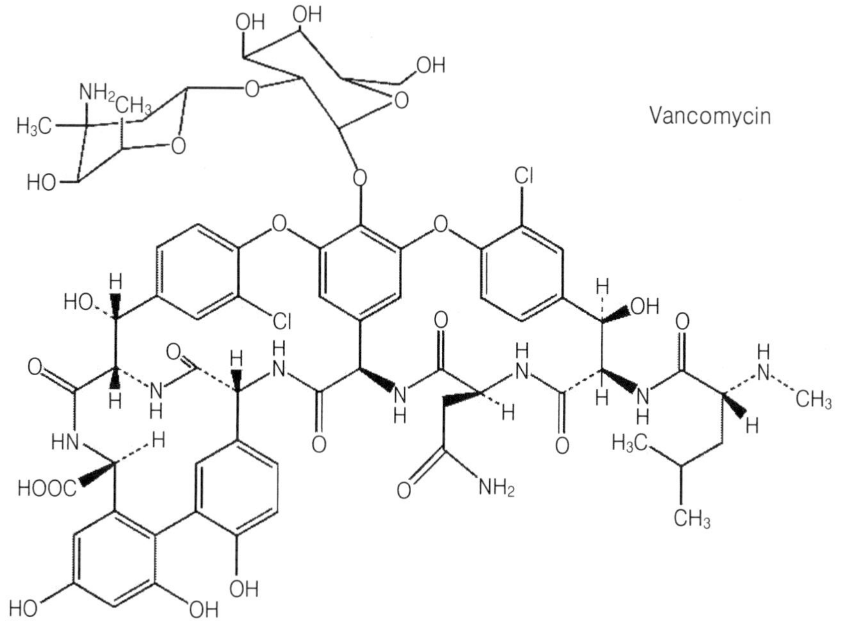

Vancomycin

그림 2-10. Vancomycin과 griseofulvin의 구조

참고문헌

1. Laskin, A.I. and H.A. Lechevalier (ed.). 1988. Handbook of Microbiology. CRC Press, Inc. Boca Raton, Florida.
2. Omura, S. 1992. Trends in the Search for Bioactive Microbial metabolites. *J. Industrial Microbiol.* **10**: 135～156.
3. Lancini, G., F. Parenti, and G.G. Gallo. 1993. Antibiotics. Plenum Press, New York.
4. 上野芳夫・大村智 (ed.). 1986. 微生物藥品化學. 南江堂. 東京. 日本.
5. 田中信男・中村昭四朗 (ed.). 1977. 抗生物質大要. 東京大學出版社. 東京. 日本.
6. Umezawa, H. 1987. Frontiers of Antibiotics Research. Academic Press, Inc. New York.
7. Moellerring, R.C. Jr. 1995. Oral Cephalosporins. S. Karger AG. Basal Switzerland.
8. Scrip's 1993. Antibacterials Report. Pp. 131～134.
9. Neu, H.C. 1992. The crisis in antibiotic resistance. *Sci.* **257**: 1064～1073.
10. Kingman, S. 1994. Resistance, a European problem, too. *Sci.* **264**: 363～365.
11. Lawer, A. 1995. Antibiootics that resist resistance. *Sci.* 270: 724～727.
12. Travis, J. 1994. Reviving the antibiotic miracle? *Sci.* **264**: 360～362.
13. Omura, S. 1986. Philosophy of new drug discovery. *Microbiol. Rev.* **50**: 259～279.
14. 岡見吉郞. 1991. 生物活性物質を生產する海洋微生物. 日本農藝化學會誌. **65**. 1321～1329.
15. Gabay, J. E. 1994. Ubiquitous natural antibiotics. *Sci.* **264**: 373～374.
16. Fehlbaum, P., P. Bulet, S. Chernysh, J.P. Briand, J.P. Roussel, L. Letellier, C. Hetru, and J.A. Hoffmann. 1996. *PNAS.* **93**: 1221～1225.
17. Omura. S., H. Tanaka, R. Oiwa, T. Nagai, Y. Koyama, and Y. Takahashi. 1979 Studies on bacterial cell wall inhibitors. Ⅵ. Screening method for the specific inhibitors of peptidoglycan synthesis. *J. Antibiotics* **32**: 978～984.
18. Omura, S., A. Nakagawa, H. Aoyama, K. Hinotozawa, and H. Sano.

1983. The Structure of diazoquinomycin A and B, new antibiotic metabo-lites. *Tetrahedron Lett.* **24**: 3643∼3646.

19. Breckenridge, R.J. 1991. Molecular recognition: Models for drug design. *Experientia* **47**: 1148∼1161.

20. 藤田稔夫. 1990. 生物活性物質の定量的構造活性相關と分子設計. 日本農藝化學會誌. **64**: 1∼11.

21. Boyd, D. B, 1987. Computer-assisted molecular design studies of β-lactam antibiotics. Pp 339∼356 in Frontiers of Antibiotic Research. Academic Press Inc, New York.

22. Braun, P.C., R.F. Hector, M.E. Kamark, J.T. Hart, and R.L. Cihlar. 1987. Effect of cerulenin and sodium butyrate on chitin synthesis in *Candida albicans. Canadian J. Microbiol.* **33**: 546∼550.

23. Campbell, W.C., M.H. Fisher, E.O. Stapley, G. Albers-Schonberg, and T.A Jacob. 1983. Ivermectin: A potent new antiparasitic agent. *Sci.* **221**: 823∼828.

24. Williams, S.T., M.E. Sharpe, and J.G. Holt. 1989. Bergey's Manual of Systematic Bacteriology. IV. Williams & Wilkins, Baltimore.

25. Shirling, E.B. and D. Gottlieb. 1966. Methods for characterization of *Streptomyces* species. *International J. Systematic Bacteriol.* 16: 313∼340.

26. Shirling, E.B. and D. Gottlieb, 1968. Cooperative description of type cultures of *Streptomyces.* 1968. Ⅱ. Species descriptions from first study species. *International J. Systematic Bacteriol.* **18**: 69∼180; 1968. Ⅲ. Additional species descriptions from first and second studies. **18**: 279∼392; 1969. Ⅳ. Species descriptions from the second, third and forth studies. **19**: 391∼512; 1972. Ⅴ. Additional descriptions. **22**: 265∼394.

27. Williams, S.T., M. Goodfellow, G. Alderson, E.M.H. Wellington. P.H.A. Sneath and M.J. Sackin. 1983. Numerical classification of *Streptomyces* and related genera. *J. General Microbiol.* **129**: 1743∼1813.

28. Goodfellow, M,. G. Alderson and J. Lacey. 1979. Numerical taxonomy of *Actinomadura* and related actinomycetes. *J. General Micribiol.* **112**: 95∼111.

29. Adams. R., J.R. Johnson and C.F. Wilcox, Jr. 1979. Laboratory Experi-ments in Organic Chemistry (7th ed) Macmillan Publishing Co,. Inc. New York.

30. Colowick, S.P. and N.O. Kaplan. 1975. Methods in Enzymology. XI Ⅲ. Antibiotics (J.G. Hash ed). Academic Press. New York.

31. Stahl. E. (ed.). 1966. Thin-layer Chromatography, A Laboratory Handbook (2nd ed.). Springer-Verlag. New York.

32. Aszalos. A. (ed.). 1986. Modern Analysis of Antibiotics. Drugs and the Pharmaceutical Sci. 27. Marcel Dekker, Inc., New York.

33. 大岳望・鈴木昭憲・高橋信孝・室伏旭・米原弘・1976. 物質の 單離と精製. 東京大學出版社.

34. 赤岩英夫. 1972. 抽出分離分析法. 講談社. 東京.

35. 名取信策・池川信夫・鈴木眞言. 1977. 鹽基性抗生物質. Pp. 18～35 in 天然有機化合物實驗法-生理活性物質の抽出と分離. 講談社. 東京.

36. Uri, J.V., P. Actor and J.A. Weisbach. 1979. Presumptive identification of aminoglycoside antibiotics by the pH susceptibility disc agar-diffusion method. *Experientia* **35**: 1037～1035.

37. Hamilton-Miller, J.M.T. 1973. Chemistry and biology of the polyene macrolide antibiotics. *Bacteriological Rev.* **37**: 166～196.

38. Aszalos, A., S. Davis and D. Frost. 1969. Classification of crude antibiotics by instant thin-layer chromatography (ITLC). *J. Chromatography* **37**: 487～498.

39. Aszalos. A and H.J. Issaq. 1980. Thin-layer chromatographic systems for the classification and identification of antibiotics. *J. Chromatography* **3**: 867～883.

40. Umezawa, H., S. Kondo, K. Maeda. Y. Okami, T. Okuda, K. Takeda (ed.). 1967. Index of Antibiotics from Actinomycetes. Vol. I. Univ. Tokyo Press, Tokyo.

41. Arai, M., M. Hamada, T. Ishigami, T. Ishikura, S. Kondo. K. Maeda, H. Naganawa, Y. Okami, T. Okuda, M. Sezaki, Y. Suhara, K. Takeda, K. Tatsuda, and Y. Yagisawa (ed.). 1978. Index of Antibiotics from Actinomycetes. Vol. II. Univ. Tokyo Press. Tokyo.

42. Bycroft, B.W. (ed.). 1988. Dictionary of Antibiotics and Related Substances. Chapman and Hall Ltd., New York.

43. Buckingham, J., F.M. Macdonald. H.M. Bradley, Y. Cai, V.R.N Munasinghe, C.F. Pattenden, P.H. Rhodes, and A.D. Roberts (ed.). 1994. Dictionary of Natural Products. Chapman & Hall New York.

2) 농업용 항생물질

(1) 농업용 항생물질의 정의

일반적으로 항생물질이라 하면 의약용으로만 인식하고 있으나 항생물질의 용도는 매우 다양하여 살균제, 살충제, 제초제, 가축의 성장촉진제, 구충제 등과 같이 농업용으로도 널리 이용되고 있다. 의약용과 다른 점은 다만 병원균 뿐만 아니라 잡초와 같은 식물이나 해충과 같은 고등동물을 사멸시킨다는 점일 것이다. 세계 농약시장의 규모는 1994년 12월 기준으로 20조원에 달한다.

세계 항생물질 시장 규모는 1991년 12월 기준으로 15조원에 불과하다는 점만으로도 농약의 시장 규모가 의약용 항생물질 시장에 비해 절대 뒤지지 않다는 사실을 알아야 할 것이다. 그럼에도 불구하고 우리는 농업용 항생물질 개발을 소홀히 하여 왔던 것이 사실이다. 또한, 농약이 지구환경에 미치는 영향이 엄청나다는 사실을 고려한다면 농업용 천연물 무공해·저(무)독성 항생물질 개발의 중요성을 충분히 인식할 수 있을 것이다. 살균제의 경우 의약용과 활성이나 작용기작 면에서 차이가 거의 없으므로 본 장에서는 현재 농업용으로만 사용되고 있거나 처음부터 농업용을 목표로 개발된 항생물질들에 대하여만 언급하고자 한다.

가) 연구의 필요성

WTO(World Trade Organization)의 출범과 아울러 세계농산물 시장은 무한경쟁체제에 돌입하였으며 경지면적이 협소한 우리로서는 기술집약적 농업기술을 개발하지 않으면 도태될 수밖에 없는 상황에 처하게 되었다. 또한 Green Round(GR)의 출범은 지구를 환경오염으로부터 보호하기 위한 선진국들의 현명한 조치이기는 하나 개발도상국인 우리는 이에 대한 대비책이 없어 금후 취해질 강력한 규제조치에 속수무책일 수밖에 없을 것이다.

의약품에 비해 농약이 지구환경에 미치는 영향은 실로 엄청나다. DDT계열 화합물(4～6종)과 BHC계열(4종류) 화합물의 경우 독성이 매우 강해 1973년 사용 및 생산금지 조치가 내려졌으나 현재에도 토양 중에 상당량 잔류되어 있어 문제시 되고 있다. 이 외에도 PCNB(유기염소계열)와 procymidone은 국내에서 생산 및 사용 금지된 지 이미 오래 되었으나 현재에도 국내 농산물의 잔류농약으로 검출되고 있다.

2,3,7,8-Tetrachlorodibenzo-*p*-dioxin(TCDD)은 월남전에서 미군이 사용하던 제초제(2,4,5-trichlorophenoxyacetic acid, Agent Orange®) 유기합성시 극미량

생성되는 협잡물이나 "그 독성은 지금까지 인간에 의하여 만들어진 화합물 중 가장 강하다"고 하여 악명이 높으며, 우리나라에서도 월남전 참전용사 일부와 그 자손들이 고엽병이란 질병으로 고통받고 있다.

의약품에서는 환자가 다른 선택의 여지가 없다고 판단되면 어느 정도의 독성은 감수하여야 한다는 것이 당연한 사실로 받아들여지고 있는 반면 농약의 독성은 질병과 무관하게 모든 사람에게 무차별적으로 해를 준다는 점에서 사용시 더욱 신중해야 한다. 쌀이나 채소류와 같이 우리가 주식으로 이용하는 농작물에 농약이 잔류되어 있다고 할 경우 1회에 섭취하는 양은 극미량이라고 하나 매일 매일의 섭취에서 오는 체내 축적과 이에 따른 독성문제는 심각하게 받아 들여야 할 것이다. 또한, 농약으로 사용하는 화합물이 인체 병원균에 대한 항균활성이나 항암활성을 나타낼 경우는 교차내성(cross resistance)이나 면역억제 혹은 독성을 유발하므로 바람직하지 못하다. 따라서 농약으로 사용하고자 하는 화합물은 개발 초기단계부터 교차내성이나 독성의 관점에서 신중히 고려되어야 한다.

농약이 없으면 농사를 지을 수 없다는 말이 농민들 사이에서는 공공연한 이야기이다. TV 광고나 백화점에서 흔히 접할 수 있는 것이 '무공해'라는 유행어이다. 최근 국민경제의 향상과 더불어 무공해 유기농작물에 대한 선호도가 날로 증가하고 있으며, 이는 농약에 대한 국민들의 공포심이 잘 반영되어 있다고 사료된다. 우리나라의 연간 농약 소비량은 44,592 M/T이며, 이 중 살충제와 제초제가 87% 정도를 차지한다(표 2-2). 그러므로 이와 같은 농약이 우리가 매일매일 섭취하는 음식물에 상당량 잔류되어 있을 것으로 생각한다. 또한, 이들 대부분이 난분해성의 유기합성 화합물이므로 생태계에 미치는 악영향은 크리라 사료된다.

Streptomycin의 경우 미생물 유래 항생물질임에도 불구하고 독성(toxicity)은

표 2-2. 약제별 소비량 (단위 : M/T)

종류 \ 년도	1990	1991	1992	1993	1994
제초제	17,671	19,925	19,260	20,089	17,695
살균제	8,807	8,374	6,334	8,287	5,763
살충제	33,658	34,001	25,912	25,180	21,003
기타제	228	246	161	215	131
계	60,364	62,546	51,771	44,592	44,592

(1995년 농약년보 212~213쪽 참조)

물론 인체 병원균에 대한 교차내성 유발 때문에 선진국에서는 농약으로의 사용이 금지된 품목임에도 불구하고 국내에서는 배추 무름병, 검은 썩음병 등의 방제를 위하여 원재로서 연간 217,680 kg이나 사용되고 있다. 또한, blasticidin S의 경우 결막염이나 타식물체에 대한 약해 때문에 직접 개발한 일본에서 조차 그 사용을 극히 제한하고 있음에도 불구하고 국내에서는 도열병 방제용으로 연간 3,000 kg이나 사용하고 있다. 국내 농작물에 대한 농약 규제가 심각하게 제기되고 있지 않는 이유는 농민들을 보호하기 위한 수단에 불과할 뿐이다. 그러나 농민을 보호한다는 미명하에 언제까지의 대다수인 소비자들의 건강이 외면당해야만 하는지에 대하여는 의문이 제기된다.

미생물 유래 농약이 갖는 화학적, 생물학적 의의는 매우 크다. 즉, 자연계에서 쉽게 생분해되기 때문에 토양내 잔류성이 문제시 되지 않는다. 또한, 의약용과 달리 농약으로서의 이용만을 위하여 독자적 방법으로 개발하였을 경우 선택성이 뛰어나기 때문에 인체에 독성이 거의 없다는 것이 특징이다.

항생물질은 매우 독특하고 복잡한 구조를 가지고 있는 것이 많아서 유기합성의 중요한 선도물질이 되기도 한다. 항생물질 농약의 장점은 ① 인·축이나 유익한 생물체에 대하여 독성이 거의 없으며, ② 자연계에서 쉽게 분해되므로 환경오염을 유발하지 않으며, ③ 저농도(5～50 μg/mL)에서 유효하므로 단위 면적당 적은 양이 소요되고, ④ 대상 생물체에 대하여 저항성을 유도하는 빈도가 유기합성 물질에 비하여 매우 낮다는 것이 특징이다.

물론 미생물 유래 천연항생물질 농약의 경우 산업화 초기단계에서 유기합성제제에 비하여 생산원가가 높은 것은 사실이다. 그러나 돌연변이에 의한 균주개량, 최적 발효조건 확립, 발효공정 기술 개발, 유전공학 기술을 이용한 균주 개발 등을 통하여 최근에는 엄청난 생산비 절감을 달성하고 있다. 또한 생산 원가면에서 유기합성제제에 비하여 다소 불리하다 하더라도 인축에 대한 독성, 자연환경보호 등과 같은 점에서 볼 때 그 약점은 충분히 보상되리라 사료된다.

미생물유래 천연물 농약(blasticidin S, kasugmycin, validamycin, polyoxins 등)은 일본을 비롯한 동남아 국가들을 중심으로 약 30년간 사용하여 왔으나 독성이나 교차내성과 같은 문제는 한건도 보고된 바 없다는 사실을 감안해 볼 때 그 안전성은 충분히 증명되었다 하겠다. 미생물 대사산물은 새로운 생리활성물질의 보고이며, 그 화학구조 역시 인간의 유기합성 지식으로는 도저히 상상도 하지 못하는 복잡한 것이 많다.

표 2-3에서 보는 바와 같이 세계 농약시장의 규모는 1993년 기준으로 25,280백만 달러(20조원)에 이른다. 이 중 제초제가 11,590백만 달러로서 약

표 2-3. 세계 농약시장의 대륙별 규모 (단위 : 백만 달러)

지역별 \ 농약별	제초제	살충제	항진균제	기타	계
서유럽	2,535	1,035	1,770	520	5,850
동유럽	350	360	160	30	900
북미	5,200	1,690	480	390	7,760
남미	1,180	735	475	110	2,500
일본	1,280	1,420	1,335	90	4,145
동남아	870	1,335	380	180	2,765
기타 지역	175	1,005	115	55	1,350
총 계	11,590	7,580	4,735	1,375	25,280

46%를 차지한다. 또한, 세계 10대 농약 소비국의 국가별 농약 소비량을 보면 미국이 7,015백만 달러로서 최대 소비량을 보이고 있다(표 2-3). 또한 미국, 일본, 불란서 및 브라질 4개국의 농약소비가 세계 농약 소비량의 56%를 차지하고 있다. 따라서 농약개발을 위해서는 세계시장 진출을 목표로 상기 4개국에서 소요가 많은 품목개발에 주력함이 바람직할 것이다.

나) 연구동향

① 살균제

의약용 항생물질 개발 연구가 1940년대 초부터 시작되었다고 본다면 농업용 항생물질 개발 연구는 1950년대 후반부터라 할 수 있다. 그러나 그 이전에도 토양미생물간의 길항작용과 penicillin과 같은 기지의 항생물질을 이용하여 식물병원균을 방제하려는 연구결과는 있었다. 그 당시의 항생물질과 식물병 방제에 관하여는 Anderson의 총설을 참고하기 바란다.

그 후 1953~1954년 streptomycin이, 1960년대 초 streptomycin과 tetracycline이 미국이나 유럽 등지에서 식물 병원균 방제에 사용되었으나 의약용 항생물질을 농업용으로 사용한다는 것은 인체병원균에 대하여 교차내성과 알러지와 같은 부작용을 유발시킨다는 이유 때문에 사용이 극히 제한되었다. 이러한 사실로부터 농업용 항생물질은 화학구조나 작용기작 면에서 의약용과는 다른 독자적 방법으로 개발되어 농약으로서의 선택성을 가져야 한다는 개념이 정립되기에 이르렀다.

살균제의 경우 지상부 병원균 방제용 항생물질 개발은 다소 용이하나 *Fusa-*

rium spp.와 같은 지하부 병원균(soil-born disease) 방제는 극히 어렵다. 그 이유는 농약을 살포할 경우 토양속 근권 부위까지 약제가 도달하기 어렵고 토양중에 서식하고 있는 미생물에 의하여 활성물질이 쉽게 분해되기 때문이다. 현재 식물병원균 중 방제가 어려운 병원균은 *Xanthomonas* spp., *Erwinia* spp., *Pseudomonas* spp. 및 활물기생성 곰쌍이가 있다.

금후 국내에서는 농산물 시장의 개방과 함께 벼 재배 면적이 줄어드는 반면 시설원예가 활성화될 것으로 사료되므로 시설원예에서 문제시 되는 병원균을 대상으로 하는 항생물질 개발도 유망하다 하겠다. 또한 polyoxin에 대한 내성균의 출현과 도열병 방제에 사용하고 있는 blasticicin S가 결막염을 일으키므로 이들을 대체시킬 수 있는 새로운 살균제의 개발도 필요하다.

식물병원성 곰팡이의 방제에 있어 곰팡이 세포벽 합성 저해제를 목표로 하는 항생물질 개발은 곰팡이 세포벽의 구성성분인 chitin, mannan, β-1,3-glucan이 포유류에는 존재하지 않기 때문에 인·축에 독성이 없으므로 실용화될 가능성이 매우 높다고 하겠다. Polyoxins의 개발 이래 곰팡이 세포벽 합성저해제 항생물질이 여러 가지 분리, 보고되었으나 아직 polyoxin을 능가하는 항생물질은 개발되지 못하고 있다. 독일에서 분리한 nikkomycin 역시 곰팡이 세포벽 합성저해제로 개발되었으나 polyoxin의 그늘에 가려 실용화되지 못하고 말았다.

현재 사용되고 있는 농약용 항생물질 살균제 가운데 validamycin만이 가장 이상적인 화합물로 인식되고 있으나 polyoxin과 kasugamycin도 훌륭한 살균제로 평가된다. 특히 kasugamycin은 이미 특허기간이 만료되어 중국에서 연산 3,000만톤이나 생산하고 있으며, 특허 소유국인 일본보다 10배에 가까운 양을 생산하여 중국 내는 물론 베트남, 태국과 같은 동남아 국가로 수출하고 있는 것으로 알려져 있다.

*Erwinia carotovora*나 *Rhizoctonia solani*와 같은 토양 전염성 병원균의 경우 살균제를 살포하여도 근권 부위까지 도달하지 못하므로 방제가 극히 어려워 pyrrolnitrin과 pyoluteorin을 생산하는 *Pseudomonas fluorescens*를 종자에 직접 코팅하거나 소량의 항생물질을 종자나 뿌리에 처리하기도 한다.

② 제초제

1942년 최초로 Zimmerman과 Hitchcock가 2,4-D(dichlorophenoxyacetic acid)를 잡초방제용으로 사용한 이래 1970년대 중반부터 1980년대 초까지 유기합성제로서 fomesafen(diphenylether계), SL-49, R-40244(hetrocyclic), chlorsulfuron(sulfonamide계), dichlofop-methyl(phenoxypropion계) 등이 개

발되었다. 한편, 미생물 배양액으로부터 분리한 항생물질을 제초제로 이용하려는 시도는 1950년대 초부터 시도되어 최초의 미생물 제초제인 anisomycin이 *Streptomyces griseolus* ATCC 11796 배양액으로부터 단리되었다.

제초제의 경우 개발 자체가 어려워 1973년에 선택성 천연물 제초제인 bialaphos(생산균 : *Streptomyces hygroscopicus* SF-1293, 1973)가 일본의 Meiji Seika(명치제과)에 의하여 개발되었다. Bialaphos는 최근 실용화되어 육묘장의 제초용으로 사용되고 있다. 이와 같이 천연물 제초제의 산업화가 늦어진 이유 중의 하나는 생산원가 면에서 유기합성제제에 비해 높다는 것이다. 그러나 최근 'Green Round'의 출범과 그간 생명과학 분야의 기술 발전으로 생산수율을 1 L 당 10∼30 g까지 향상시키고 있으므로 이 문제를 극복하고 있다.

농약의 경우 지구환경에 미치는 영향이 엄청나므로 최근에는 유기합성 농약보다는 환경순화형(biorational) 천연물 농약개발을 선호하고 있다. 특히, 미농무성 미생물 대사산물 연구실의 Cutler 박사 연구팀은 유기합성 제초제를 천연물 제초제로 대체시키기 위한 일환으로 식물(주로 잡초) 병원균(주로 불완전 곰팡이류)을 대상으로 제초 활성물질을 탐색하였다. 일본 Kitasato 연구소의 Omura 등은 몇몇 유기합성 제초제가 glutamine 생합성을 저해함으로써 NH_4가 세포내에 축적되어 제초활성을 나타낸다는 사실에 착안하여 동일 assay system을 도입 phosalacine, karabemycin을 개발하였으며, cellulose 합성을 target으로 하여 cellulose 합성저해형 제초제도 개발하고 있다.

③ 살충제

1940년대까지 살충제는 주로 arsenicals, petroleum oils, nicotine, pyrethrum, rotenone, sulfur, hydrogen cyanide gas 및 cryolite에 국한되었으나 2차대전 중 최초의 유기합성제인 DDT[1,1,1-trichloro-2,2-bis(*p*-chlorophenyl) ethane]가 개발되었다. 그러나 이들 유기염소계(organochlorines) 화합물들은 난분해성이며 먹이사슬을 통하여 포유류가 섭취할 경우 체내 지방조직에 축적되어 독성을 일으키므로 1973년 1월 1일부로 전면 생산 및 사용 금지되었다.

살충제 개발의 경우는 계절에 관계없이 곤충을 사육할 수 있는 인공사료 개발이 늦었고 곤충의 경우 life-cycle이 복잡하여 약제 처리가 매우 힘들다는 점 때문에 개발 실적이 저조하였다. 그러나 avermectin 유도체들은 구충제로 개발되어 가축용으로 널리 사용되고 있다. 한편, 곤충의 표피는 chitin으로 구성되어 있으므로 chitin synthase 저해제를 스크리닝하기도 한다. 또한, allosamidine과 A82516은 곤충변태의 필수효소인 chitinase 저해 살충제로 개발되었다.

살충제 탐색을 위하여 효소를 이용하는 assay system을 사용하는 경우도 있으나 효소계에서 효과가 뛰어나다 하더라도 직접 곤충에 적용하였을 경우 장내 흡수, 분해, 막투과성 등과 같은 문제 때문에 효과가 없는 것이 대부분이다. 그 예로서 polyoxin은 chitin 합성 저해제임에도 불구하고 살충효과는 전혀 없다.

이상 언급한 바와 마찬가지로 금후 어떤 종류의 농약을 개발하든 ① 소량 사용으로도 효과가 탁월할 것, ② 예방 및 치료효과가 있으며 스펙트럼이 넓을 것, ③ 경제적 및 효과 면에서 기존의 농약과 경쟁이 될 수 있을 것, ④ 인・축과 환경에 해가 없을 것, ⑤ 천적이나 꿀벌과 같이 유익한 곤충(예 : pollinator)에 대하여 해가 없을 것, ⑥ 무색・무미하며 저장성(storage stability)이 뛰어날 것 등의 구비 요건을 갖추어야만 유리하다.

(2) 연구방법

가) 원리

살균제의 경우도 의약용 항생물질과 같은 원리로 개발된다. 그러나 제초제의 경우 광합성 저해, cellulose 합성저해, glutamine 합성저해를 일으켜 제초효과를 나타내므로 다소 상이한 점이 있다. 한편, 동물 성장촉진을 위한 사료 첨가제 중 kirromycin은 장내세균인 clostridium에 항균활성을 나타내므로 장내에서 영양분의 손실을 막아 성장촉진제 효과를 나타내는 화합물도 있다는 사실로 볼

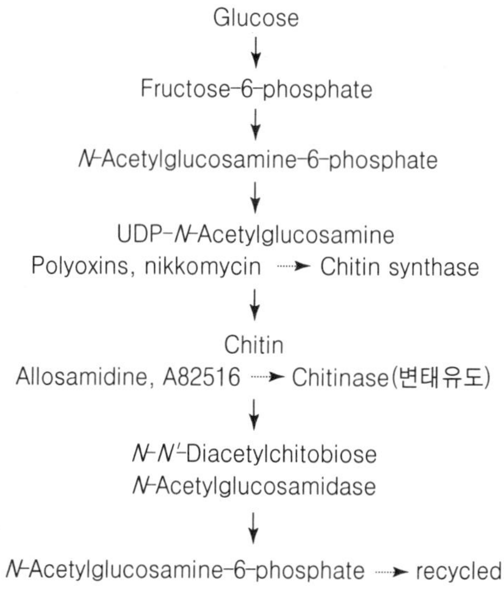

그림 2-11. Chitin의 생합성 경로와 항생물질의 작용점

때 2차 효과를 기대할 수도 있음을 시사한다.

살충제의 경우 곤충의 변태를 방지하거나(chitinase 활성 저해제), 곤충의 외피성분인 chitin합성을 저해함으로써(chitin synthase 활성저해제), 신경세포에 작용함으로써, 혹은 먹이 섭취를 기피하도록 함으로써 살충효과를 나타낸다.

신경에 작용하는 살충제의 경우 치명적으로서 속효성인 반면 인·축에 독성을 일으킬 위험성이 높다는 단점도 있다. 그러나 곤충의 외피에 작용하는 변태를 저해하거나 외피형성을 저해하는 화합물은 효과의 발현이 신경에 작용하는 살충제에 비하여 느리기는 하나 이들의 작용점(target site)이 동·식물체에 존재하지 않으므로 무독성 살충제 개발을 위한 이상적 target이라 판단한다(그림 2-11).

나) 실험방법

① 살균제

현재 농업에서 문제시되며 경제적 피해 수준이 비교적 높은 식물 병원균은 표 2-4에서 보는 바와 같다. 국내에서 문제시되는 작물별 병원균의 종류와 원

표 2-4. 주요 식물병원균

종 류	균주명	원인병명
G(-) Bacteria	*Erwinia carotovora*	무름병(야채)
	Pseudomonas aeruginosa	세균병(채소)
	Xanthomonas campestris pv. *oryzae*	흰잎마름병(수도)
	Xanthomonas campestris pv. *citri*	궤양병(감귤)
Fungi	*Alternaria mali*	갈색점무늬병(사과)
	Botrytis cinerea	잿빛곰팡이병(야채)
	Cochliobolus miyabeanus	깨씨 무늬병
	Colletotrichum lagenarium	탄저병(오이 등)
	Glomerella cingulata	탄저병(사과)
	Erysiphe graminis	줄기녹병
	Fusarium oxysporum	시들음병(채소)
	Phytophthora infestans	역병(토마토)
	Puccinia graminis	흰가루병(밀)
	Pyricularia oryzae	도열병
	Rhizoctonia solani	잘록병(채소)
	Sphaerotheca fuliginea	흰가루병(오이, 수박)

인병에 관하여는 「한국 식물병」 「해충·잡초명감」을 참고하기 바란다.

그러나 살균제를 개발하여 세계시장에 진출하기 위하여는 미국 시장이 세계적으로 가장 크므로 우선 미국에서 문제시되는 병원균, 특히 콩, 밀, 옥수수 재배시 문제시되는 병원균을 대상으로 함이 바람직하며 항바이러스 농약 개발도 유망하리라 판단한다. 새로운 살균제 개발을 위하여는 *in vitro*와 *in vivo*(pot 및 field) 시험을 병행하여야만 한다. 식물병원균들은 시험관내에서 장기간 배양·보존할 경우 병원성을 상실하는 경우가 많으므로 병원성을 회복시킨 후 *in vivo* 시험을 수행하는 것이 바람직하다. 또한 식물병원균의 종류에 따라서는 시험관내에서 배양이 되지 않는 활물기생성 병원균들이 있으므로 이들의 경우는 숙주 식물체에서 배양한 후 생물검정용 식물체에 포자를 brush로 쓸어 내려 접종하는 방법(brush inoculation method)을 이용한다.

시험관 내에서 상기 병원균을 배양할 경우 *Xanthomonas*와 *Erwinia*의 경우는 potato sucrose 배지(pH 7.0): $Ca(Na_3)_2 \cdot 4H_2O$; 0.5 g, $Na_2HPO_4 \cdot 12H_2O$; 2 g, peptone; 5 g, sucrose; 29 g, yeast Ext. 2 g, 껍질 벗기지 않은 감자 300g의 물추출액 1 L를 사용하는 것이 유리하다. 곰팡이의 경우는 시판되고 있는 potato dextrose medium을 사용하여도 무방하나 균에 따라 potato sucrose medium에서 보다 잘 자라는 것이 많다.

검정균주의 보존은 *Xanthomonas*와 *Erwinia*의 경우 냉장고에서 1개월간은 보존 가능하나 오래(2주 이상) 보존한 slant로부터 계대하여 새로운 slant를 만들 경우는 slant로부터 slant로 직접 하는 것 보다 한번 액체 배양하여 그 배양액으로부터 slant를 만드는 것이 확실하다. 그러므로 통상 1주일 간격으로 계대하여 사용하는 것이 좋다. 곰팡이는 반년에 1번씩 계대하여도 무방하다. 사면배지에 배양하여 포자를 충분히 형성시킨 다음 면전을 유산지로 씌우고 고무줄로 봉하거나 고무전으로 교체, 밀봉하여 15℃에서 보존한다.

이 때 주의할 점은 면전용 솜은 필히 멸균한 것을 사용해야 보존중 다른 곰팡이에 의한 오염을 방지할 수 있다. 영구 보존용은 물론 동결건조하여 -70℃에 보관하는 것이 좋으나 1~2년간 정도의 보존을 위해서는 한천배지에 배양하여 포자와 균사를 0.5 cm^3 정도의 크기로 오려 멸균 증류수에 넣어 두면 된다.

검정용 plate를 만들기 위하여는 *Xanthomonas*, *Erwinia*, *Pyricularia*, *Colletotrichum*의 경우 potato sucrose broth에서 전배양(진탕)하여 사용하는 것이 좋다. 대부분의 곰팡이는 한천배지상에서 포자가 충분히 형성된 것을 멸균 증류수와 함께 균질한 다음 한천배지에 중층으로 접종한다. 검정용 plate의 냉장 보존일수는 균 종류에 따라 상이하나 대개 2~7일 정도이므로 적어도 1주일 간격

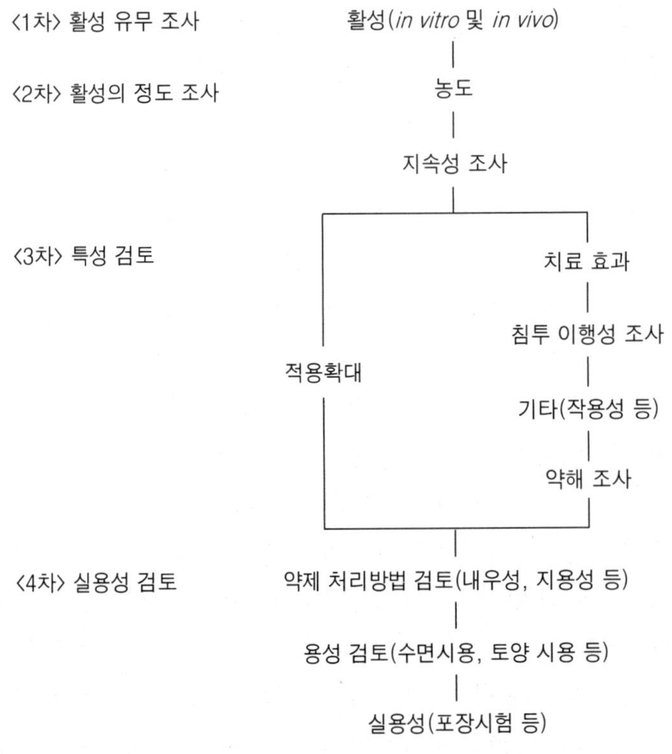

그림 2-12. 살균제 스크리닝 흐름도

으로 새로 만들어 사용하는 것이 바람직하다. 또한 검정균은 가끔 quality control(감수성 시험)을 하여야 하며 *Xanthomonas*의 경우는 streptomycin, *Erwinia*의 경우는 tetracycline(200 ㎍)을 사용한다.

새로운 살균제를 개발하기 위하여는 일반적으로 그림 2-12와 같은 단계를 거쳐야 하며, 중요한 것은 이미 개발된 살균제보다 뛰어난 약효를 가지거나 이들의 약점(예; 독성, 약해 등)을 보완할 수 있는 항생물질이어야 실용화 가능성이 높다는 점이다. 따라서 이미 개발된 살균제(천연물 및 유기합성제제)와의 활성 비교시험도 병행하여 수행하는 것이 좋다.

② 제초제

제초제는 작용특성에 따라 선택성(selectivity), 비선택성(nonselectivity) 혹은 접촉성(contact), 이행성(translocation)으로 나눌 수 있으며, 특성에 따라 살포시기(preplanting, preemergence, postemergence)를 결정하여야 한다. 살포시기는 제초제의 물리·화학적 및 생리활성 특성, 작물의 제초제에 대한 내성, 잡초

표 2-5. 주요 난방제 잡초종

구 분	Scientific name	Korean name	English name
밭잡초			
	Agropyron smithii RYDB	개밀	Cheatgrass
	Allium vineale L.		Wild garlic
	Ambrosia artemisiifolia L.	돼지풀	Common ragweed
	Artemisia princeps Pampan	쑥	Mugwort
	Brachiaria platyphylla Nash		Broadleaf signalgrass
	Calystegia japonica CHOISY	메꽃	Bindweed
	Cirsium arvence (L.) Scop.	엉겅퀴	Thistle
	Cynodon dactylon (L.) Pers.	우산잔디	Bermudagrass
	Cyperus rotundus	향부자	Purple nutsedge
	Cuscuta japonica Choisy	새삼	Dodder
	Equisetum arvense L.	쇠뜨기	Field horsetail
	Euphorbia heterophylla L.		Wild poinsettia
	Humulus japonicus Sieb.	환삼덩굴	Japanese hop
	Imperata cylindrica P. Beauv.	띠	Cogongrass
	Polygonum convolvulus L.	나도닭의덩굴	Wild buckwheat
	Rottboellia exaltata (L.) L.F.		Itchgrass
	Sesbania exaltata Cory	커피위드	Hemp sespania
	Sorghim halepense	존슨그라스	Johnsongrass
논잡초			
	Elocharis kuroguwai OHWI	올방개	Water nutsedge
	Leersia japonica Makino	나도거풀	
	Oenanthe javanica D.C.	미나리	Pondweed
	Potamogeton distinctus A. BENNET	가 래	Arrowhead
	Sagittaria trifolia L.	벗풀	
	Scripus planiculmus Fr. Schm.	새섬매자기	
비농경지 및 산림잡초			
	Miscanthus purpurascens Rendle	억새	Common pokeweed
	Phytolacca americana L.	미국자리공	Estern braken fern
	Pteridium aquilinum Kuhn var.	고사리	
	latiusculum Underw		Kudzu
	Pueraria thunbergiana Benth	칡	Common reed
	Phragmites communis Tria	갈대	
	Robinia pseudo-acasia	아카시나무	Acasia
수생잡초			
	Eichhornia crassipes Solm	부레옥잠	Water hyacinth
	Hydrilla verticillata		Water thyme
	Trapa japonica Flervo	마름류	Water chesnut

의 종류, 경작방법, 기후, 토양조건 등에 따라 좌우된다. 현재 문제시되는 난방제용 잡초종류는 표 2-5와 같으며, 생물활성 검정은 한국화학(연)의 방법에 준하면 된다.

㉠ *In vitro* screening

발아저해활성을 조사하기 위해서는 주로 침지법을 이용한다. 즉, ① 직경 9cm Petri dish에 Whatman filter paper(No. 2)를 1매 깐다. ② 처리용액을 적정 용매에 녹여 초기농도를 1,000 ppm 수준으로 조제한 다음 각 Petri dish에 분주한 후 후드 안에서 용매를 날린다. ③ 증류수 3 mL를 넣고 기본적으로 쇠비름 50립, 달맞이꽃 종자 50립을 파종하며, 필요할 경우 다른 잡초종자를 추가한다. ④ 주간 30℃/야간 20℃의 생육실에서 5일간 발아시킨 후 발아 억제율을 조사하고, 7일 후에는 전체적인 제초효과를 조사한다.

㉡ *In vivo* screening(Greenhouse screening)

기본적으로 활성을 확인하기 위하여 아래와 같은 방법으로 조사하되 필요한 경우 잡초의 종류 및 약제처리, 활성발현 조건 등을 실험목적에 맞게 변경한다. 밭 조건에서의 제초활성 검정은 멸균된 사질양토에 적당량의 비료를 혼합시킨 다음 시험용 폿트(350 ㎠)에 담는다. 파종구를 만든 다음 실험용 잡초 또는 작물 종자를 파종하고 곱게 친 흙으로 복토한 후 온실에 둔다.

제초활성 검정용 시료는 아세톤, 에탄올 등의 용매에 용해시킨 다음 비이온성 계면활성제(Tween 20)가 첨가된 물로 희석하여(최종농도 : 4 kg/ha 수준) 폿트당 14 mL씩 살포한다. 이 때 발아전 토양처리는 파종 후 1일째, 발아 후 경엽처리는 파종 후 8～12일째에 조제된 약제를 처리한다. 약제를 처리한 후 온실 내에서 2～3주간 키운 다음 이들의 제초효과를 형태 및 생리학적 관찰 근거에 의해 조사한다. 즉, 무방제의 경우를 0, 완전방제의 경우를 100으로 하여 11등급으로 각각의 제초활성 정도를 평가하는데, 70 이상의 등급을 가지면 실제적으로 그 식물에 대하여 제초효과가 있는 것으로 판정한다.

담수조건에서의 제초활성 검정은 논 토양에서 적당량의 비료를 혼합하고 물을 부어 곤죽을 만든 다음 시험용 폿트(140 ㎠)에 비닐을 씌우고 일정량씩 담는다. 스크리닝용 잡초의 종자와 괴경을 파종하고, 3엽기의 벼 2본과 발아볍씨 5립식 핀셋으로 파종한 후 3 ㎝ 깊이로 담수한다. 약제는 밭 조건과 같은 농도 수준으로 조제하여 수면에 점적 처리한다. 처리 후 2～3주간 키운 다음 밭 조건과 같은 기준으로 조사한다. 제초활성 판정은 밭 조건에서와 동일하다.

③ 살충제

농업에서 문제시되는 해충은 대개 선충, 응애, 멸구, 진딧물, 풍뎅이, 나방, 파리 등이다. 특히, 솔잎 혹파리(*Thecodiplosis japonensis*)는 국내 재래종 소나무에 기생하여 전국적으로 엄청난 피해를 일으키고 있으나 수간주사 이외에는 방제방법이 없어 안타까운 실정이다. 또한, 최근 경남 부산을 시작으로 소나무 재선충이 토착종인 적송을 전멸시키고 있어 피해가 심각하나 재선충의 경우는 솔잎 혹파리보다 더 무서운 해충으로 지금까지는 방제방법이 전무한 상태이다.

대부분 해충의 경우 인공사료가 개발되지 않아 효과 검정을 위해서는 해충을 3～5시간 절식시킨 다음 검정하고자 하는 시료를 미리 살포하여 둔 숙주 식물체 잎을 먹이로 급이하고 상대습도 : 70～90%, 24～28℃로 유지된 챔버에 넣어 사육하면서 3일 정도 살충효과를 관찰한다. 유기화합물의 종류에 따라서는 살충효과는 없으나 antifeeding 효과를 나타내는 것도 있으므로 주의하여 관찰하는 것이 좋다. 인시목 계통의 해충인 담배나방의 경우는 인공사료가 개발되어 있어 이들을 타겟으로 하는 살충제의 개발은 다소 용이하다.

진딧물이나 진드기와 같이 몸체가 작은 해충의 경우는 Petri dish에 멸균한 여과지를 바닥에 깔고 사료를 공급하여 주면 된다. 다만 습도를 유지시키기 위하여 여과지를 가끔 멸균 증류수로 적셔 주어 건조를 막아야 한다.

④ 사료 첨가제

살균, 살충, 제초제 이외에도 항생물질은 가축의 성장촉진을 위하여 사료에 첨가하기도 한다. Kirromycin과 같은 aurodox group 항생물질 대부분은 동물의 성장에 저해요인이 되는 것으로 생각되는 *Clostridium perfrigens*에 항균효과를 가지므로 성장촉진 효과를 나타내는 것으로 사료된다. 이 외에도 ionophore나 기타 항생물질의 경우도 성장촉진 효과를 나타내는 경우가 많으나 항생물질이 가축의 체내에 축적되는 것은 그것을 섭취하는 인간에게 항생물질에 대한 내성을 유발하므로 금하는 것이 좋다.

(3) 지금까지 개발된 농약용 항생물질

가) 살균제

1950년대 일본을 주축으로 농약용 항생물질 개발연구가 시작되어 1958년 드디어 최초의 농약용 항생물질인 blastcidin S가 일본의 Yonehara 연구팀에 의하여 개발되었다. Blastcidin S의 개발은 국제적으로 그 동안 벼의 도열병 방제에 널리 사용되어 왔으나 인·축에 대한 독성문제가 심각하게 제기되어 왔던 유기수은제 농약의 사용을 중지시키는 대변혁을 가져왔으며, 일본 국내적으로는 쌀 수입국에서 자급자족 국가로 탈바꿈할 수 있는 계기를 마련하게 되었다. 그 후에도 일본은 kasugamycin, validamycins, mildiomycin, polyoxins과 같이 농약으로서 뛰어난 선택성을 가진 항생물질을 개발하여 항생물질 농약 개발의 선도적 역할을 하고 있다.

이 외에도 일본 이화학연구소(RIKEN) 항생물질 연구실에서 ascamycin, lipopeptins, xanthostatin, liposidomycin, tautomycin, cationomycin, albopeptins,

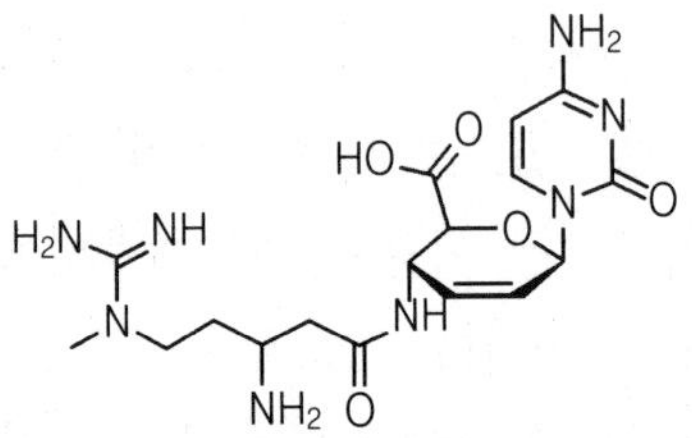

Blasticidin S

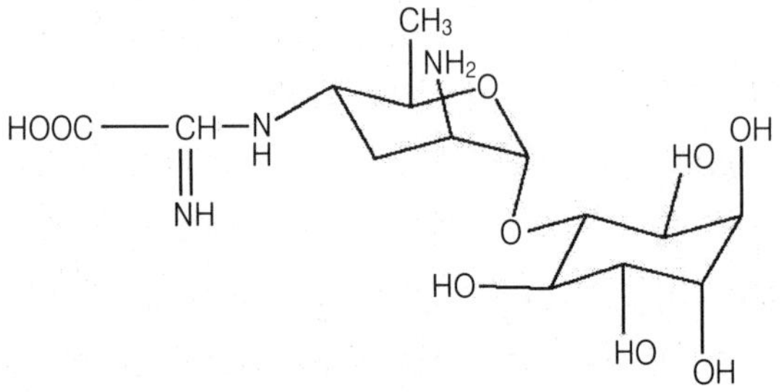

Kasugamycin

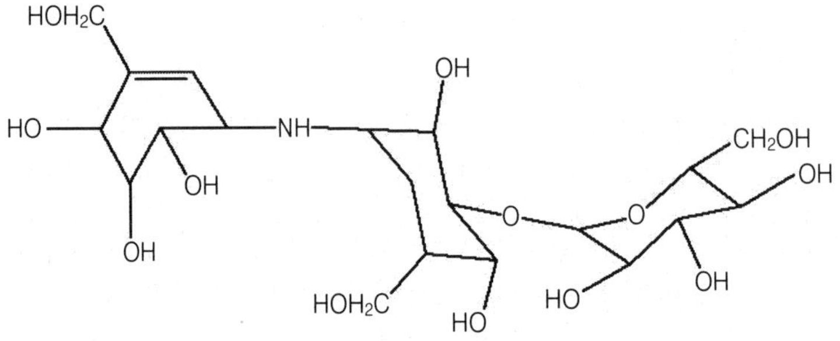

Validamycin A

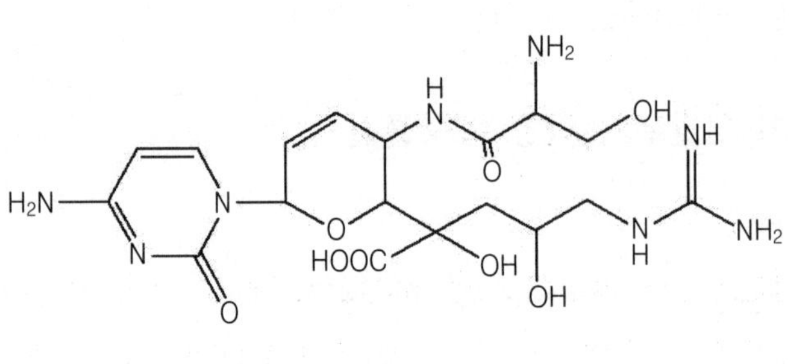

Mildiomycin

그림 2-13. Blasticidin S, kasugamycin, validamycin 및 mildiomycin의 구조

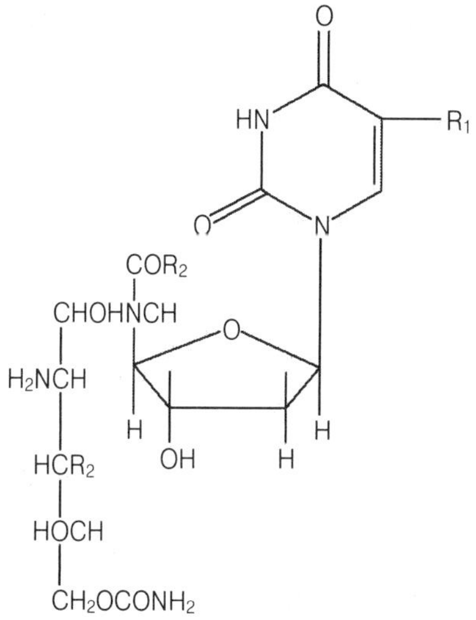

Polyoxin	R_1	R_2	R_3
A	CH_1OH		OH
B	CH_2OH	HO	OH
D	COOH	HO	OH
E	COOH	HO	H
F	COOH	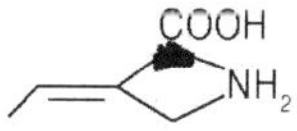 COOH NH_2	OH
G	CH_2OH	HO	H
H	CH_3	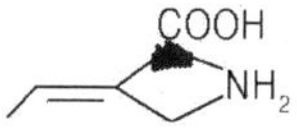 COOH NH_2	OH
J	CH_3	HOH	OH
K	H	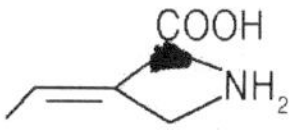 COOH NH_2	OH
L	H	HO	OH
M	H	HO	H

그림 2-14. Polyoxins의 구조

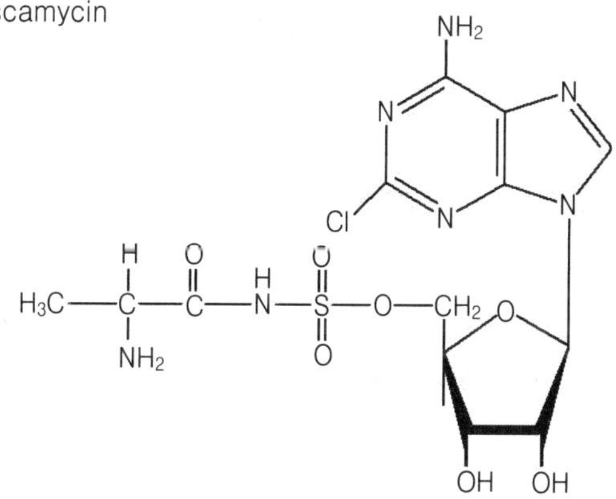

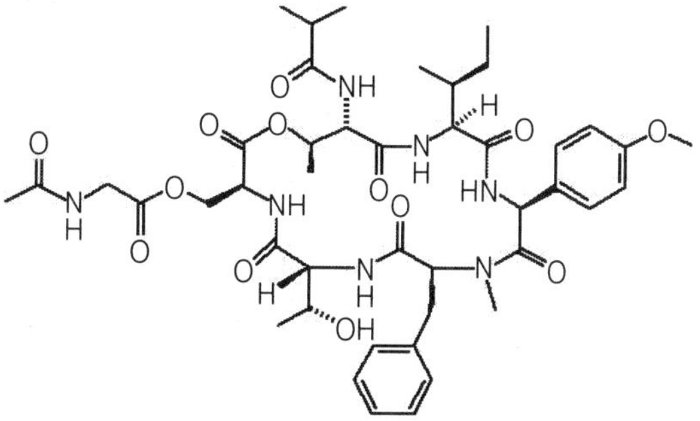

그림 2-15. Ascamycin과 xanthostatin의 구조

phosphazomycin, neopeptins 등이 분리되었으며, 일본 Kitasao 연구소의 Omura 그룹과 RIKEN의 Tamura 그룹에 의하여 prumycin과 ezomycin이 각각 분리 보고되었으나 실용화되지 못하였다.

나) 제초제

Bialaphos는 1973년 일본 명치제과(주)에 의하여 개발되었으나 최근에 이르러 실용화되어 육모장의 제초용으로 사용되고 있다. 이와 같이 천연물 제초제의 산업화가 늦어진 이유 중의 하나는 생산 원가 면에서 유기합성제제에 비해 높다는 것이다. 그러나 그간 생명과학 분야의 기술발전으로 생산 수율을 리터당 10~30그람까지 향상시키고 있으므로 이 문제를 극복하고 있다.

이 외에도 cycloheximide, glufosinate, tabtoxin, herbimycins, herbicidins, toyocamycin, phthoramtcin, homoalanosine, phthoxazolin 등이 미생물 배양액으로부터 분리, 보고되었으며, 이 중 anisomycin과 glufosinate(heochst)는 산업화가 되었다.

한편 *Phytophthora palmivora*(Devine®)는 milkweed vine에 기생하는 병원균을 제초제로 개발한 약제로서 일부 서방국가들에서 사용하고 있는 것으로 알

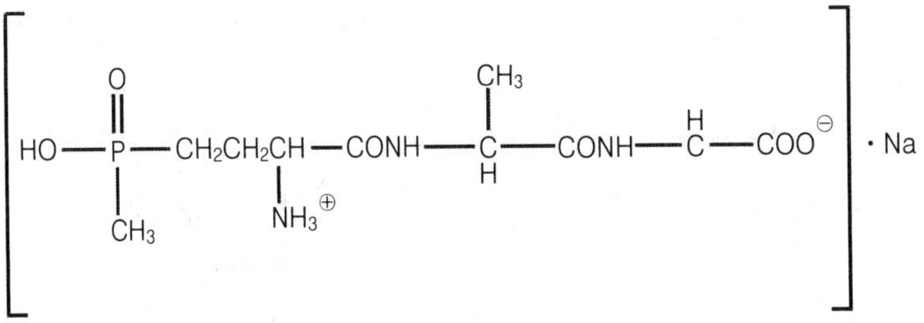

Bialaphos-Na

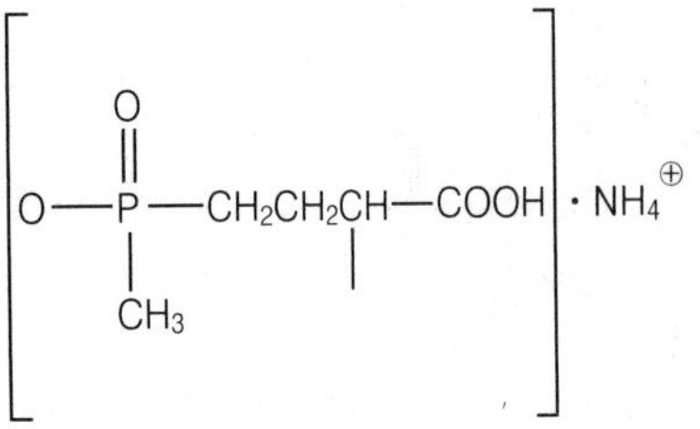

Glufosinate

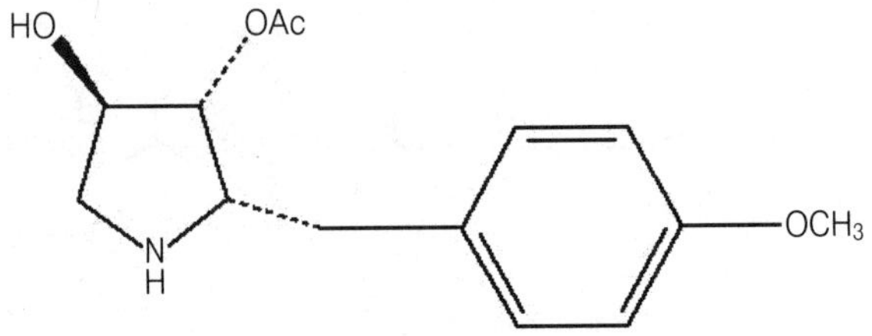

Anisomycin

그림 2-16. Bialaphos, glufosinate 및 anisomycin의 구조

려져 있다. 이와 같이 phytotoxins를 이용한 잡초 방제 연구도 활발하게 추진되어 alteichin, bipolaroxin, zinniol, monocerin, exserohilone, dihydropyrenophorin이 각각 식물 병원균인 *Alternaria eichorniae, Bipolaris cynodontis, Exserchilium holmii, Drechslera avenae*로부터 분리되었다.

식물 병원균 중 불완선 곰팡이(fungi imperfecti) 배양액으로부터 세초 활성물질을 탐색하는 연구 역시 활발하다. 그러나 어떤 자원을 가지고 제초제를 탐색하든 이미 개발된 제초활성물질의 물리, 화학적 특성과 생리활성에 대하여 잘 알고 있어야만 기지물질 분리, 정제에 허비되는 시간과 경비를 최소화할 수 있다.

③ 살충제

살충제의 경우 미생물 제제로서는 crystalline protein을 생산하는 Bacillus thuringiensis, Heliothis nuckear polyhedrosis virus(Elcar and Bristol VHZ®), Hirsutella thompsoni(Mycar®), Nosema locustae(NOLOC, Trojan 10®) 등이 있다.

한편, 천연물 살충제로서 jietacin, avermectin 유도체, hitachimycin, setamycin, milbemycin, antimycin A, netropsin, pierricidins, aphicidin이 개발되었으며, 이 중 animycin A, aureothin, cycloheximide, tetranactin, polynactins, avermecins, pierricidins, tetranactin은 살충제로 실용화되었으며, cycloheximide는 항진균성 및 항종양효과가 탁월하나 독성이 강해 생화학 시약용으로만 판매되고 있다. 한편, allosamidine과 A82516은 곤충이 변태를 하는데 필수적인 chiinase 효소활성을 저해함으로써 살충효과를 나타내나 아직 실용화되지 못하였다.

④ 사료 첨가제 및 기타

사료 첨가제로 항생물질을 응용하고자 한 연구는 chlortetracycline 생산시 다량으로 얻어지는 균체 부산물을 이용해 보고자 하는 의도에서 출발하였으며, 그 후 tetracycline이 어린 동물의 생육을 촉진하는 것으로 밝혀져 사료 첨가제로 이용하게 되었다. 이 외에도 tetracycline계열 화합물은 물론 penicillin, streptomycin, bacitracin, spiramycin 및 tylosin 등도 발육촉진 효과가 있는 것으로 나타나 사료 첨가제로 사용하여 왔으나 의료용 항생물질을 가축사료 첨가제로 사용하는 것은 항생물질에 대한 인체내성 증가 및 알레르기 유발과 같은 이유 때문에 사용을 금지토록 하였으므로 그 후로는 사료 첨가제 선택성 항생물질이

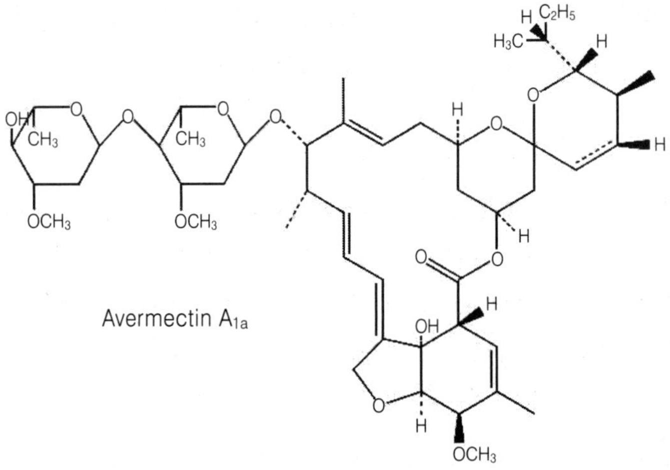

Avermectin A_{1a}

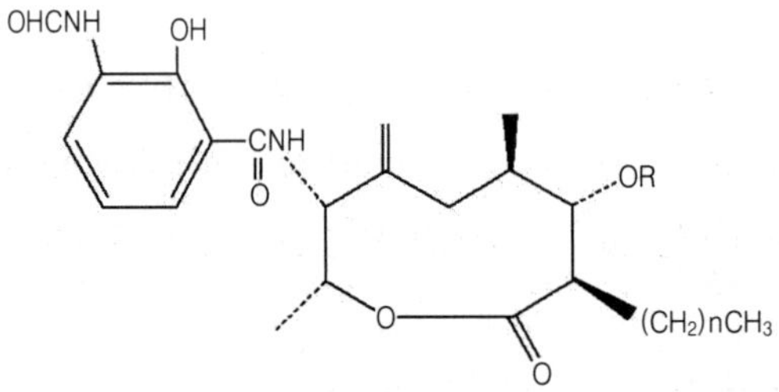

Antimycin A

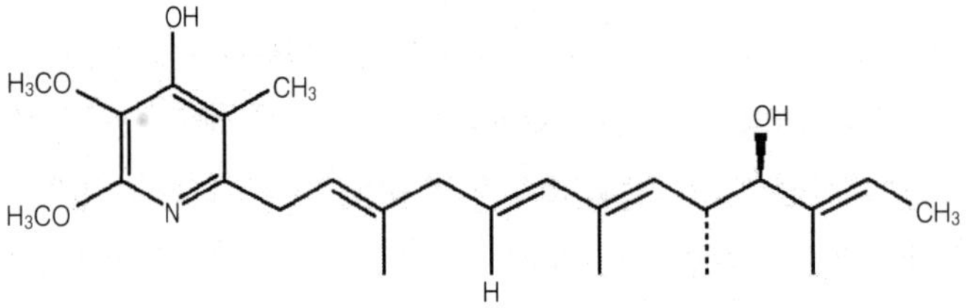

Piericidin A_1

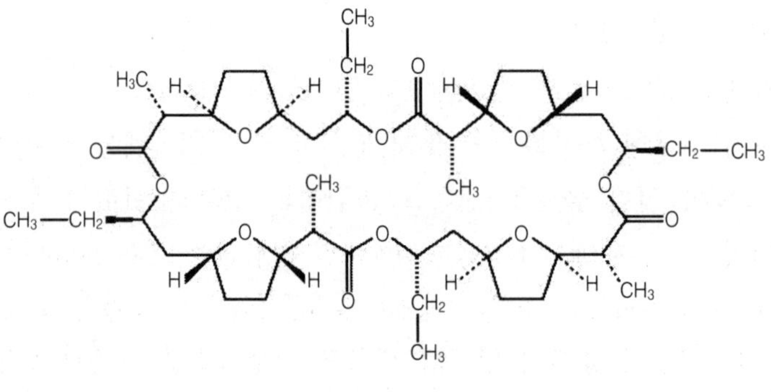

Tetranactin

그림 2-17. Avermectin A_{1a}, antimycin A, piericidin A_1 및 tetranactin의 구조

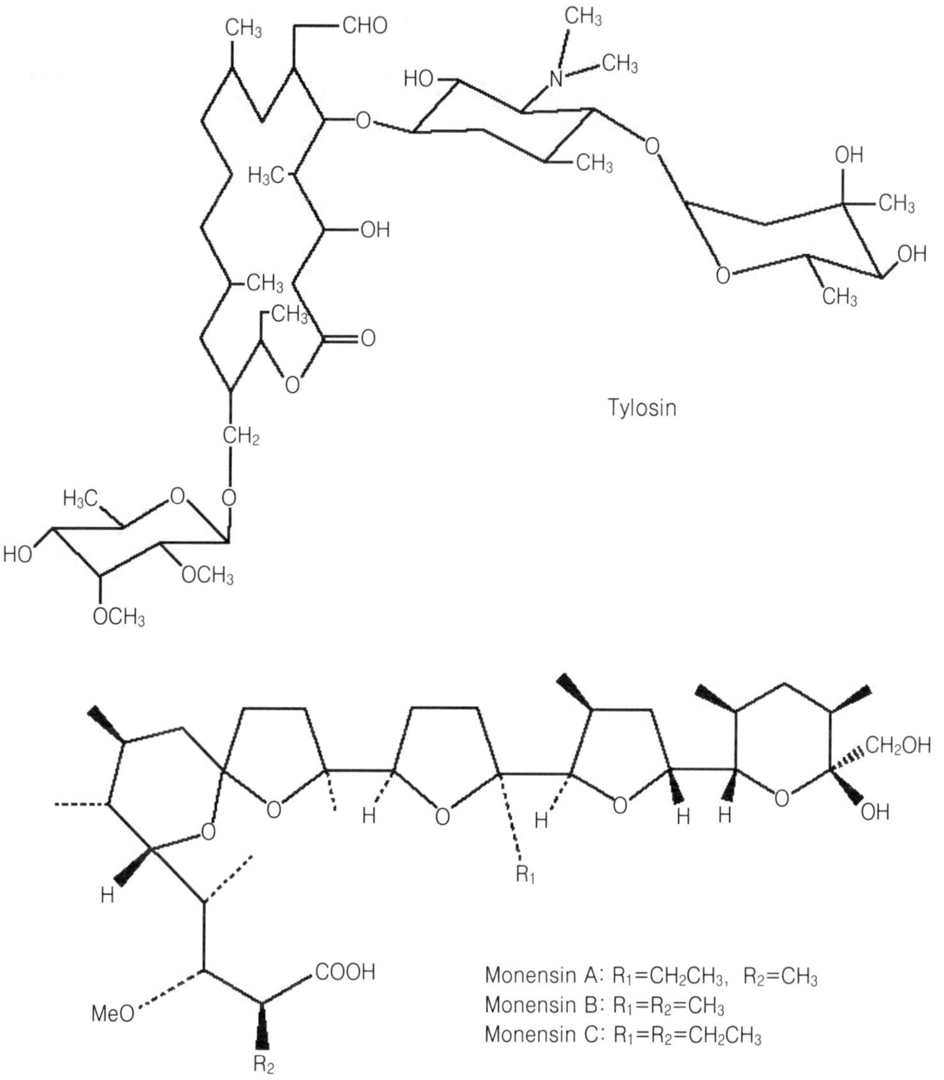

Tylosin

Monensin A: $R_1=CH_2CH_3$, $R_2=CH_3$
Monensin B: $R_1=R_2=CH_3$
Monensin C: $R_1=R_2=CH_2CH_3$

그림 2-18. Tylosin과 monensins의 구조

속속 개발되기에 이르렀다. 이외에도 발육촉진은 물론 콕시디움과 마이코플라스마 등의 감염증 치료에도 뛰어난 항생물질이 개발되었다.

Tylosin은 *Str. fradiae*가 생산하는 마크로라이드 항생물질로서 수용성이므로 주사제, 경구 투여제 등으로 사용되며 그람양성균, 일부 그람음성균 및 마이코프라즈마 감염증에 널리 사용된다. Monensin은 *Str. cinnamoensis*가 생산하는 polyether계 항생물질로서 물에 거의 녹지 않으며 안정성이 극히 높다. 경구투여하면 장관에서 거의 흡수되지 않고 분면으로 배설된다. *In vitro*에서는 그람양성균과 곰팡이에 대하여 항균활성을 나타내나 생체 내에서는 효과를 기대하기 어렵다. 그러나 *Eimeria tenella* 등과 같은 콕시지움에 높은 저해작용을 나타내므로 닭의 콕시지움 예방 목적으로 사용하고 있다.

참고문헌

1. Agrochemical Overview, Sep. 1995. Pp. 4.

2. Scrip's. 1993. Antibacterials Report. Pp.131～134.

3. Ware. G.W. 1978. Pesticides Theory and Application. W.H. Freeman and Company. New York.

4. Poland, A. and J.C. Knuston. 1982. 2,3,7,8-Tetrachlorodibenzo-*p*-dioxin and related halogenated aromatic hydrocarbons: Examination of the mechanism of toxicity. *Ann. Rev. Pharmacol. Toxicol.* **22**: 517～554.

5. 농약년보. 1995. 농약공업협회.

6. Blumauerova, M., V. Kristufek, J. Jizba. P. Sedmera, M. Beran, V. Prikrylova, J. Stary, M. Kucera, P. Sajdl, V. Landa, V.N. Kandybin, G.V.Samoukina, N.I. Bortik, and N.M. Barbashova. 1989. Research of *Streptomyces* producing pesticides and plant growth regulators, Pp. 237～252. in Bioactive Metabolites from Microorganisms. Progress in Industrial Microbiology. Vol.27. Elsevier. New York.

7. Waksman, S.A. 1940. Antagonistic interrelationships among microorganisms. *Chron. Bot.* **6**: 145～148.

8. Weindling, R. 1946. Microbial antagonism and disease control. *Soil Sci.* **61**: 23～30.

9. Brown, J.G. and A.M. Boyle. 1944. Effect of penicillin on plant pathogens. *Phytopath.* **34**: 760～761.

10. Anderson, H.W. and D. Gottlieb. 1952. Plant disease control with antibiotics. *Economic Botany* 294～308.

11. Isono, K., K. Asashi and S. Suzuki. 1969. Studies on polyoxins, antifungical antibiotics. XIII. The structure of polyoxins. *J. Am Chem. Soc.* **91**: 7490～7505.

12. Dahn, U., H. Hagowraier, H. Honem, W.A. Koning, G. Wolf, and H. Aahner, 1976. Stuffwechelprodikte von Mikroorganismen, 154. Kitteilung. Nikkomycin, ein never Hemmstoff de chitin synthese bei pilzen. *Arch. Microbiol.* **107**: 143～160.

13. Yamada, O., Y. Kaise, F. Futatsuya, S. Isida, H. Yamamoto, and K. Munakata. 172. Studies on plant growth regulating activities of anisomycin and toyokamycin. *Agri. Biol. Chem.* **36**: 2013～2015.

14. Kondo, Y., T. Shomura, Y. Ogawa, T. Tsuruoka, H. Watanabe, K. Totsukawa, T. Suzuki, C. Moriyama. J. Ykoshida, S. Inouye, and T. Niida. 1973. *Science Reports of Meiji Seika Kaisha* **13**: 34～41.

15. Ogawa, Y., T. Tsuruoka, S. Inouye and T. Niida. 1973. *Science Reports of Meiji Seika Kaisha* **13**: 42～49.

16. Tachibana, T., T. Watanabe, Y. Sekizawa, and T. Takemasu. 1986. Inhibition of glutamine synthetase and quantitative changes of free amino acids in shoots of bialaphos treated Japanese barnyard millet, *J. Pesticide Sci.* **11**: 27～31.

17. Omura. S., K. Hinotozawa. N. Imamura, and M. Murata. 1984. The structure of phosalacine, a new herbicidal antibiotic containing phosphinothricin. *J. Antibiotics* 37: 939～940.

18. Omura, S., A. Nakagawa, H. Aoyama. and Y. Iwai. 1983. Karabemycin, a new antimetabolite of glutamine produced by a strain of Streptomycete. *J. Antibiotics* **36**: 939～940.

19. Omura, S., A . Nakagawa and N. Sadakane. 1979. Structure of herbimycin. a new ansamycin antibiotic. *Tetrahedron Lett.* **1979**: 4223～4326.

20. Omura, S., Y. Tanaka, K. Hisatome, S. Miura, Y. Takahashi, A. Nakagawa, H. Imai, and H.B. Woodruff. 1988. Phthoramycin, a new antibiotic active against a plant pathogen, *Phytophthora sp. J. Antibiotics* **41**: 1910～1912.

21. Omura, S., Y. Tanaka, K . Kanaya, M. Shinose, and Y. Takahashi. 1990. Phtoxazolin, a specific inhibitor of cellulose biosynthesis, produced by a strain of *Strepyomyces* sp. *J. Antibiotics* **43**: 738～741.

22. Barg, R.W., B.M. Miller, E.E. Baker, J. Birnbaum, S.A. Currie, R. Hartman, Y.-L. Kong, R. Monaghan, G. Olson, I. Putter, J.B. Tunac, H. Wallick, E.O. Stapley, R. Oiwa, and S. Omura. 1979. Avermectin, new family of potent anthelmintic agents: producing organism and fermentation. *Antimicrob. Agent & Chemother.* **15**: 361～367.

23. Sakida, A., S. Isogai, S. Matsumoto, and S. Suzuki. 1987. Search for microbial insect growth regulator. II. Allosamidin, a novel insect chitinase inhibitor. *J. Antibioticcs* **40**: 296～300.

24. Somer, P.J.B., R.C. Yao, L.E. Doolin, N.J. McGowan, D.S. Fukuda, and J.S. Mynderse. 1987. Method for the detection and quantitation of chitinase inhibitors in fermentation broths. Isolation and insect life cycle effect of A82516. *J. Antibiotics* **40**: 1751～1756.

25. 韓國植物病・害蟲・雜草名鑑. 1986. 韓國植物保護學會.

26. Parmeggiani, A. and G.W.M. Swart. 1985. Mechanism of action of kirromycin-like antibiotics. *Ann. Rev. Microbiol.* **39**: 557~577.

27. Takeuchi, S., K. Hirayama, K. Ueda, H. Sakai, and H. Yonehara. 1958. Blasticidin S, a new antibiotic. *J. Antibiotics* **11**: 1~5.

28. Umezawa, H., M. Hamada, Y. Suhara, T. Hashimoto, and T. Ikekawa. 1965. Kasugamycin, a new antibiotic. *Antimicrobial Agent & Chemother.* **5**: 753~757.

29. Iwasa, T., Y. Kameda, M. Asai, S. Horii, and K. Mizuno. 1971. Studies on validamycins, new antibiotics. IV. Isolation and characterization of validamycins A and B. *J. Antibiotics* **24**: 119~123.

30. Harata, S. and T. Kishi. 1978. Isolation and characterization of mildio-mycin, a nucleoside antibioitic. *J. Antibiotics* **31**: 519~524.

31. Isono, K., M. Uramoto, H. Osada, M. Ubukata, H. Kusakabe, T. Koyama, N. Miyata, S.K. Sethi, and J.A. McCloskey. 1984. Structure and biological activity of ascamycin, a new nucleoside antibiotic. *Nucleic Acids Res. Symp.* Series No. **15**: 65~67.

32. Tsuda, K., T. Kihara, M. Nishii, G. Nakamura, K. Isono, and S. Suzuki. 1980. A new anti biotic, Lipopeptin A. *J. Antibiotics* **33**: 247~248.

33. Kim. S.K., M. Ubukata, K. Kobayashi, and K. Isono. 1992. The structure of xanthostatin. *Tetrahedron Lett.* **18**: 2561~2564.

34. Isono, K., M. Uramoto, H. Kusakabe, K. Kimura, K. Izaki, C.C. Nelson, and J.A. McClosky. 1985. Liposidomycins: novel nucleoside antibiotics which inhibit bacterial peptidoglycan synthesis, *J. Antibiotics* **38**: 1617~1621.

35. Cheng, X.-C., T. Kihara, H. Kusakabe, J. Magae, Y. Kobayashi, R.-P. Fang, Z.-F. Ni, Y.-C. Shen, K. Ko, I. Yamaguchi, and K. Isono. 1987. A new antibiotic, tautomycin. *J. Antibiotics* **40**: 907~909.

36. Nakamura, G., K. Kobayashi, T. Sakurai, and K. Isono. 1981. Cationo-mycin, a new polyether ionophore antibiotic produced by Actinomadura nov. sp. *J. Antibiotics* **34**: 1513~1516.

37. Isono, K., K. Kobinata, H. Oikawa, H. Kusakabe, M. Uramoto, K. Ko, T. Misato, S.-W. Tai, S.-T. Ni, and Y.-C. Shen. 1986. New antibiotics, albopeptins A and B. *Agri. Biol. Chem.* **50**: 2163~2165.

38. Uramoto, M., Y-C. Shen, N. Takizawa, H. Kusakabe, and K. Isono. 1985. A new antifungal antibiotic, phosphazomycin A. *J. Antibiotics* **38**: 665~668.

39. Satomi, T., H. Kusakabe, G. Nakamura, T. Nishio, M. Uramoto, and K.

Isono. 1982. Neopeptins A and B, new antibiotics. *Agri. Biol. Chem,* **46**: 2621～2623.

40. Omura, S., M. Katagira, J. Awaya, K. Atsumi, R. Oiwa, T. Hata, S. Higashikawa, K. Yasui, H. Terada, and S. Kuyama. 1973. Production and isolation of a new antifungal antibiotic, prumycin and taxonomic studies of Streptomyces sp., strain No. F-1028. *Agri. Biol. Chem.* **37**: 2805～2812.

41. Sakata, K., T. Sakurai, and S. Tamura. 1974. Isolation of novel antifungal antibiotics, ezomycins A1, A2, B1 and B2. *Agri. Biol. Chem.* **38**: 1883～1890.

42. 吉岡俊人. 1987. 除草劑・植物成長調整劑の開發動向. Pp. 122～171 in 新農藥の開發と市場展望. CMC. 東京.

43. Haneoshi, T., A. Terahara, H. Kayamosi, J. Yabe, and Y. Kondo. 1976. Herbicidins A and B, two new antibiotics with herbicidal activity, II, Fermentation, isolation and biological activities. *J. Antibiotics* **29**: 870～875.

44. Nishimura, H., K. Katagiri, K. Sato, M. Mayama, and N. Shimaoka. 1956. Toyocamycin, a new anti-candida antibiotic. *J. Antibiotics*, Ser, A9: 60～62.

45. Fushimi, S., S. Nishikawa, N. Mito, M. Ikemoto, M. Sasaki, and H. Seto. 1989. Studies on a new herbicidal antibiotic, homoalanosine. *J. Antibiotics* **32**: 1370～1378.

46. Strokbel, G., F. Sugawara, and J. Clardy. Sep. 8-13. 1985. Phytotoxins from plant pathogens of weedy plants. ACS Symp. on Allochemicals: Role in agriculture and forestry (ed. by waller. G.R.) Ser. 330. Pp. 516～523.

47. Immamura. N., H. Kuga, K. Otoguri, H. Tanaka, and S. Omura. 1989. Structure of jieracines: unique α, β-unsaturated azoxy antibiotics. *J. Antibiotics* **42**: 156～158.

48. Oiwa, R., Y. Iwai, Y. Takahashi, K. Kitao, and S. Omura. 1982. Taxonomic studies of a stubomycin (hitachimycin) producing actinomycete. *Kitasato Arch. Exp. Med.* **55**: 119～124.

49. Omura, S., K. Otoguro, T. Nishikiori, R, Oiwa, and Y. Iwai. 1981. Setamycin, a new antibiotic. *J. Antibiotics* **34**: 1253～1256.

50. Hood, J.D., R.M. Banks, M.D. Brewer, J.P. Fish, B.R. Manfer, and M.E. Poulton. 1989. A novel series of milbemycin antibiotics from Streptomyces strain E225. I. Discovery, fermentation and anthelmintic activity.

J. Antibiotics **42**: 1593~1598.

51. Nippon Kayaku Co,. Ltd. and Chigai Pharm Co,. Ltd. Polynactins as anthelmintics, Japanease Patent No. 8157714, 1981.

52. Finlay, A.C., F.A. Hochstein, B.A. Sobin, and F.X. Murphy. 1951. Netropsin, a new antibiotic produced by a *Streptomyces*. *J. Am. Chem. Soc.* **73**: 341~343.

53. Tamura, S., N. Takahashi, S. Miyamoto, R. Mori, S. Suzuki, and J. Nagatsu. 1963. Isolation and physiological activities of piericidine A, a natural insecticide produced by *Streptomyces*. *Agri. Biol. Chem.* **27**: 576~582.

54. Chen, C.-Y., Q.-X. Fang, K,-J. Lin, and M.-B. Zhang. 1980. Studies on aphicidin. I. Identification of the producing stetomycete. *Acta Microbiologica Sinica* **20**: 113~115.

55. 上野芳夫. 夫村知 (ed.). 1986. 微生物藥品化學. 南江堂. 東京.

3) 항암제

(1) 항암제의 정의

최근 암 치료에 대한 연구는 암 예방에서부터 유전자 치료, 면역요법, 새로운 물질 개발 등 다양하게 진행되고 있으며, 이러한 방법들을 기존의 수술요법, 방사선요법, 항암화학요법들과 병용하여 치료효과를 높이고 있다. 일반적으로 외과적 수술은 다양한 암의 단계에서 적용되며, 초기 단계의 암들은 유용한 방법이라 할 수 있다. 그러나 암이 많이 진전된 경우나 전이가 발생된 경우는 이 방법으로는 치료가 어렵다.

방사선 치료는 외부에 방사선을 조사하거나, 체내로 투여한 방사성 물질에서부터 나온 X-ray나 γ-ray를 암세포에 조사하여 암을 치료한다. 방사선 치료법은 외부적으로 수술이 곤란한 경우에 사용된다. 화학요법은 항암제를 경구나 주사로 투여하여 암세포의 증식을 억제하는 방법이다. 항암제란 이와 같이 암을 치료하기 위해 약물을 사용하는 것으로 내과적으로 쓰이는 약물을 뜻하는 용어로 쓰이고 있다. 일반적으로 항암제라 함은 항암화학요법(chemotherapy)에 사용되는 제제이며, 이러한 항암화학요법제는 전신치료로 주사나 경구투여로 혈류를 따라 전신에 퍼지므로 국소적인 효과보다는 전신에 퍼져 있는 미세전이(micometastasis)에 작용하는 치료제이다.

원래 우리 몸의 정상적인 세포들은 일정한 방식으로 성장하고 소멸하지만 암세포들의 경우는 비정상적으로 분화 및 성장하고, 주위 조직으로 침투하여 멀리 떨어져 있는 조직까지도 퍼져 나가면서 성장한다. 이 때 다양한 항암제들은 암세포의 세포 주기에 영향을 미쳐 성장이나 증식을 멈추게 하여 암세포를 파괴하는 역할을 하게 된다. 통상적으로 임상에서는 한 가지 이상의 약물을 투여함으로써 효과를 증진시킬 수 있으므로 한 종류의 항암제만 쓰기도 하지만, 주로 하나 이상의 항암제를 조합하여 치료하는데 이를 복합화학요법이라고 한다.

이러한 치료요법에 사용되는 항암제로는 호르몬의 작용을 차단하는 것도 있으며, 암에 대항하는 면역기능을 활성화시키는 생물학적 치료방법도 있다. 우리 몸은 보통 암이나 질병에 대항하기 위해 이런 물질들을 소량씩 만들어 낼 수 있기 때문에 이러한 물질들을 환자에게 주입하여 암세포에 대항하고 신체 회복을 돕기도 한다.

이와 같이 항암치료의 목적은 암의 종류와 진전 정도에 따라 다르지만 대부분이 궁극적으로 암의 치료, 암세포 전이 억제, 암세포의 성장 억제 및 암으로 발생될 수 있는 증상을 억제하는 데 목적이 있다.

어떤 항암제는 다양한 유형의 암에 사용되기도 하고, 반면에 어떤 것들은 한두 가지 유형의 암에만 사용될 수 있다. 환자를 위한 항암제의 선택은 암의 종류, 증식 정도, 정상적인 기능에 미치는 영향 및 환자의 전반적인 건강상태에 따라서 처방받게 된다.

가) 항암제 연구의 필요성

세계의 항암제 시장은 폭발적인 인구 증가와 발암환자의 증가로 인하여 커다란 가능성을 내포하고 있다고 볼 수 있으며, 1995년 약 90억 달러 정도이고, 2002년에는 130억 달러로 성장하였다. 1997년도 미국의 암환자수는 150만 명, 유럽은 100만 명, 일본의 경우는 40여만 명 정도로 추산된다. 또한 이러한 추세는 암으로 인한 사망자의 수도 630만 명에 이르는 것으로 보고되었다.

이러한 추세에 맞추어서 항암제의 판매도 급증하고 있는 것이 사실이며, 세계 100대 의약품에 포함되어 있는 암치료제로는 lupron, taxol, zoladex, nolvadex 및 paraplatin 등이 있으며, 이 중에서 전립선 암치료제인 lupron과 난소암 치료제인 taxol의 경우는 계속적인 성장을 보이고 있다.

현재 임상적으로 사용되는 항암제의 문제점은 암의 완치보다는 증상을 완화하여 환자의 수명을 연장시키는 데까지 머물러 있다는 점이다. 또한 화학요법제는 독성 및 내성이 가장 큰 문제이다.

암세포 뿐만 아니라 정상세포에도 독성을 나타내어 원하지 않은 조직부분에 악영향을 미친다. 특히 세포의 증식이 활발하지 않은 골수, 모낭, 위장관, 내피세포 등은 화학요법제의 영향으로부터 회복이 느려 백혈구 및 적혈구 감소, 세

표 2-6. 세계 항암제 시장

연 도	1987	1992	1997	2000
매출액	3조 5천억원	5조 9천억원	14조원	18조원

(약업신문, 2001. 1. 18)

표 2-7. 국내 항암제 시장

연 도	1996	1997	1997	1999	2000
매출액	427억원	460억원	548억원	685억원	900억원

(약업신문, 2001. 1. 18)

균감염, 자연출혈, 탈모, 메스꺼움 및 구토 등의 부작용이 발생한다. 또 다른 문제점인 약제 내성은 약물에 대한 감수성을 점점 둔화시켜서 약물치료의 실패로까지 이어진다.

따라서 독성이 적으며, 내성을 극복할 수 있는 항암제의 개발은 필수적이라 할 수 있으나 현재까지는 개발되지 못하고 있다. 그럼에도 불구하고 세계 항암제 시장은 연평균 약 15% 전후의 성장률을 가지고 있으며, 생명과학과 정밀화학이 결합된 지식집약형 산업으로 신약개발과 첨단기술이 경쟁력의 주요 변수로 작용한다.

나) 연구동향

최근 몇 년 동안 생명과학 분야는 눈부신 발전을 해 왔고, 암을 치료할 수 있는 가능성과 희망을 주고 있다. 현재 임상적으로 사용되고 있는 항암제를 분류하면 크게 화학요법제와 생물학적 요법제로 나눌 수 있으며, 과거에는 화학요법제가 주로 사용되었으나 점차로 생물학적 요법제의 개발과 사용이 증가하고 있다.

표 2-8. 항암제 분류

<table>
<tr><th>분류</th><th colspan="2">약리작용</th><th>시판 약물</th></tr>
<tr><td rowspan="5">화학요법제</td><td colspan="2">DNA 알킬화제</td><td>Meclorethamine, Chlorambucil, Busulfan 등</td></tr>
<tr><td colspan="2">대사길항제</td><td>Methotrexate, Fluorouracil, Doxifluridine 등</td></tr>
<tr><td colspan="2">천연물</td><td>Doxorubicin, Vinblastin, Mitomycine, Taxol 등</td></tr>
<tr><td colspan="2">스테로이드 호르몬</td><td>Tamoxifen, Prednisolone, Testosterone propionate 등</td></tr>
<tr><td colspan="2">기타</td><td>Carboplatin, Mitoxantron, Hydroxyurea 등</td></tr>
<tr><td rowspan="7">생물학 제제</td><td rowspan="3">면역요법</td><td>사이토카인</td><td>인터루킨-2, 인터페론, 콜로니 자극인자 등</td></tr>
<tr><td>재조합항체</td><td>Rituximab, Trastuzumab 등</td></tr>
<tr><td>암백신</td><td>임상실험 단계</td></tr>
<tr><td rowspan="2">유전자치료</td><td>안티센스</td><td>임상실험 단계</td></tr>
<tr><td>p53 Toxin</td><td>임상실험 단계</td></tr>
<tr><td colspan="2">신생혈관형성 억제</td><td>임상실험 단계(엔도스타틴, Marimastat 등)</td></tr>
<tr><td colspan="2">다약제내성</td><td>임상실험 단계(PSC 833, VX-710, G3139 등)</td></tr>
</table>

(약업신문, 2001. 1. 18)

화학요법제는 암세포의 각종 대사경로에 개입하여 주로 DNA에 작용한다. 직접적으로 DNA에 손상을 주거나, 전사 및 복제, 번역을 차단하여 세포분열을 저해함으로써 암세포에 독성을 나타낸다. 이러한 요법제는 약리작용에 따라 알킬화제, 대사 길항제, 천연물 및 호르몬제로 나눌 수 있다.

생물요법제는 인간의 면역기능을 회복시키거나 증가시켜 암세포의 활동력을 약화시킴으로써 암의 진행을 억제한다. 현재 이러한 요법제는 화학요법제와 병용하거나 외과적 수술, 방사선 조사 및 화학요법 후의 보조치료를 목적으로 사용되고 있다. 약리작용에 따라서 사이토카인류, 유전자 치료제 및 혈관신생 억제제 등으로 나눌 수 있다.

다) 개발된 항암제

① 알킬화제(Alkylating agent)

㉠ Busulfan

Busulfan은 항암 화학요법에 사용되어 오던 물질로서 화학적으로 1,4-butanediol dimethanesulfonate($CH_3SO_2O(CH_2)_4OSO_2CH_3$)로 알려진 알킬화 화합물이다. 백색 결정체 분말이며, 주사제에는 통상적으로 *N*, *N*-dimethylacetamide (33% wt/wt)와 polyethylene glycol 400(67% wt/wt)로 혼합되어 사용된다. 적응증으로는 만성백혈병과 골수증식증에 사용되며, 부작용으로는 골수기능 저하, 악성빈혈, 무월경, 유방 비대증, 피부의 과색소침착, 백내장, 드물게는 폐의 섬유화 등이 있다.

예전에는 조혈모세포 이식시의 전처치 요법으로 사용되고 있는 경구용 항암제로 수용성이 낮고, 환자의 영양상태, 병용 투여하는 타약제, 음식물 섭취, 유전적 요인에 따라 위장관 흡수율을 예측하기 곤란하며, 중증 오심 및 구토에 의한 손실량을 보충하는 것이 모호하여 이식 실패나 환자 사망 등의 원인이 되어 왔다. 그러나 최근 미국 Orphan Medical Inc.사에서 개발한 부설판(Busulfan)은 정맥 투여로 이러한 경구제의 흡수에 대한 문제를 해결함으로써 조혈모 세

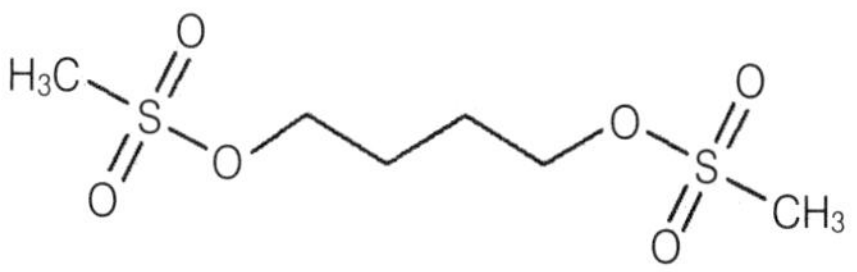

$H_3C-S(=O)_2-O-CH_2CH_2CH_2CH_2-O-S(=O)_2-CH_3$

그림 2-19. Busulfan의 구조

포 이식시 전처치 요법으로서 골수를 충분히 억제시키고, 면역억제 효과를 충분히 나타낼 수 있어 이식된 골수의 생착을 가능하게 하며, 또한 과혈중 농도에 의해 환자를 사망에 이르게 하는 간정맥폐쇄성 질환(HVOD)으로의 진행을 개선시키는 이상적인 약물로 기대를 모으고 있다.

㉡ Chlorambucil

회백색의 약간 과립상 분말, hodgkin병, 만성 림프성 백혈병 및 림프 육종 등의 치료에 사용되는 항암제로 적응증은 만성 백혈병, 림프종 및 난소암이며, 부작용은 골수기능 저하, 소화기 장애, 간독성 및 피부발진이 있다.

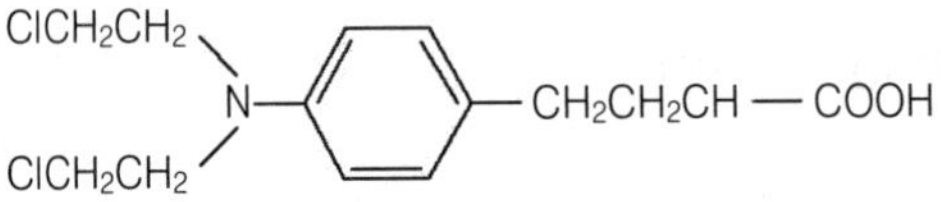

$ClCH_2CH_2$
N— —CH_2CH_2CH — COOH
$ClCH_2CH_2$

그림 2-20. Chlorambucil의 구조

㉢ Cyclophosphamide

Nitrogenmustard의 일종으로서 세계대전에서 무기로 사용되었던 적이 있었으며, 겨자가스와 같이 세포파괴 능력을 가지고 있다. Cyclophosphamide는 세포내에서 알킬화제로 DNA와 결합하여 세포의 정상적인 기능을 방해하여 염증 및 암세포를 파괴한다. 이 항암제의 적응증은 각종 혈액종양, 유방암, 난소암, 자궁경부암, 전립선암, 소세포성 폐암, 육종 및 소아종양에 유효하며, 부작용으로는 골수기능 저하, 방광에 부작용, 울렁거림, 구토, 탈모, 구내염, 무월경, 무정자증 및 피부의 과색소침착증 등이 있다.

또한 이 약물은 임파구에 적용될 경우는 면역억제제로서의 기능을 하게 된다. 간에서 알킬화제로 대사되는데, DNA와 교차 연결되어 DNA를 알킬화시키고, T세포와 B세포에서 DNA 합성을 억제함으로써 T세포와 B세포의 기능을 방해한다.

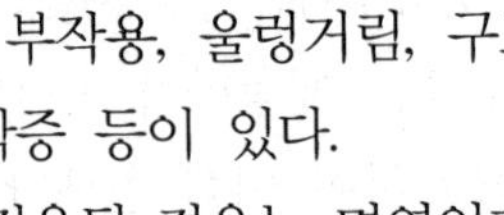

O P $N(CH_2CH_2Cl)_2$
O
NH

그림 2-21. Cyclophosphamide의 구조

㉣ Melphalan

Melphalan은 phenylalanine 유도체로 광범위한 항암작용을 가지고 있으며, 특히 다발성 골수종과 난소암의 치료에 매우 효과적이다. Melphalan은 간 활성화를 필요로 하지 않고 출혈성 방광염을 야기하지 않는다.

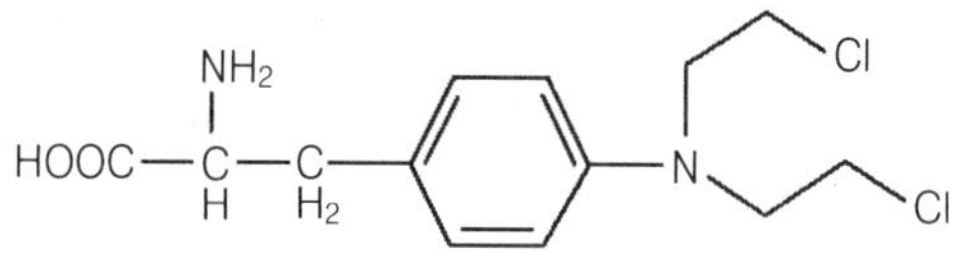

그림 2-22. Melphalan의 구조

㉤ Cisplatin

Cisplatin은 백금 착체 항암제로 분자구조 중심에 백금(Pt)원자를 가지고 있으며, 암세포의 핵내에 존재하는 DNA에 작용하여 암세포의 성장 및 증식을 억제 시키고 암세포를 제거하는 항암효과가 있다.

제1세대 백금 착체 항암제인 시스플라틴(cisplatin)의 경우는 현재 사용되는 항암제 중 가장 유용한 약제로서 고환암, 난소암, 폐암, 위암, 자궁암, 두경부암, 비소세포성 폐암 등에 유효하나, 부작용으로 매우 심한 오심, 구토, 신독성, 신경독성, 신장독성, 청력장애, 심한 울렁거림과 구토, 경한 골수기능 저하, 말초신경염, 입맛 변화, 발작 및 과민반응 등의 발생과 암세포들의 내성 획득에 의한 항암효과의 소실이 큰 문제가 되고 있다.

이러한 시스플라틴(cisplatin)의 단점을 보완할 목적으로 개발된 제2세대 항암제인 카보플라틴(carboplatin)은 시스플라틴의 주된 독성인 오심, 구토, 신장독성이나 신경계 독성을 크게 완화하였으나, 골수독성은 시스플라틴보다 강하며, 항암효과도 시스플라틴에 비해 상대적으로 낮고 항암작용의 범위도 좁아 신장장해가 있는 난소암과 폐암환자에게만 제한적으로 사용되고 있다.

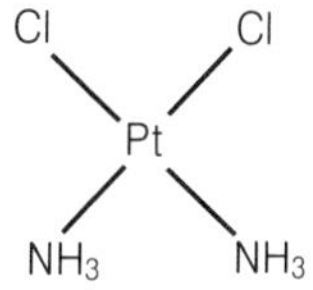

그림 2-23. Cisplatin의 구조

ⓑ Ifosfamide

Ifosfamide는 cyclophosphamide와 밀접하게 연관된 유사체로서 골수억제는 덜하고 요독성(urotoxic)은 보다 심하다. 이것은 뇨로독성예방제 mesna와 함께 투여된다.

현재 임상에서는 ifosfamide를 주로 고환 암의 구제요법에 사용되나 육종, 림프종 및 폐암을 포함하는 다른 종양에서의 사용도 연구가 활발히 진행되고 있다. Ifosfamide는 또한 활성화되기 위해 간 대사를 필요로 한다. 따라서 부작용으로 골수기능 저하, 출혈성 방광염, 탈모, 간독성 및 신장독성 등이 있다. 정신상태 이상으로 나타나는 가역적인 신경독성을 ifosfamide를 투여받은 환자에서 볼 수 있다.

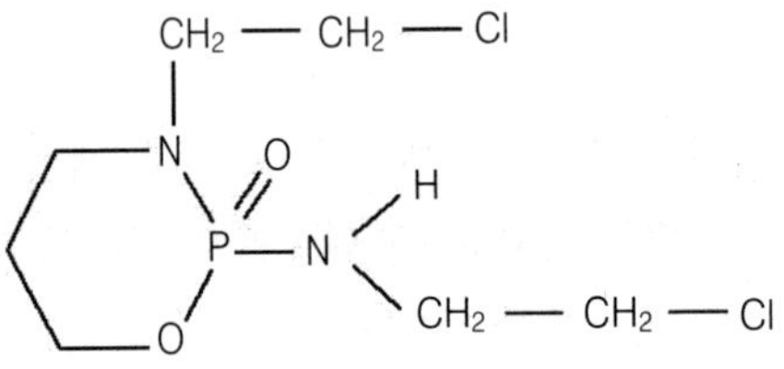

CH2 — CH2 — Cl
N O P N H O
CH2 — CH2 — Cl

그림 2-24. Ifosfamide의 구조

② 항대사제(Antimetabolic agent)

㉠ Cytarabine

Cytarabine은 cytidine의 2'-epimer이다. Cytarabine은 deoxycytidine 운반계통을 이용하는 운반체 매개과정에 의해 세포 내에 축적된다. 세포 내에서 대사효소반응에 의해 인산화되어 활성 대사물인 ara-CTP가 된다. Ara-CTP는 DNA와 결합하고 사슬 종료 신호로 작용하여 DNA 복제를 억제한다. Cytarabine은 세포 내에서 cytidine deaminase에 의해 비활성 화합물(aria-U)로 분해될 수 있다. 적당한 세포내 흡수의 순수한 효과, 그리고 인산화와 탈아미노화 효소활성도 사이의 평형이 궁극적으로 cytarabine의 세포독성을 결정한다.

임상적으로 cytarabine은 급성 골수성 백혈병, 급성 림프구성 백혈병과 비호즈킨 림프종에도 효능이 있다.

Cytarabine은 주로 5일에서 7일간 지속적으로 주입하며, 고용량의 cytarabine은 때때로 강화요법이나 약제 불응성 백혈병에 사용된다. 한편 저용량으로 주어

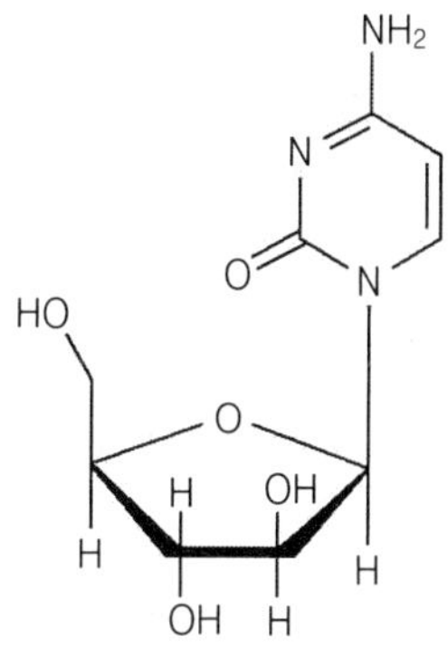

그림 2-25. Cytarabine의 구조

질 때 cytarabine은 골수세포 분화를 촉진하기도 한다.

척수강 내 cytarabine 투여는 백혈병성 또는 암종성 뇌막염의 치료에 사용되지만 화학적 지주막염을 일으킬 수도 있다. 지속적으로 주입할 때 cytarabine은 14일에서 21일 혹은 그 이상 지속하는 심한 골수억제를 일으킨다. 구강점막염을 포함한 위장관 독성이 자주 관찰된다. 고용량 용법은 간의 transaminase치 증가를 보이는 담즙울체성 황달증후군과 연관이 있다. 대뇌와 소뇌 독성은 운동실조, 기면 및 때때로 혼수가 고용량 요법환자에서 나타날 수 있다. 비정상적 신기능 alkaline phosphase 상승(적어도 2배) 또는 40세 이상의 환자에 있어서는 cytarabine에 의한 신경녹성 위험이 승가한다.

ⓛ Fluouracil(5-FU)

DNA의 합성저해 및 RNA의 기능장애를 유도하여 암세포를 저해하는 항암제로 fluorouracil 자체가 pyrimidine nucleotide의 합성을 저해하는 것이 아니라 세포 내에서 대사로 인하여 활성화되어 세포를 저해한다.

간과 신장에서 dihydropyrimidine dehydrogenase(DPD)에 의해 불활성화되며, 7～20%가 미변화체로 뇨로 배설, 답즙으로 배설되는 양은 매우 적고 대부분 CO_2의 형태로 폐로 배설된다. 적응증인 암종으로는 결장암, 직장암, 유암, 식도암, 위암, 간암, 폐암, 췌장암, 담낭암, 악암, 설암, 방광암, 신장암, 난소암, 피부암, 자궁암, 세망육종, 호지킨병, 임파육종 및 섬유육종 등이 있다.

임상에서는 주로 leucovorin Ca과 병용투여를 하기도 하나 항암효과와 함께 독성도 증가시킬 수 있다. 최근 5-FU의 새로운 제형의 형태로 capecitabine(젤로다-로슈)이 시판되고 있다. 이 항암제는 5-fluorouracil(5-FU)의 전구체인 5′

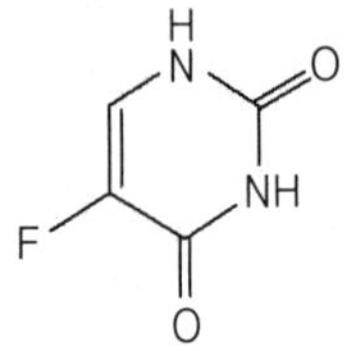

그림 2-26. Fluouracil의 구조

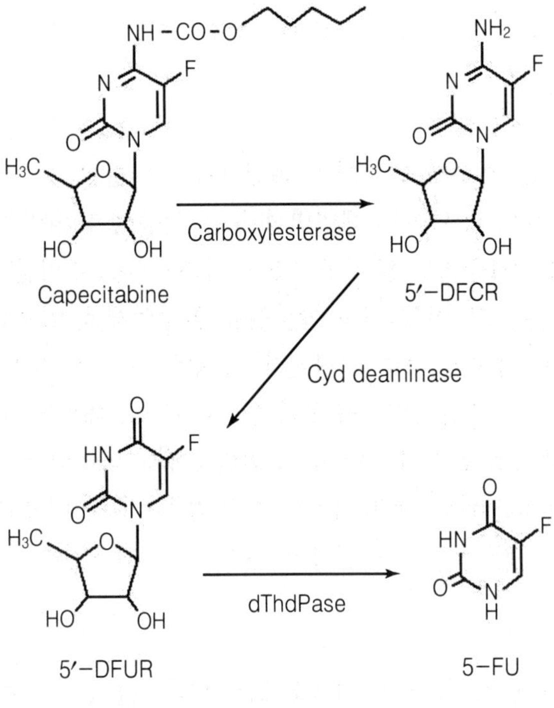

그림 2-27. Capecitabine의 metabolic pathway

-deoxy-5-fluorouridine(5′-DFUR)의 전구체로 경구투여 시 종양부위에서 활성형인 5-FU으로 전환되어 약리작용을 가지고 있는 종양부위에 최종 5-FU의 축적을 증가시키는 경구투여제이다.

부작용으로는 골수기능 저하, 설사, 구내염, 울렁거림/구토, 식도염, 장 출혈, 피부염, 탈모, 손톱 빠짐, 손톱의 검은띠 형성 및 누낭염 등이 있다.

㉢ Mercaptopurine(6-MP)

Thiopurine 유사체로 6-thioguanine(6TG)과 함께 purine 염기 내 carbonyl 기 위치에 thiol 치환기를 가진 급성 백혈병 치료제이다. 급성 백혈병 치료 이외의 고형 종양에 대해서는 본질적으로 효능이 없다. 이 항암제의 특성은 세포 내 효소인 hypoxanthine guanine phosphoribosyl transferase(HGPRT)에 의한 수식이 있어야 purine 생합성을 억제할 수 있다는 것이다.

부작용으로는 담즙 울체성 황달과 일치하는 간 독성이 관찰되며, 골수기능 저하, 식욕부진, 울렁거림/구토, 구내염, 설사, 피부염, 열 및 혈뇨 등이 있다.

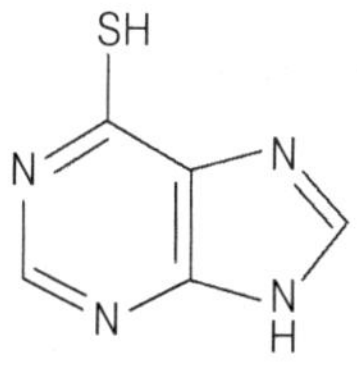

SH
N N
N N
H

그림 2-28. Mercaptopurine의 구조

㉣ Methotrexate(MTX)

Methotrexate는 핵산 합성을 억제하여 세포분열을 제한하는 약물로 오랫동안 사용되어온 백혈병을 일시적으로 경감시킨 최초의 항암제로 초기에는 융모막암에 많은 임상적증을 나타내었다. 단독 사용으로도 유효하나 병용사용시 더 큰 효과를 나타내며, 암세포의 엽산대사를 저해하는 물질이다.

작용기전은 dihydrofolate reductase를 억제함으로써 folate의 환원을 차단하는 것이 주 기전이다. Adenosine-deaminase를 비롯해 purine-nucleoside-phosphorylase, hypoxanthine-guanine-phosphoribosyltransferase 같은 효소의 활성을 저해하여 퓨린계 핵산의 합성을 저해한다. 탄소전이 반응에서 엽산이 보인자로서 작용하기 위해서는 dihydrofolate(FH_2)를 거쳐 tetrahydrofolate(FH_4)로 환원되어져야 하는데, MTX는 dihydrofolate(FH_2)가 tetrahydrofolate(FH_4)로 되는데 필수 효소인 dihydrofolate reductase와 결합하여 tetrahydrofolate(FH_4) 생성을 저해하므로 세포내 정상대사 과정의 장해로 인한 DNA, RNA 및 단백질 합성 저해를 일으킨다. 따라서 세포는 세포주기에서 S기 혹은 일부 세포에서는 G1기에서 정지하여 S기로 들어가는 것을 막아 세포가 사멸하게 된다.

포유류의 세포 내에서 MTX는 polyglutamation이라는 대사과정을 거치게 된

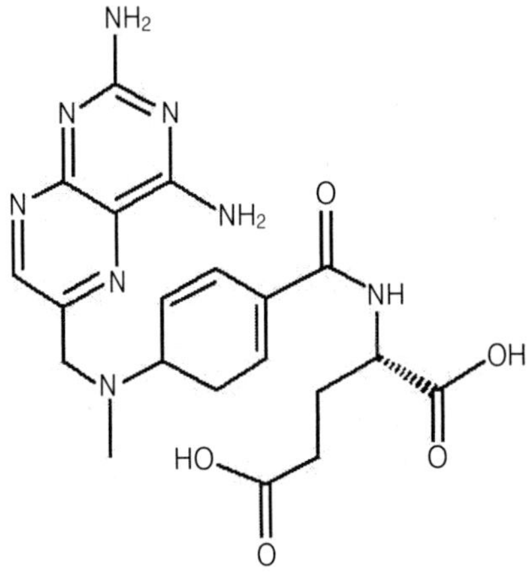

그림 2-29. Methotrexate의 구조

다. 이로써 MTX는 2~5 polyglutamate 그룹과 결합하여 MTX polyglutamate가 되어 세포 내에서 더 장기간 작용할 수 있게 된다. 특히 5-amino-imidazole carboxamide ribonucleotide transformylase를 억제하여 퓨린 합성의 저해인자로서 작용하게 된다. 퓨린과 피리미딘의 합성은 임파구가 항원의 자극에 반응해야 일어나는데, 이 때 MTX는 이러한 기작을 저해한다.

일반 독작용 및 세포 독작용으로는 동물에 치사량 투여시, 식용부진, 출혈성 설사, 점진적 체중 감소, 백혈구 감소 및 혼수상태로 인하여 사망한다. 부작용으로는 골수억제, 위염, 소화성 궤양, 신독성, 간독성, 간경변, 오심, 설사, 폐 침윤 및 배형성 억제 등이 알려져 있다.

임상 적응증으로는 소아의 급성 임파성 백혈병, 골육종, Burkitts 임파종, 비 Hodgkin 임파종, 유방암, 뇌암, 경부암, 폐암 및 융모막암 치료에 사용된다.

③ 천연물 유래

㉠ Actinomycin-D

Actinomycin은 *Streptomyces antibioticus* 등의 배양액으로부터 추출한 적색 판상(板狀)의 약한 염기성 펩티드로 약 10개 종류가 있다. Actinomycin C·D·J 등은 악성종양의 치료약으로 유용하고, 특히 actinomycin C는 호지킨(Hodgkin) 병이나 소아 백혈병에 사용되어 왔다. 알려진 작용기전으로는 DNA의 이중사슬 사이에 가교결합하여 RNA polymerase 저해작용이 있다. 임상 적응증으로는 고환암, 육종, 윌름씨 종양 등이 있다. 부작용으로는 골수기능 저하,

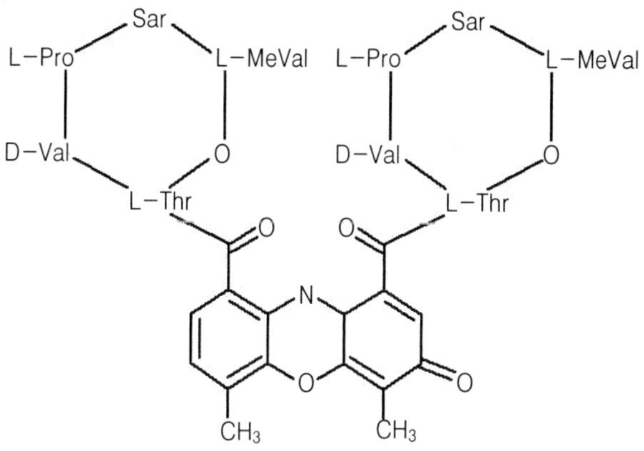

그림 2-30. Actinomycin-D의 구조

식욕부진, 울렁거림/구토, 구내염, 구각염, 설염, 항문염증, 설사, 탈모, 피부발적 및 피부 벗겨짐 등이 있다.

㉡ Bleomycin

*Streptomyces verticilus*로부터 생산된 bleomycin은 암세포내의 DNA와 결합하여 DNA합성 및 그에 따른 암세포의 분열을 저해함으로써 항암작용을 나타낸다. 10종 이상의 동족체가 있는 것으로 알려져 있으며 작용기전으로는 생체내에서 일종의 ionophore로서 Fe(Ⅱ)와 결합하여 산화형으로 변화되어 DNA에 손상을 주는 것으로 알려져 있다. 구조는 당 peptide로서 주성분인 염산 bleomycin의 분자량은 약 1,506 정도이다. 이 항암제의 특징은 안정한 물질로서 실온에서 2년간은 역가의 저하가 나타나지 않는다. 또 수용액 중에서도 안정하며,

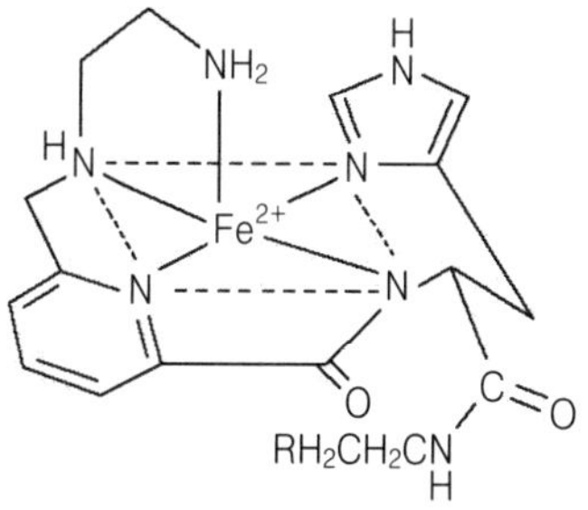

1: $R=CONH_2$ 3: $R=CH_3$
2: $R=CONH^tBu$ 4: $R=NH_2$

그림 2-31. Bleomycin의 구조

생리식염액 중 상온에서는 적어도 1년간은 거의 역가의 저하를 나타내지 않는다. 현재 임상 적응증으로는 림프종, 두경부 종양, 자궁경부암, 음경암 및 고환암에 사용된다. 부작용은 열, 오한, 저혈압, 기관지 수축, 폐렴, 피부염, 식욕부진 및 울렁거림/구토 등이 있다.

㉢ Daunorubicin과 Doxorubicin

Daunorubicin의 적응증으로는 주로 급성 백혈병이고, doxorubicin은 광범위 항암제로 주로 유방암, 자궁암, 고환암, 폐암, 갑상선암 등의 육종과 Hodgkin's disease나 다발성 골수염 같은 혈액암에도 사용하는 중요한 항암제이다. *Streptomyces peuceticus*로부터 발견된 두 항암제는 DNA나 RNA와 결합해서 단백합성을 억제할 뿐 아니라 topoisomerase II에 작용해 DNA chain을 자르는 작용도 한다. 또 세포막에 결합해서 transport system에 영향을 주거나 산소라디

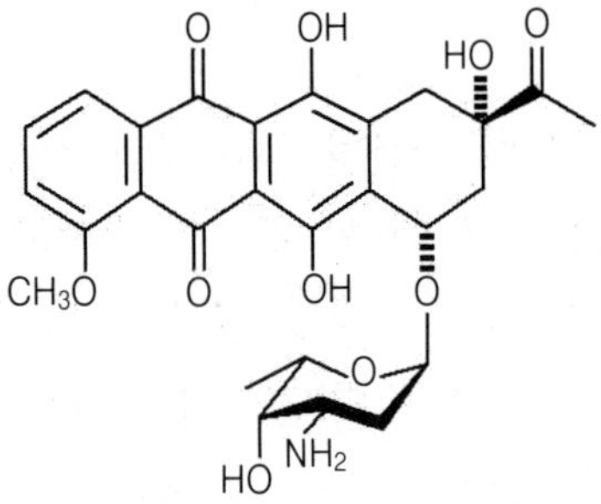

그림 2-32. Daunorubicin의 구조

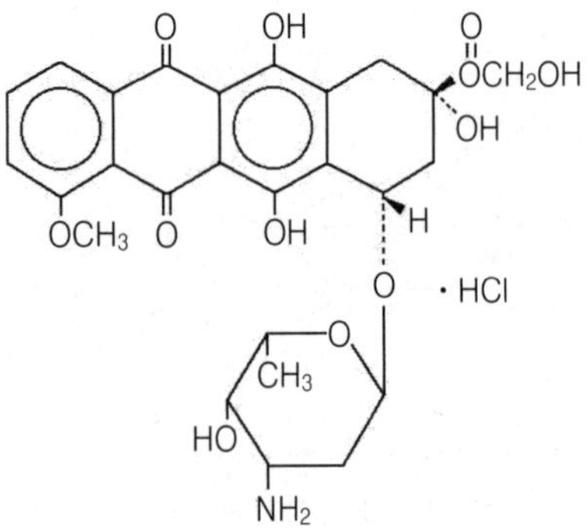

그림 2-33. Adriamycin(doxorubin)의 구조

칼의 형성으로 세포독성을 보이기도 하는 여러 가지 작용기전을 가진 약물이다. 두 항암제 모두 anthracycline계 항생제이며, adriamycin이 doxorubicin의 상품명이고, daunorubicin 유사체인 idrabucin도 효과가 있다.

임상적으로는 반드시 혈관으로 투여해야 하며 혈관 외의 곳에서는 세포괴사를 일으킨다. Free radical이나 산소라디칼을 형성하기 때문에 SOD가 부족한 심장 등의 조직에서 심각한 독성을 보일 수도 있다. 부작용으로는 골수기능 저하, 심장기능 이상, 탈모, 울렁거림/구토, 구내염, 조직괴사, 설사, 붉은 뇨, 열 및 피부발진 등이 있다.

㉣ Mitomycin-C

*Streptomyces caepitosus*로부터 얻은 항암성 항생제로 세포 내에서 quinone의 환원으로 인한 alkylation이 일어나며, DNA 구조 내에서 quinone과 cytosine 함량에 비례하여 DNA의 억제작용을 나타낸다. 일부는 free radical을 만들어 DNA에 손상을 주기도 하는데 G1후기와 S기에 영향을 나타낸다. 적응증으로는 위암, 대장암, 췌장암, 유방암, 폐암 및 자궁경부암 등이 있으며, 부작용으로는 골수기능 저하, 식욕부진, 울렁거림, 구토, 탈모, 구내염, 피부발진, 폐섬유화 및 간/신장에 독성을 유발한다.

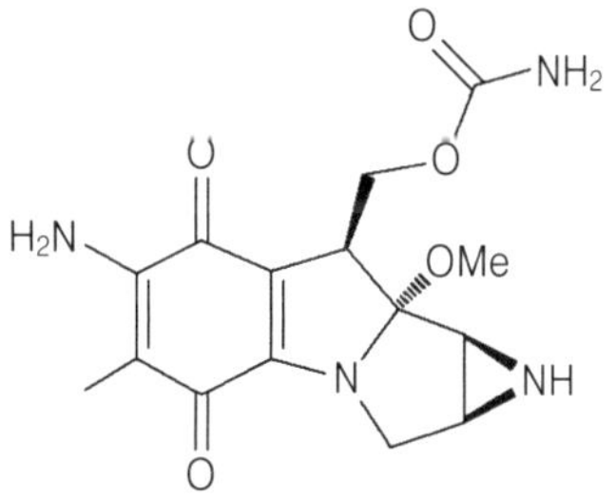

그림 2-34. Mitomycin-C의 구조

㉤ Vinblastine과 Vincristine(Oncovin)

Vinca alkaloids 물질로 급성백혈병, 악성 림프종 및 육종에 사용되어 왔고, 현재 임상 적응증으로는 주로 고환암, 유방암, 림프종 및 신경세포종 등이다. 기전으로는 tubulin과 결합하여 tubulin이 중합 시 mircotubule의 형성을 저해함으로써 궁극적으로 유사분열 시에 방추체 형성이 저해되고, 분열 중기에서 세포주기가 정지되어 손상을 유발하는 것이다.

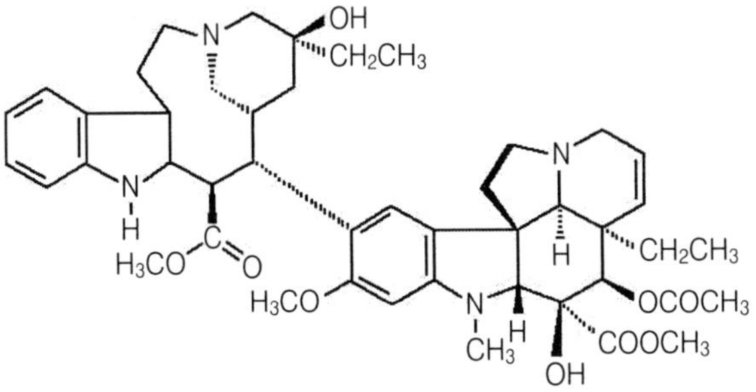

그림 2-35. Vinblastine의 구조

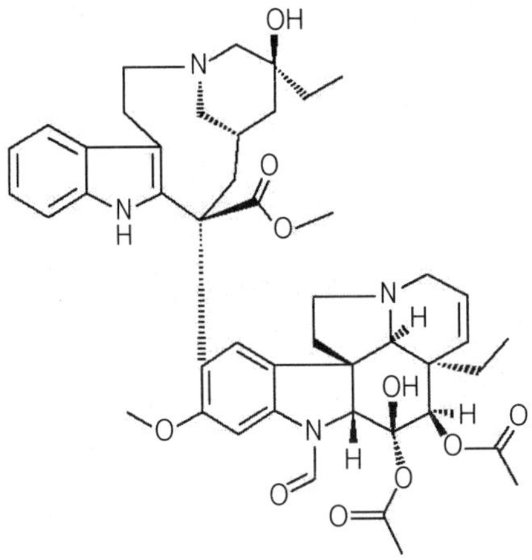

그림 2-36. Vincristine의 구조

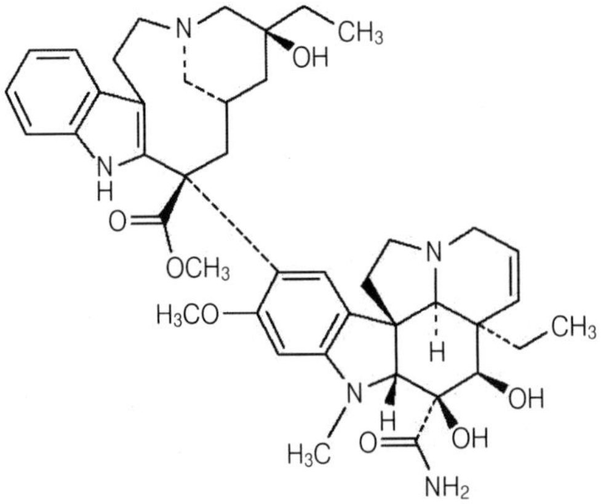

그림 2-37. Vindesine의 구조

부작용으로는 백혈구 감소, 변비, 울렁거림/설사, 신경독성, 탈모, 구내염 및 설염 등이 있다. 또한 vinca alkaloid류의 아날로그 물질인 vindesine은 vincristine과 유사한 항암스펙트럼을 가지고 있다.

ⓑ Taxol

Taxol은 난소암이나 전이단계에 있는 유방암, 암성 흑색종의 치료에 사용되는 항암제로 현재 항암제 중 매출이 우수한 약물 중의 하나이다. Taxol의 발견은 주목나무(*Taxus brevifolia*)의 알코올 추출물로부터 정제되었으며, 원료인 주목나무는 주로 미국 태평양 연안의 Oregon주, Washington주와 California 및 미국과 연결된 캐나다 서쪽 해안 지방에 서식하는 주목나무였다. 미국의 농무성과 국립암센터의 공동 연구로부터 주목나무로부터 1969년도 taxol을 정제하였고,

그림 2-38. 주목나무(*Taxus brevifolia*)

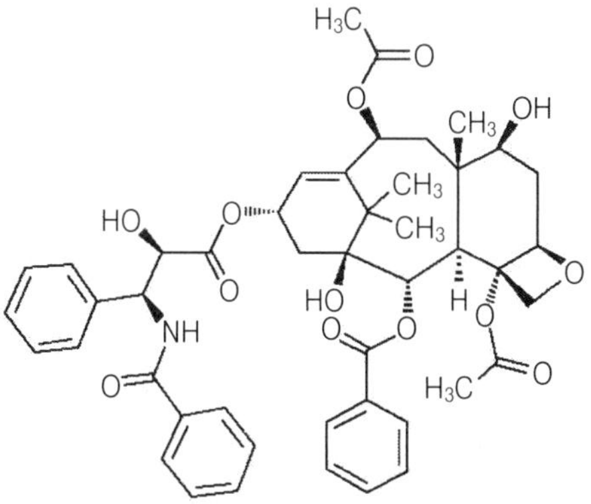

그림 2-39. Taxol의 구조

1975년도에 각종 암에 대한 활성이 확인되었다. Taxol의 작용기전은 세포내 미세관(microtubles)의 bundles의 형성을 억제하여 유사분열 중에 있는 세포를 G2-M(합성후기)의 세포주기에 정체시켜 아폽토시스(apoptosis)를 유발시킨다.

Taxol은 주목나무로부터 추출하여 생산하나 주목의 생육이 느리고 정제수율은 나무껍질 1 kg당 40~165 ㎎ 정도이어서 화학적으로 합성이 많이 시도되었으나 taxol의 구조가 다수의 비대칭적인 탄소원자들로 되어 있어 전합성은 어려운 실정이다. 현재 taxol의 주 공급회사인 BMS(Bristol-Myers-Squibb)는 Baccatin Ⅲ를 이용하여 taxol를 대량으로 반합성 공정으로 생산하고 있다.

국내에서는 산림청 임목육종연구소에서 1995년 세포배양법을 통해 주목의 잎과 씨눈을 조직배양하여 대량 생산기술을 확보하였으며, 삼양제넥스도 같은 해 식물조직 배양에 의한 대량 생산방법을 개발하였다. 해외 및 국내 일부 제약회사에서는 주사제로만 사용되는 taxol을 경구제로의 개발중이며, 또한 주사제로의 발생되는 많은 부작용 및 내성을 해결하기 위한 연구가 진행중이다.

④ 생물요법제

암세포에 대한 인체의 면역체계는 선천성 면역(innate immunity)과 적응성 면역(adaptive immunity)으로 나눌 수 있다. 이 두 면역체계는 서로 밀접하게 연관되어 있으며, 특히 적응성 면역반응은 선천성 면역세포들이 방출하는 여러 사이토카인들에 의해 서로 강하게 관련되어 있다.

이러한 사이토카인은 면역세포를 자극하여 면역세포의 수를 증가시키거나, 세포독성을 활성화시키나, 혹은 면역 반응성을 증가시키는 다른 사이토카인을

표 2-9. 선천성 면역과 적응성 면역의 관계

선천성 면역 관련 세포	적응성 면역 관련 세포	관련 사이토카인	적응성 면역의 특징적 사이토카인
대식세포, 자연세포독성세포, 호중성백혈구, 호산구, γ-T 세포, 자연세포독성 T 세포, 가지세포, Plasmacytoid 가지세포 (인터페론 생산세포)	가지세포, 항원전달세포, B 세포, CD4 + T 세포, CD8 + T세포	I형 인터페론(α and β) 과립구집락자극인자, 종양괴사인자-α, 인터루킨-12, 인터루킨-15, 인터루킨-18, 인터루킨-1, 인터루킨-2, 인터페론-γ	인터루킨-2, 인터페론-γ (Th1 반응), 인터루킨-4, 인터루킨-5 (Th2 반응)

생성시킴으로써 암세포의 치료에 사용된다.

㉠ IL-2

IL-2는 T세포와 관련된 면역반응을 조절하는 사이토카인으로 항원에 의해 자극된 T세포의 증식을 조절하는 인자이다. IL-2는 NK세포나 B세포, 대식세포 등의 면역세포에 영향을 준다. IL-2는 항암제로서 임상적으로 가장 먼저 사용되었으며, 흑색종이나 신경모세포종의 경우 표면항원인 CD2에 대한 항체의 C 말단을 IL-2와 결합된 상태로 사용되고 있다. 또 다른 형태의 IL-2는 허파, 직장, 신장, 자궁암에서 과발현되는 인간 상피세부착인자(EpCAM)를 인지하는 항체인 KS1/4의 C말단과 결합한 상태로 사용되고 있다.

㉡ IL-12

IL-12는 인터페론-γ(interferon-γ) 발현과 인터페론-γ에 의해 유발되는 CD8+T세포 NK세포의 type-1의 면역반응을 자극한다. 그러나 IL-12는 강한 독성이 있어 IL-12 자체보다는 유전자 치료의 방법으로 사용된다.

라) 개발 중이거나 최근 개발된 항암제

① 국내

국내 항암제는 주로 제약회사를 중심으로 개발되고 있다. SK 케미칼이 개발한 '선플라'는 국신 신약의 1호라고도 볼 수 있는 제3세대 백금착제 항암제이다. 선플라는 임상시험 결과, 기존의 항암제에 비하여 단점인 신경독성, 신장독성 등을 낮추어 암 환자들에게 치료효과를 높이고 삶의 질을 개선시킬 수 있을 것으로 기대하고 있다.

Topoisomerase-1를 억제하는 물질인 camptothecin의 신규 합성물질이다. 기원은 중국 원산의 희수나무(*Camptotheca acuminata*)로부터 분리한 천연 알칼로이드 항암제이다. 주로 고형암에 존재하는 효소인 DNA topoisomerase-1을 저해하여 DNA사슬의 nick의 복구가 억제됨에 따라 세포 주기의 S기에서 정체됨으로 인하여 암세포가 파괴시키는 기작을 하는 항암제이다. 2003년에 국내에서 신약허가를 받았으며, 현재 미국의 5대 생명공학기업 중 하나인 알지사에 3,000만 달러의 기술 이전료와 상품화 시에 5%를 로열티를 받는 조건으로 수출이 되었다.

세계적으로 우수한 항암제인 탁솔(taxol)을 식물세포 배양에 성공하여 얻은 paclitaxel에 독자적인 약물전달 기술인 고분자미셀기술을 접목시켜 독성과 부

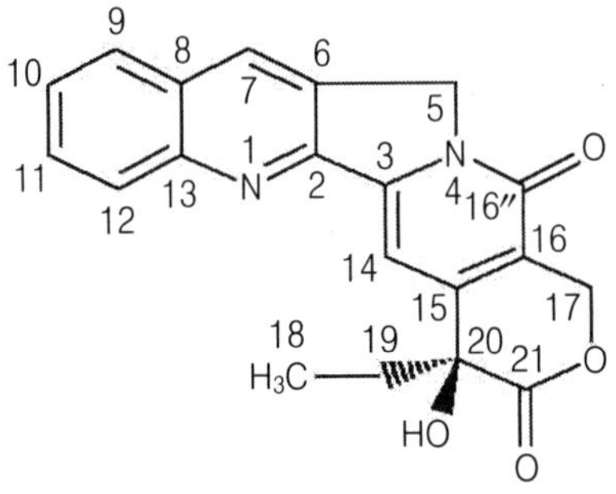

그림 2-40. Camptothecin의 구조

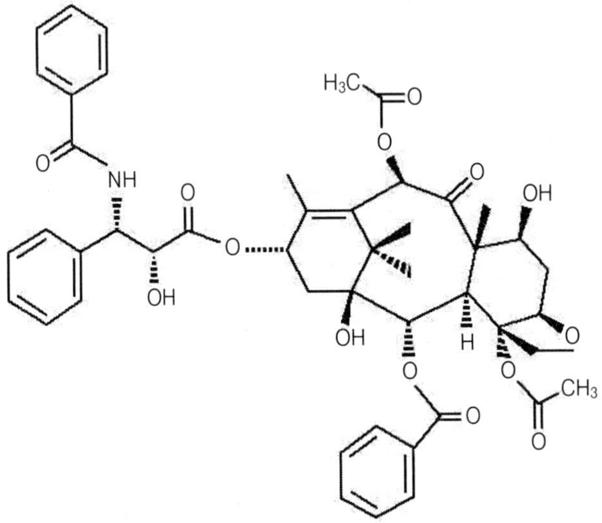

그림 2-41. Paclitaxel의 구조

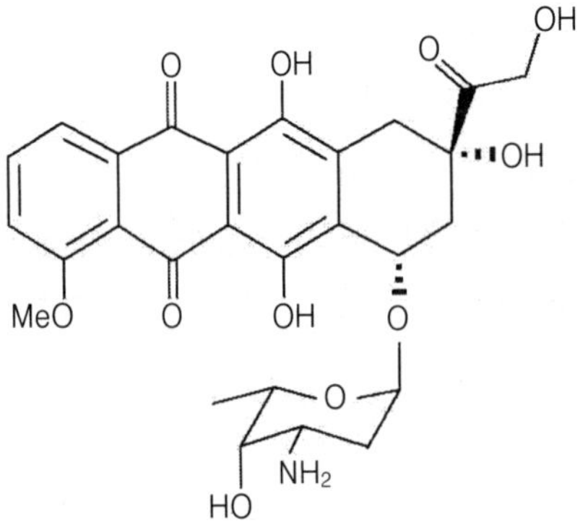

그림 2-42. Doxorubicin의 구조

표 2-10. 국내의 주요 항암제 개발현황

개발기관	코드명	신약물질	제품명	출시년도
SK Chemical	SKI2053R	백금착제	선플라주	1999
동아제약	DA125	Anthracycline	Phase II	2004
동화약품	DW166HC	방사선계	밀리칸주	2001
종근당	CKD-602	캄토테신계	캄토벨	2003

자료: 약업신문, 항암제 신기술 동향 세미나, 2001.1.18.

작용을 개선한 항암제인 '제넥솔-PM'은 기존 수입제품인 BMS사의 탁솔에 비해 독성과 부작용이 적어 다량 투입할 수 있다는 장점이 있는 것으로 알려져 있다. 2001년 국내 임상 1상을 진행했으며, 2004년부터 임상 2상을 진행하고 있다.

보령제약은 방선균인 *Streptomyces peucetius*의 유전체 정보를 해독함으로써 기본적인 유전체 조작만으로 독소루비신 생산을 기존 방식보다 증가시킬 수 있는 고생산성 균주개발과 신공정 합성법을 이용하여 독소루비신(doxorubicin)의 신규 생산개발에 성공하였다.

② 해외

해외의 항암제 개발 동향을 보면 주로 화학요법제보다는 암 백신, 안티센스, 면역독소 및 신생혈관 억제제와 같은 생물요법제에 대한 개발이 활발히 진행되고 있다.

화학요법제 중에서 bizelesin은 항생 항암효과가 있는 천연화합물(+)-CC-1065의 합성 유도체로 두 개의 DNA-반응기가 인돌-우레아-인돌기로 연결되어 있다. Bizelesin은 *in vivo* 항암효과가 뛰어나며, 현재 제1단계 임상시험 중이다. 이 화합물은 여섯 염기쌍들이 떨어진 5'-(A/T)(A/T)A sequence의 두 개의 아데닌을 결합하여 DNA interstrand cross-link를 형성한다.

특별한 경우로서 bizelesin의 cross-linking은 아데닌 이외에 구아닌(G, guanine)이나 사이토신(C, cytosine)을 제2차로 alkylation하여 형성되며, 몇 가지 선택적인 DNA sequence에서는 구아닌 염기에 monoalkylation이 되기도 한다. Bizelesin의 원조 화합물이자 monoalkylating agent인(+)-CC-1065는 5'-(A/T)(A/T)TTG*-3' sequence의 구아닌에 반응한다.

CC-1065는 cyclopropylpyrroloindole(CPI)의 구조를 갖고 있으며, 1970년대 중반에 방선균인 *Streptomyces zelensis*로부터 분리된 항암물질이다. 현재 임상 2상 시험중에 있는 물질이다.

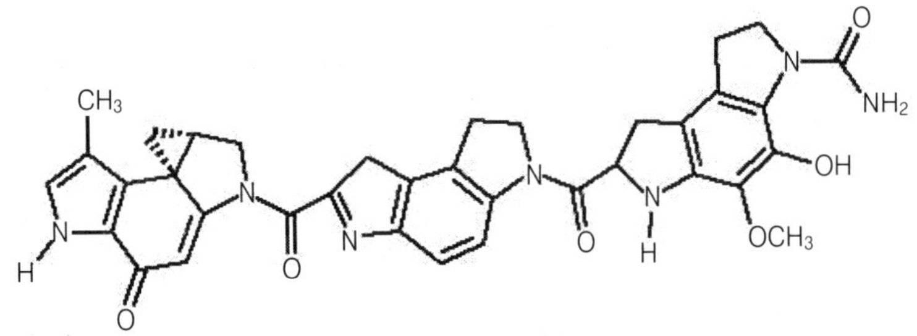

CC-1065

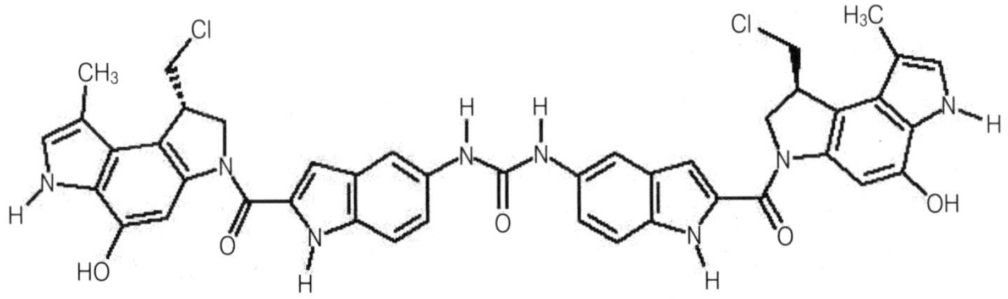

Bizelesin

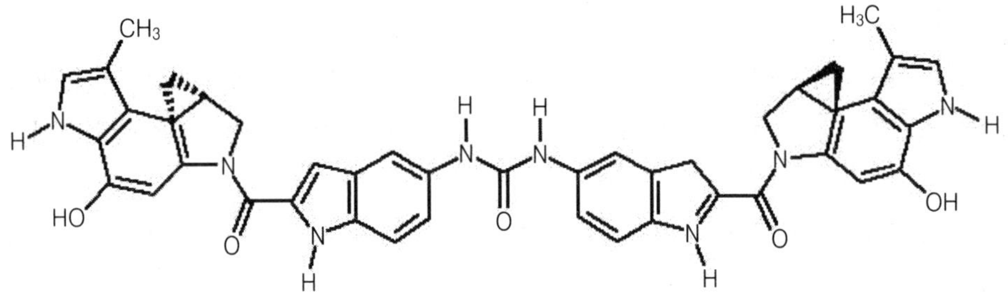

U77809

그림 2-43. CC-1065의 구조와 그의 유도체

참고문헌

1. Bukrhard, J. and Zangemeister-Wittke, U. 2002. Antisense therapy for cancer: the time of truth. Lancet Oncology 3:672～83.
2. Longley, D.B., HarkinPatrick, D.P., and Johnston, G. 2003. 5-Fluorouracil mechanisms of action and clinical strategies. Nature Reviews Cancer 3:330～38.
3. Belardelli, F. and Ferrantini, M. 2002. Cytokines as a link between innate and adaptive antitumor immunity. Trends in Immunology 23:201～8.
4. Hurley, L.H. 2002. DNA and its associated processes as targets for cancer therapy. Nature Reviews Cancer 2:188～200.
5. Middleton, M.R. and Margison, G.P. 2003. Improvement of a DNA-repair pathway. Lancet Oncology 4:37～44.
6. Carter, P. 2001. Improving the efficacy of antibo요-based cancer therapies. Nature Reviews Cancer 1:118～28.
7. Allen, T.M. 2002. Ligand-targeted therapeutics in anticancer therapy. Nature Reviews Cancer 2:750～63.
8. Agapito, M.T., Antolin, Y., del Brio, M.T., Lopez-Burillo, S., Pablos, M.I. and Rccio, J.M. 2001. Protective effect of melatonin against adriamycin toxicity in the rat. J Pineal. Res. 31:23～30.
9. Craig, C.R. and Stitzel, R.E. 1994. Modern Pharmacology (4th ed), Boston, Little Brown and company. pp. 687～689.
10. DiPiro, J.T., Talbert, R.L., Hayes, P.E., Yee, G.C., Matzke, G.R. and Posey, L. 1993. Pharmacotherapy. A pathophysiologic approach (2nd ed), Norwalk, Appleton and Lange, pp.600～12.
11. Fisher, J.F. and Aristiff, P.A. 1988. The chemistry of DNA modification by antitumor antibiotics. The pharmacological Basis of Therapuetics (7th ed), Macmillan Pub Co, New York, pp.1240～1306.
12. Hardman, J.G., Limbird, L.E., Molinoff, P.B., Ruddon, R.W. and Gilman, A.G. 1996. Goodman and Gilman's Thee Pharmacological Basis of Therapeutics (9th ed), New York, McGraw-Hill, pp.1225～1232.
13. Herman, E.H., Zhang, J., Hasinoff, B.B., Clark, J.R. Jr. and Ferraus, V.J. 1997. Comparison of the structural changes induced by doxorubicin and mitoxantrone in the heart, kindey and intestine and characterization of

Fe(Ⅲ)-mitoxantrone complex. J Mol. Cell Cardiol. 29:2415~30.

14. Killion, J.J., Bucana, C.D., Radinsky, R., Dong, Z., O'Reilly, T., Bilbe, G., Tarcsay, L. and Fidler, I.J. 1996. Maintenance of intestinal epithelium structural interrity and ucosal leukocytes during chemotherapy by oral administration of muramyl tripeptide phosphatidylethanolamine. Cancer Biother. Radiopharm. 11:363~371.

15. Kimura, Y., Sawai, N. and Okuda, H. 2001. Antitumour acitivity and adverse reactions of combined treatment with chitosan and doxorubicin in tumour-bearing mice. J Pharm. Pharmacol. 53:1373~78.

16. Brockmann. H. 1960. Die Actinomycine 72:939~947.

17. Goldbery, I.H., Rabinowitz, M. and Reich, E. 1962. Basis of actinomycin action. I. DNA binding and inhibition of RNA-polymerase synthetic reactions by actinomycin. Proc. Nat. Acad. Sci. 48:2094~101.

18. Goldbery, I.H. and Reich, E.1964. Actinomycin inhibition of RNA synthesis directed by DNA Fed Proc. 23:958~64.

19. Müller, W. and Crothers, D.M. 1968. Studies of the binding of actinomycin and related compounds to DNA. J Mol. Bio. 35:251~90.

20. Umezawa, H., Suhara, Y., Takita, T. and Maeda, K. 1966. Purification of bleomycin. J Antibiotic 19:200~5.

21. Jakovljevic, I.M. 1962. Colorimetirc method for the determination of vinblastine, and alkaloid from Vinca rosea. J Pharm. Sci. 51:187~8.

22. Oishe, N., Swisher, S.N., and Troup, S.B. 1960. Busulfan therapy in mye-loid metaplasia. Blood 15:863~72.

23. Haut, A., Abbott, W.S., Wintrobe, M.M. and Cartwright, G.E. 1961. Busulfan in the treatment of chronic myelocytic leukemia. The effect of long term intermittent therapy. Blood. 17:1~19.

24. Lesurtel, M., Graf, R., Aleil, B., Walther, D.J., Tian, Y., Jochum, W., Gachet, C., Bader, M. and Clavien, P.A. 2006. Platelet-derived serotonin mediates liver regeneration. Science 312:104~7.

25. Miller, D.G., Diamond, H.D. and Craver, L.F. 1959. The clinical use of chlorambucil: a critical study. N Engl J Med. 261:525~35.

26. Young, R.S., Hurwitz L. and Gordenthal E.I. 1958. The effect of chlorambucil (CB 1348) on growth and metabolism. J Cell Physiol. 52:353~60.

27. Elson, L.A., Galton, D.A. and Till, M. 1958. The action of chlorambucil (CB. 1348) and busulphan (myleran) on the haemopoietic organs of the

rat. Br J Haematol. 4:355～74.

28. Kari, J.A., Alkushi, A. and Alshaya, H.O. 2006. Chlorambucil therapy in children with steroid-resistant nephrotic syndrome. Saudi Med J. 27:558～9.

29. Lane, M. 1959. Some effects of cyclophosphamide (cytoxan) on normal mice and mice with L1210 leukemia. J Natl Cancer Inst. 23:1347～59.

30. Foye, L.V. Jr, Chapman, C.G., Willett, F.M. and Adams, W.S. 1960. Cyclophosphamide. A preliminary study of a new alkylating agent. Cancer Chemother Rep. 6:39～40.

31. Matthias, J.Q., Misiewicz, J.J. and Scott, R.B. 1960. Cyclophosphamide in Hodgkin's disease and related disorders. Br Med J. 5216:1837～40.

32. Lane, M. and Yancey S.T. 1960. Development of a leukaemia resistant to cyclophosphamide ('Cytoxan'). Nature 188:756～7.

33. Coggins, P.R., Ravdin, R.G. and Eisman, S.H. 1960. Clinical evaluation of a new alkylating agent: cytoxan (cyclophosphamide). Cancer 13:1254～60.

34. O'Brien, B.A., Harmon, B.V., Cameron, D.P. and Allan, D.J. 2000. Nicotinamide prevents the development of diabetes in the cyclophosphamide-induced NOD mouse model by reducing beta-cell apoptosis. J Pathol. 191:86～92.

35. White, F.R. 1962. o-Merphalan. Cancer Chemother Rep. 24:61～3.

36. Lippman, A.J., Helson, C., Helson, L. and Krakoff, I.H. 1973. Clinical trials of cis-diamminedichloroplatinum (NSC-119875). Cancer Chemother Rep. 57:191～200.

37. Kocsis, F., Klein, W. and Altmann, H. 1973. A screening system to determine inhibition of specific enzymes of the semiconservative DNA-synthesis and DNA-repair replication. Z Naturforsch [C]. 28:131～5.

38. Kovarik, J., Svec, F, and Thurzo, V. 1972. The effect of cis-dichlorodiammineplatinum (II) and Acronycin on the proliferation and respiration of HeLa cells in vitro. Neoplasma. 19:569～77.

39. Walker, E.M. Jr, and Gale, G.R. 1973. Antileukemic synergism between cyclophosphamide and an antitumor platinum compound. Res Commun Chem Pathol Pharmacol. 6:419～25.

40. Gale, G.R., Rosenblum, M.G., Atkins, L.M., Walker, E.M. Jr, Smith, A.B. and Meischen, S.J. 1973. Antitumor action of cis-dichlorobis(methyl-amine)platinum(II). J Natl Cancer Inst. 51:1227～34.

41. Wani, M.C., Taylor, H.L., Wall, M.E., Coggon, P. and McPhail, A.T. 1971. Plant antitumor agents. VI. The isolation and structure of taxol, a novel antileukemic and antitumor agent from Taxus brevifolia. J Am Chem Soc. 93:2325~7.

42. Norpoth, K., Wust, G. and Witting, U. 1972. Quantitative determination of ifosfamide and an ifosfamide metabolite in the human urine. Verh Dtsch Ges Inn Med. 78:1561~4.

43. Herman, E.H., Mhatre, R.M., Waravdekar, V.S. and Lee, I.P. 1972. Comparison of the cardiovascular actions of NSC-109,724 (ifosfamide) and cyclophosphamide. Toxicol Appl Pharmacol. 23:178~90.

44. Rich, M.A., Bolaffi, J.L., Knoll, J.E., Choeng, L. and Eidinoff, M.L. 1958. Growth inhibition of a human tumor cell strain by 5-fluorouracil, 5-fluorouridine, and 5-fluoro-2'-deoxyuridine; reversal studies. Cancer Res. 18:730~5.

45. Anai, H., Maehara, Y., Kusumoto, H., Kusumoto, T. and Sugimachi, K. 1988. Sensitivity test for 5-fluorouracil and its analogues, 1-(2-tetrahydrofuryl)-5-fluorouracil, uracil/1-(2-tetrahydrofuryl)-5-fluorouracil (4:1) and 1-hexylcarbamoyl-5-fluorouracil, using the subrenal capsule assay. Oncology. 45:144~7.

46. Ishikawa, T., Sekiguchi, F., Fukase, Y., Sawada, N. and Ishitsuka, H. 1998. Positive correlation between the efficacy of capecitabine and doxifluridine and the ratio of thymidine phosphorylase to dihydropyrimidine dehydrogenase activities in tumors in human cancer xenografts. Cancer Res. 58:685~90.

47. Bajetta, E., Carnaghi, C., Somma, L. and Stampino, C.G. 1996. A pilot safety study of capecitabine, a new oral fluoropyrimidine, in patients with advanced neoplastic disease. Tumori. 82:450~2.

48. Balis, M.E., Hylin, V., Coultas, M.K. and Hutchinson, D.J. 1958. Metabolism of resistant mutants of Streptococcus faecalis. III. The action of 6-mercaptopurine.Cancer Res.18:440~4.

49. Thiersch, J.B. 1962. Effect of substituted mercaptopurines on the rat litter in utero.J Reprod Fertil. 4:291~5.

50. Allgayer, H. and Kruis, W. 2006. Chemoprevention of colorectal neoplasia in ulcerative colitis: the effect of 6-mercaptopurine. Clin Gastroenterol Hepatol. 4:521.

51. Fuchs, D.A. and Johnson, R.K. 1978. Cytologic evidence that taxol, an antineoplastic agent from Taxus brevifolia, acts as a mitotic spindle poi-

son. Cancer Treat Rep. 62:1219～22.

52. Kingston, D.G., Hawkins, D.R. and Ovington, L. 1982. New taxanes from Taxus brevifolia. J Nat Prod. 45:466～70.

53. Legha, S.S., Tenney, D.M. and Krakoff, I.R. 1986. Phase I study of taxol using a 5-day intermittent schedule. J Clin Oncol. 4:762～6.

54. Ellis, D.D., Zeldin, E.L., Brodhagen, M., Russin, W.A. and McCown, B.H. 1996. Taxol production in nodule cultures of Taxus. J Nat Prod. 59:246～50.

55. Hezari, M., Ketchum, R.E., Gibson, D.M. and Croteau, R. 1997. Taxol production and taxadiene synthase activity in Taxus canadensis cell suspension cultures. Arch Biochem Biophys. 337:185～90.

56. Choi, M.S., Kwak, S.S., Liu, J.R., Park, Y.G., Lee, M.K. and An, N.H. 1995. Taxol and related compounds in Korean native yews (Taxus cuspidata). Planta Med. 61:264～6.

57. Varma, M.V. and Panchagnula, R. 2005. Enhanced oral paclitaxel absorption with vitamin E-TPGS: effect on solubility and permeability in vitro, in situ and in vivo. Eur J Pharm Sci. 25:445～53.

58. Sena, G., Onado, C., Cappella, P., Montalenti, F. and Ubezio, P. 1999. Measuring the complexity of cell cycle arrest and killing of drugs: kinetics of phase-specific effects induced by taxol. Cytometry. 37:113～24.

59. Levy, E.M., Yonkosky, D., Schmid, K. and Cooperband, S.R. 1977. Enrichment of the murine natural killer (NK) and mitogen induced cellular cytotoxicity (MICC) cells using preparative free-flow high voltage electrophoresis. Prep Biochem. 7:467～78.

60. Ewens, A., Luo, L., Berleth, E., Alderfer, J., Wollman, R., Hafeez, B.B., Kanter, P., Mihich, E. and Ehrke, M.J. 2006. Doxorubicin plus Interleukin-2 Chemoimmunotherapy against Breast Cancer in Mice.Cancer Res. 66:5419～26.

61. Heller, L., Merkler, K., Westover, J., Cruz, Y., Coppola, D., Benson, K., Daud, A. and Heller, R. 2006. Evaluation of Toxicity following Electrically Mediated Interleukin-12 Gene Delivery in a B16 Mouse Melanoma Model. Clin Cancer Res. 12:3177～83.

62. Ryu, M.R., Paik, S.Y. and Chung, S.M. 2005. Combined effect of heptaplatin and ionizing radiation onhuman squamous carcinoma cell lines. Mol Cells. 19:143～8.

63. Kepler, J.A., Wani, M.C., McNaull, J.N., Wall, M.E. and Levine, S.G. 1969. Plant antitumor agents. IV. An approach toward the synthesis of

camptothecin. J Org Chem. 34:3853～8.

64. Choi, H., Kim, S., Son, J., Hong, S., Lee, H. and Lee, H. 2000. Enhancement of paclitaxel production by temperature shift in suspension culture of Taxus chinensis. Enzyme Microb Technol. 27:593～598.

65. Skladanowski, A., Koba, M. and Konopa J. 2001. Does the antitumor cyclopropylpyrroloindole antibiotic CC-1065 cross-link DNA in tumor cells? Biochem Pharmacol. 61:67～72.

66. 손종구, 김유일, 이상필 2003. 기술산업정보분석, 항암제. 한국과학기술정보연구원.

2. 면역증강제 및 억제제

1) 면역증강제

(1) 면역증강제의 이용 및 개발의 필요성

면역증강제란 면역기능이 결핍된 환자나 일반인에게 어떠한 치료효과나 병적 개선효과를 나타내는 물질이라 할 수 있다. 면역증강제는 세포성 또는 체액성 면역의 어느 한쪽에 대하여 효과를 나타내거나 양쪽 모두에 대하여 작용할 수 있다. 최근, 이러한 면역증강제 대부분이 유발하는 효과가 특정한 세포나 항체에 대하여 특이적이지 못하고 면역체계 전체에 대하여 작용한다는 문제점이 있다.

(2) 면역증강제의 종류

면역증강제가 사용될 수 있는 분야는 후천성면역결핍증(AIDS)과 같은 면역결핍성 질환, 만성적인 감염 질환 및 종양의 치료에 응용될 수 있다.

가) 다당류

알로에는 백합과에 속하며, 그 중 가장 흔하고 널리 알려진 종은 알로에 베라('알로에 aloe'는 아랍어로 맛이 쓴 물질, '베라 vera'는 라틴어로 진실을 뜻함)이다. 알로에 베라는 일견 선인장처럼 보이지만, 진녹색 껍질과 투명하면서 즙이 많은 수질로 구성된 길고 뾰쪽하면서 부드러운 잎을 갖고 있다. 잎의 수질에서 나오는 물질들이 흔히 치료목적으로 사용되는데, 거기에는 화학적 구성과 성질이 다른 겔(gel)과 라텍스(latex)라는 2가지 성분이 포함되어 있다. 알로에 베라의 겔로부터 분리 정제된 acemannan은 상처에서 성장인자(growth factors)와

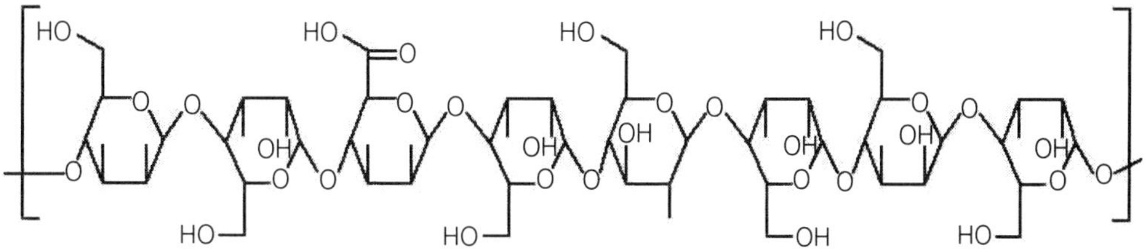

그림 2-44. Acemannan의 구조

표 2-11. 면역증강 효과를 갖는 다당류

기 원	효능 및 적응증	품 명
Ganoderma lucidum	항암보조치료	β-Immunan
Lentinus edodes	항암보조치료	Lentinan
Coriolus versicolor	항암보조치료	Krestin
Phellinus linteus	항암보조치료	Mesima
Shizophyllum commune	항암보조치료	Shizoflan
Rice bran	항암보조치료	MGN-3
Aloe vera	항암보조치료, 항염증	Acemannan

결합해 그 인자들이 파괴되는 것을 막고, 염증세포가 손상부위로 침투해 들어가는 것을 막아 주는 항염증효과에 탁월한 물질로 알려져 있다.

MSN-3는 arabinoxylane을 함유한 hemicellulose 복합체이다. 버섯배양 균사체의 여러 가지 효소를 이용한 왕겨의 가수분해 산물이다. 수용성이 좋고 선천적인 면역자극 효과를 갖는 것으로 알려져 있으며, 특히 항암제와 같은 독성물질의 경감에 유효한 물질로 보고되어 있다.

버섯 유래의 다당류로는 영지버섯 균사체인 *Ganoderma lucidum*로부터 추출한 β-immunan은 안정성이 우수한 것으로 보고되어 있으며, 항암효과와 관련된 면역세포나 기관의 활성화를 유도하여 면역계 활성화 효과가 있으며, 동물시험에서 수명연장 효과, 고형암, 전이암 억제효과 등이 실험되었다. 기존 항암제 투여 시 발생되는 탈모현상, 구역질, 어지러움, 체중저하 및 식욕부진 등의 부작용을 감소시켜 주는 작용을 가지고 있다.

표고버섯 중에 함유되어 있는 항종양작용을 가진 다당류로는 β-(1→3)-glucan에서 1,6결합에 의한 가지를 갖고 있는 Lentinan의 항종양작용은 암세포에 직접 작용하는 것이 아니라 생체의 면역기능을 높임으로써 암세포의 증식을 저해하는 것으로 알려져 있다.

나) BCG

BCG는 Bacillus Calmette-Guerin의 약어로 프랑스 세균학자인 Calmette와 Guerin의 명칭을 붙인 것이다. Bacillus Calmette-Guerin(BCG)과 관련된 활성물질은 세균이 생성하는 muramy dipeptide로서 면역자극 효과를 가진 것으로 알려져 있다. BCG는 *Mycobacterium bovis*의 약독화된 변종이며, muramy dipeptide는 BCG에서 생성되는 활성물질이다.

BCG제제는 조제방법에 따라서 생백신, 동결건조 생백신 및 사멸백신의 세 종류가 있다. 투여경로는 경구, 주사 등 다양한 경로로 가능하다. 초기에는 결핵의 예방으로 사용이 되었으나, 요즘에는 암치료에도 임상적으로 많이 사용되고 있다. 작용기전은 주로 T세포와 자연살해세포(natural killer cells)를 자극한다. 부작용으로는 과민반응, 한기, 발열, 피로감 등이 있다.

다) 면역글로불린

면역이란 자신을 지키기 위해 필요한 우리 몸 안의 방어기전으로 인간의 체내에는 우리 몸을 외부로부터 방어할 수 있도록 하는 면역계의 작용이다. 우리 몸 속의 백혈구가 바로 이것으로 외부로부터 침입한 병원균을 제거하는 역할을 한다. 백혈구는 면역세포의 집단으로 호중구, 호산구, 호염구로 이루어져 있으며, 호중구는 다시 과립구, 마크로파지, T세포, B세포 등으로 불리우는 면역세포들로 구성된다. 혈액 중에서 혈장 또는 혈청 단백질은 용해도에 따라서 알부민(albumin)과 글로불린(globulin)으로 나누어지고 전기영동에 의한 이동도에 따라서 세부적으로 나눈다. 엘빈 카바트(Elvin Kabat) 등은 이러한 이동도에 따라서 감마-글로불린(γ-globulin)을 발견하였다. 항체를 뜻하는 다른 명칭으로 면역글로불린(immunoglobulin, IgG)라고 하는데, 이 글로부린 중 면역성이 부여된 부분을 지칭하는 말로 면역글로불린과 항체는 동의어이다.

신생아의 면역체계는 완전하지 못하여 보통 2세경이 되어야 그 기능이 성인에 가까워진다. 이를 보완하기 위해 신생아는 태어날 때 모체로부터 질환에 내한 방어항체인 면역글로불린을 받고 태어나며, 모체로부터 태아에게 면역글로불린이 이행되는 것은 보통 태아가 17주 정도부터 시작되어 시간이 가면서 점차 증가하고 33주경이면 모체 수준에 이르며, 출생 시에는 모체보다 더 많은 면역글로불린이 태아의 몸 속에 존재하게 되어 출생 후 외부 질병으로부터 몸을 보호하게 된다. 그러나 이처럼 이행된 모체의 면역글로불린은 신생아에서 급격하게 대사되며, 반감기는 약 20일 정도이다.

면역글로불린제제는 한냉알콜분획법을 이용하여 혈장으로부터 감마글로불린 성분을 분리 농축하여 제조한 혈장분획제제이다. 약제 내에는 다양한 아종의 면역글로불린이 섞여 있으며, 일반적인 세균, 진균 그리고 바이러스에 대하여 항체역가를 나타낸다. 구성성분을 보면 함유량의 90% 이상이 IgG이며, 미량의 IgA 및 IgM이 포함되어 있다.

면역글로불린은 특정 질환에 대한 수동면역(passive antibody prophylaxis)을 필요로 하는 환자와 무감마 글로불린혈증(agammaglobulinemia), 복합성 면역결핍증(combined immunodifiency states) 그리고 일차성 체액성 면역결핍증(primary humoral immunodificiency) 등을 포함한 다양한 면역글로불린 결핍증 환자에게 사용된다. 면역성 혈소판 감소성 자반증(ITP) 또는 AIDS 관련성 혈소판감소증에도 사용되고 있으며, 예방차원으로 만성림프구성 백혈병(chronic lymphocytic leukemia), 다발성 골수종(multiple myeloma) 및 가와사키 질환(Kawasaki disease) 등의 감염에 사용된다.

부작용으로는 두통, 피로감, 오한, 배통, 현기증, 발열, 홍조 및 오심 등을 일으킬 수 있으며, 특발성 과민반응 및 아나필락시성 반응도 유발할 수 있다. 근육주사용 제제를 정맥주사하면 저혈압 및 아나필락시성 반응이 유발될 수 있으므로 주의하여야 한다. AIDS 또는 B형 간염을 일으킬 가능성은 거의 없는 것으로 보고되고 있다. ABO 혈액형 항체를 함유할 수 있으므로 O형이 아닌 환자에게 주입하면 직접 쿰스 검사에서 양성반응이 나올 수 있으나 심한 용혈을 일으키는 예는 아주 드물다.

2) 면역억제제

(1) 면역억제제의 이용 및 개발의 필요성

생체 내에서 면역반응으로 인해 조직이 장애로 인한 질병을 유발하는데, 이러한 생체의 면역반응을 억제시키는 약물을 말한다. 자가면역 질환의 치료 시 발생되는 면역반응에 의한 질병들을 억제하고, 장기이식 때 거부반응을 억제하기 위해서도 사용된다.

장기이식 초기에는 장기이식 거부반응의 억제를 위한 면역억제 방법으로 전신조사(wholo body irradiation)를 시행하였지만, 이러한 방법은 비특이적인 면역억제반응을 초래하였고, 이로 인한 심각한 부작용을 남기게 되었다. 그 후 1963년 Goodwin에 의해 azathiopine에 corticosteroid를 병합한 azathiopine-corticosteroid 병용요법이 사용되었으나, 1976년에 cyclosporine A가 임상적으로 이용되기 시작하면서 azathiopine의 효능을 추월하기 시작하였다. 그러나 cyclosporine A 역시 자체 독성 및 여러 합병증 등을 일으키는 부작용이 발견되어 계속적인 약물의 개발을 필요로 하게 되었고, 현재는 FK506과 같은 물질이 임상에서 활발히 사용되고 있다.

이러한 면역억제제는 크게 화학적 억제제와 생물학적 억제제로 대별할 수 있다. 화학적 억제제는 cyclophosphamide, azathioprine, cyclosporine A, 및 FK 506(tacrolimus) 등이 있고, 생물학적 억제제는 항대사물질과 항체 제제(antibody reagents) 등이 있다.

현재 면역억제제의 이용분야를 살펴보면 사용목적에 따라서 크게 세 가지로 나눌 수 있다. 가장 많이 사용되는 경우는 장기이식 후 수여자로부터 발생되는 면역거부 반응의 감소, 자가면역 질환의 치료 및 선택적 면역억제의 목적이다.

이와 같은 목적에 사용되는 면역억제제의 작용기작으로는 주로 유전자의 발현을 조절하는 glucocorticoid와 같은 유전자 발현 조절인자에 의하여 궁극적으로 직·간접적으로 사이토카인(IL-1, IL-2, Il-6, IFN-α 와 TNF-α) 유전자의 발현을 조절하는 방법이 있다. 또한 cycloposaphamide와 같은 alkylating agents에 의하여 DNA를 알킬화시켜서 T세포와 B세포에서 DNA 복제를 저해함으로 인하여 이들 세포들의 기능을 막는 방법이 있다.

세포 내의 신호전달 체계에는 인산화 및 탈인산화의 순차적인 반응에 의해 이루어지게 되어 있다. 그런데 림프구에서 이러한 기작을 저해하면 면역억제 효과가 나타나는데, 이러한 기작을 유도시키는 cyclosporine A와 같은 kinase와 phosphatase 저해제에 의한 T세포에 이르는 신호전달을 막는 방법이 있다. 현재 가장 많이 쓰이고 있는 FK506과 cyclosporine A가 여기에 속한다.

그 밖에 새로운 퓨린 및 피리미딘의 합성을 저해하는 방법 등이 있다. 여기에 속하는 약물로는 6-mercaptopruine, azathioprine, mizoribine, mycophenolate motefil 및 leflunomide가 있다.

표 2-12. 국내의 장기이식 대기자 현황 [명, ( )속은 해당월에 등록된 이식대기자 수]

기 간	계	Solid organ	Tissue
2000	7,022	3,981	3,041
2001	8,397	4,473	3,924
2002	10,143	5,156	4,987
2003. 1	10,172 (216)	5,179 (112)	4,993 (104)
2003. 4	10,690 (240)	5,442 (144)	5,248 (96)
2003. 6	10,985 (213)	5,609 (127)	5,376 (86)
2003. 8	11,275 (225)	5,766 (131)	5,509 (94)
2003.10	11,534 (210)	5,888 (107)	5,646 (103)

출처: 국립장기이식관리센터

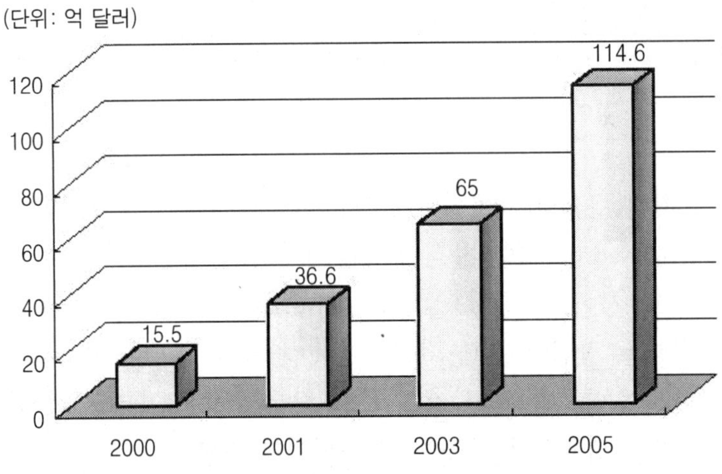

그림 2-45. 세계 면역억제제의 시장규모

현재 장기이식 거부반응과 자가면역 질환을 치료할 수 있는 대표적인 억제제는 전 세계적으로 2가지가 존재하는데, 스위스의 노바티스(Novatis) 사의 cyclosporine A가 가장 많이 사용되고 있고, 그 다음으로 일본의 후지사와(Fujisawa) 사의 FK506가 널리 사용되고 있다. 분자생물학적으로 작용이 유사하고, 매우 값이 비싸지만 T세포에 대한 특이성이 없어 T세포 뿐만 아니라 인체의 모든 세포에 영향을 미치기 때문에 신장과 간 등에 손상을 유발하는 부작용이 있다. 이에 국내·외의 다수 회사들이 치료용 항체의 실용화에 박차를 가하고 있다.

면역억제제의 세계시장 규모는 1998년 11.8억 달러의 시장에서 2001년 36.6억 달러로 그 성장속도가 증가하고 있으며, 이러한 성장은 2005년에는 114.6억 달러에 이를 것이라는 전망이 나오고 있다. 국내에서도 1969년 국내에서 첫 신장이식수술이 시행된 이래 약 15,000명의 신장이식 환자가 신장이식 수술을 시행하면서 면역억제제를 복용하고 있는 등 조직이식에 따른 면역억제제의 수요는 늘어만 갈 수밖에 없다. 국내 시장규모는 1998년 약 220억원 규모에서 2003년 390억원 가량의 성장세를 보였다.

그러나 현재 장기이식 환자용 면역억제제의 원천 기술은 스위스 노바티스 사가 보유하고 있으며, 그 밖에 미국의 생명공학 기업인 산스타 사와 에보트 사가 제휴한 'SangCya'와 'Gengraf'가 이미 시장에 진출했으며, 라파마이신 제제인 'Rapamune'을 와이어스에어스트 사가 개발하여 새로운 시장을 형성해 가고 있다.

표 2-13. 작용기전에 의한 면역억제제의 분류

작용기전	면역억제제	작용점
유전자 발현 조절	Glucocorticoids	glucorticoid receptors
Alkylating	Cyclophosphamide	DNA
Kinase와 Phosphatase 저해	Cyclosporine A	Calcineurin, JNK/p38 kinase
	FK506	Calcineurin, JNK/p38 kinase
	Rapamycin	Cyclin kinase cascade
	Type ⅣPDF inhibitors	Type ⅣPDF
	p38 kinase inhibitors	p38 kinase
퓨린 저해	Azathioprine	Several enzymes
	Mycophenolate mofetil	IMPDH
	Mizoribin	IMPDH
	Methotrexate	Several enzymes
피리미딘 저해	Leflunomide	DHOD
	Brequinar	DHOD
	Methotrexate	Thymidylate synthase

PDF; cyclic AMP phosphodiesterase, IMPDH; inosine-5'-monophosphate dehydrogenase, DHOD; dihydroorotate dehydrogenase

그러나 대부분의 면역억제제는 화학적 면역억제제로 부작용이 심하여 생물학적 면역역제제로 대체될 것으로 보인다. 따라서 이에 대한 연구 및 개발에 경쟁이 심화될 것으로 판단된다.

(2) 면역억제제의 종류

현재까지 개발되어 임상에서 사용되고 있는 면역억제제의 종류를 살펴보면 다음과 같다.

가) Cyclosporine A

Cyclosporine A는 곰팡이의 일종인 *Clylindrocapron lucidum*이나 *Trichoderma polysporum*에서 추출한 cyclic undecapeptides이다.

1983년 이후 이 약제가 사용되기 시작하면서부터 이식 후 거부반응의 빈도가

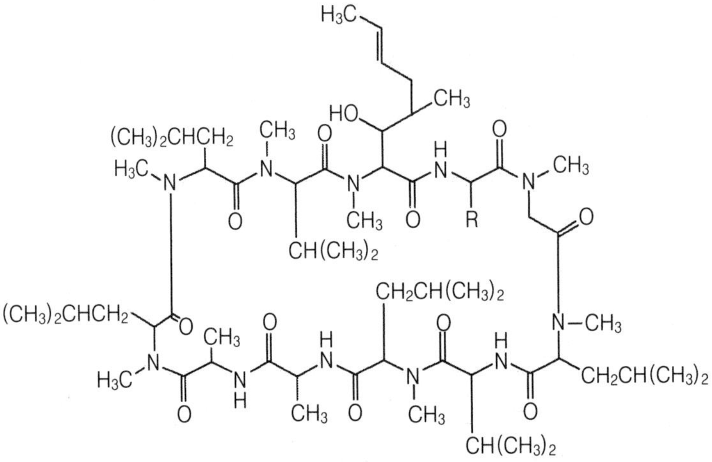

그림 2-46. Cyclosporine의 구조

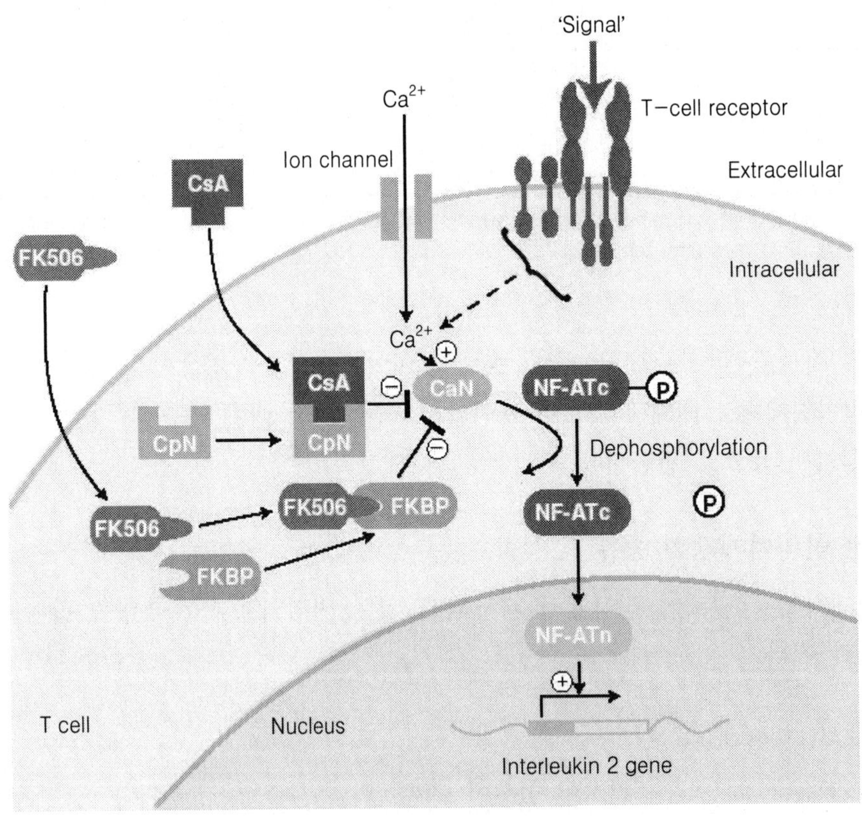

그림 2-47. Cyclosporine A(CsA)와 FK506의 작용기전

현격히 줄어들고 면역억제제의 부작용도 감소하였다. 스위스의 산도즈 제약회사에서 1970년대 말에 개발하였으며 현재까지도 다른 면역억제제, 즉 azathiprine · steroid제 등과 함께 주 면역억제제로 사용되고 있다. 우리 몸의 T-림프구가 이식된 장기에 대하여 거부반응을 일으킬 때 분비되는 활성 세포물실(cytokine)을 억제하며, 주로 IL-2, interferon-γ 등의 생성을 억제한다.

세포질 내에서 cyclosporine은 세포내 수용체 단백질인 cyclophilin(CpN)과 결합하며 결합체를 형성하고, 이 결합체는 serine/threonine 인산화 활성을 갖는 calcineurin(CaN)과 결합해서 calcineurin이 인산화된 NF-ATc(nuclear factor of activated T cells)을 NF-ATc로 탈인산화시키는 것을 억제한다. 따라서 NF-ATc가 핵에서 NF-ATn(nuclear factor of activated T cells의 핵성분)과 결합하여 NF-ATc-NF-ATc 복합체를 형성하고, 이 복합체가 IL-2 유전자의 promoter에 결합하여 IL-2의 생산을 저해한다.

나) FK506(Tacrolimus)

일본 북부 지방 Tsukuba 지역에서 채취된 토양 시료로부터 얻은 방선균인 *Streptomyces tsukubaensis*로부터 얻은 macrolide antibiotic이다.

Cyclosporine A와는 다른 구조를 가졌으나, 유사한 작용기전을 가지고 있다. 부작용 면에서도 거의 유사하나, cyclosporine A에 비하여 다모증 및 고혈압의

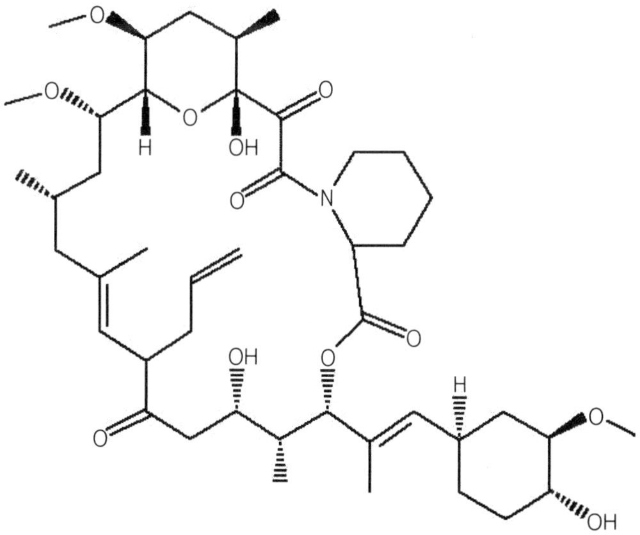

그림 2-48. FK506의 구조

증상은 낮게 나타나고, 혈당의 상승, 진전(tremor)은 FK506에서 빈번하게 관찰된다.

기전은 cyclosporine A의 작용과 거의 흡사하다. 세포 내에서 FK506은 우선 FK506 결합 단백질인 FKBP(FK binding protein)이라는 immunophilin에 결합하여 calcineurin(CaN)이라는 phosphatase의 활성을 억제한다. 이러한 calcineurin의 활성억제는 calcium 의존적인 경로들을 저해하는데 IL-2 유전자의 전사, nitric oxide synthase 활성화, 세포의 degranulation, apoptosis를 막게 된다. 이 밖에도 glucocorticoid나 progesterone 같은 호르몬의 작용을 증가시키는데 호르몬 수용체 복합체 안의 FKBP들에 결합하여 세포의 degranulation을 저해한다.

Cyclosporine A와 마찬가지로 TGF-β1 유전자의 발현을 증가시키거나 T세포 수용체 자극을 통한 T세포 증식이 FK506에 의해 저해되어 궁극적으로 T세포 경유 세포독성을 저해하게 된다.

다) Azathioprine

Azathioprine은 항대사물질인 6-mercaptopurine의 유도체로 DNA와 RNA의 합성을 억제하고, T-임파구의 증식을 억제한다. 이 작용 때문에 면역억제제 및 항암제로서 자가면역 질환, 장기이식, 백혈병 등에 대하여 임상적으로 사용되고 있다.

중요한 부작용으로는 백혈구 감소증, 혈소판 감소증, 빈혈, 간기능 장애, 림프종의 발생빈도 증가 등이 있다. 약물 상호작용으로는 xanthine oxidase 저해제인 allopurinol과의 병용 시 azathioprine의 대사를 저해하므로 혈중 농도가 상승되는 결과를 초래할 수도 있다. 신장이식 환자의 급성 거부증 예방에는 유효하나 그 치료에는 거의 효과가 없는 것으로 알려져 있다.

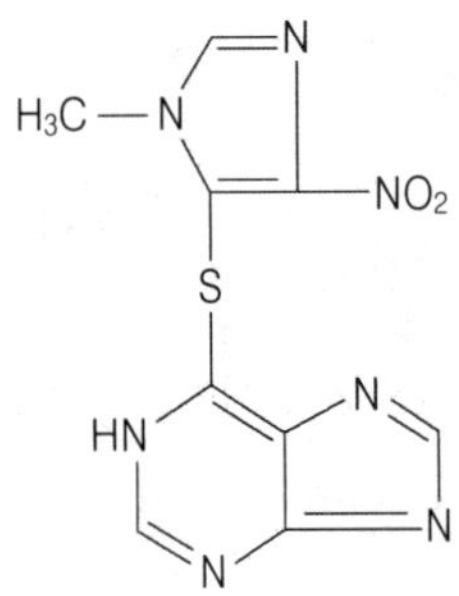

H_3C—N, N, NO_2, S, HN, N, N, N

그림 2-49. Azathioprine의 구조

Azathioprine는 퓨린 합성 시 salvage pathway를 방해하여 퓨린의 신생합성을 억제한다. 또한 thio-GMP 형태로 삽입되어서 DNA 골격을 손상시키기도 한다. 일반적으로 동일한 기전을 갖는 9-mercaptopurine보다 효능이 좋은 것으로 알려져 있다.

라) Mycophenolate Mofetil

Mycophenolate Mofetil(MMF)는 *Penicillium brevicompactum*이라는 진균으로부터 분리한 물질로 임파구 증식을 억제하는 약물이다. 이 약물은 1995년도에 처음으로 신장이식에 사용된 약으로, mycophenolic acid(MPA)의 ester 유도체로서 경구투여 시 esterase에 의해 가수분해되어 MPA로 전환되면서 강력한 효능을 나타내는 pro-drug의 일종이다.

임파구 증식은 퓨린의 신생합성에 전적으로 의존하는데, 이 MPA는 de-novo 퓨린 합성의 중요한 효소인 inosine monophosphage dehydrogenase를 억제한다. 즉, inosine monophosphate를 xanthine monophosphate로 전환시켜 GMP를 거쳐서 DNA 합성이 이루어지게 된다. MPA에 의해 DNA 합성이 이루어지지 않기 때문에 세포분열 cycle의 S-phase에서 정체되어 임파구의 증식이 저해된다.

부작용으로는 설사, 소화기능 장애, 호중구 감소증 및 cytomegalovirus 감염 등이 있으며, 이는 azathioprine과 유사한 부작용을 가지고 있다.

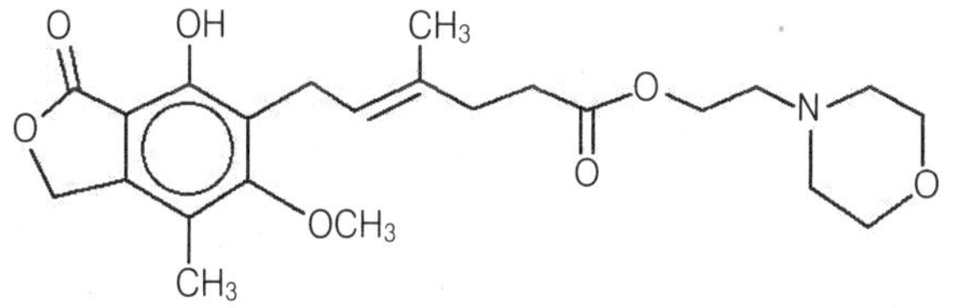

(A)

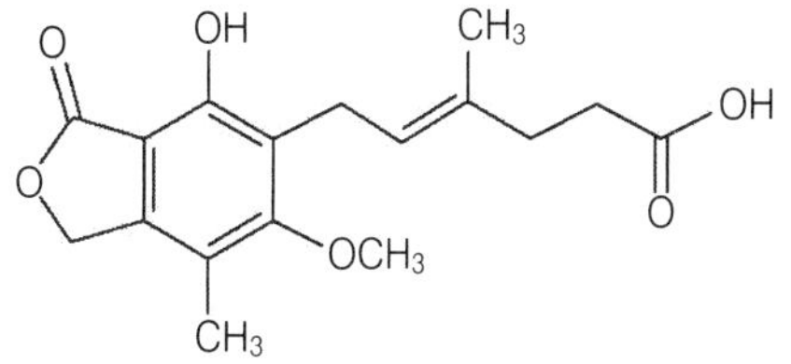

(B)

그림 2-50. Mycophenolate Mofetil(A)와 Mycophenolic acid(B)의 구조

마) 단일클론 항체(Monoclonal antibodies)

단일클론 항체는 다중클론 항체와는 달리 특정 T세포 sub-type과 특이한 epitope에만 작용한다. 1960년대부터 장기이식에 사용되어 왔던 다중클론 항체는 단일클론 항체에 비해 우선 성분이 이질적이고, 생산조건에 따른 효능의 차이로 인하여 단일클론 항체 쪽으로 많은 임상 연구가 진행되고 있다. 현재 임상적으로 실험 중이거나 이용되고 있는 단일클론 항체는 pan-임파구, pan-T세포 및 활성 T세포 중 한 종류에 특이하게 작용하게 하는 것이다. 이러한 종류 중 임상적으로 효과 뚜렷한 것은 OKT3이다.

단일클론 항체의 T세포의 작용부류는 첫째 TCR/CD3 복합체에 직접 작용하는 것으로, 예를 들어 OKT3가 CD3 복합체에 붙게 되면 CD3의 구조 변화로 인하여 어떤 항원이 항원 인식체에 붙어도 신호가 세포내로 전달되지 않기 때문에 세포증식이 일어나지 않게 하는 것, 둘째 CAM을 통한 costimili를 차단시키는 단일클론 항체로 anti-CD2 단일클론 항체, 셋째로 IL-2 수용기를 차단시키는 단일클론 항체로 anti-TAC 등이 있다.

OKT3는 human CD3에 대한 mouse monoclonal antibody로 Ortho사에서 Orthoclone이란 제품으로 출시되고 있으며, 신장이식 시의 거부반응 억제제로 사용되고 있다.

T세포 항원 중에서 CD3 항원은 모든 성숙된 T세포와 흉선세포의 표면에 붙어 있는 항원으로 T세포 수용기 복합체(TCR complex)는 2개의 폴리펩타이드로 구성된 항원 인식체와 5개의 폴리펩타이드로 구성된 CD3로 구성되어 있어 세포 표면에 밀접되어 있다. 만일 외부 항원이 항원 인식되면 그 신호가 CD3 복합체를 통하여 세포내로 전달되고, 세포 내에 kinase에 의하여 Ca^{2+}-CaM 복합체의 증가와 protein kinase C의 활성화가 일어나 DNA 결합 단백질이 증가되고, 유전자 전사에 의해 세포가 증식하게 된다. 그러나 OKT3 단일클론 항체가 CD3 복합체에 붙게 되어 이러한 작용을 억제하게 된다.

참고문헌

1. Dart, A,J, Dowling, B.A. and Smith, C.L.2005. Topical treatments in equine wound management. Vet Clin North Am Equine Pract. 21:77～89.
2. Talmadge, J., Chavez, J., Jacobs, L., Munger, C., Chinnah, T., Chow, J.T., Williamson, D. and Yates, K. 2004. Fractionation of Aloe vera L. inner gel, purification and molecular profiling of activity. Int Immunopharma-col. 4:1757～73.
3. Yagi, A. and Takeo, S. 2003. Anti-inflammatory constituents, aloesin and aloemannan in Aloe species and effects of tanshinon VI in Salvia milti-orrhiza on heart. Yakugaku Zasshi. 123:517～32.
4. Markus, J., Miller, A., Smith, M. and Orengo, I. 2006. Metastatic heman-giopericytoma of the skin treated with wide local excision and MGN-3. Dermatol Surg. 32:145～7.
5. Ghoneum, M. and Gollapudi, S. 2005. Synergistic role of arabinoxylan rice bran(MGN-3/Biobran) in S. cerevisiae-induced apoptosis of mono-layer breast cancer MCF-7 cells. Anticancer Res. 25:4187～96.
6. Ghoneum, M. and Gollapudi, S. 2005. Modified arabinoxylan rice bran (MGN-3/Biobran) enhances yeast-induced apoptosis in human breast cancer cells in vitro. Anticancer Res. 25:859～70.
7. Ghoneum, M. and Abedi, S. 2004. Enhancement of natural killer cell activity of aged mice by modified arabinoxylan rice bran(MGN-3/Bio-bran). J Pharm Pharmacol. 56:1581～8.
8. Ghoneum, M. and Matsuura, M. 2004. Augmentation of macrophage phagocytosis by modified arabinoxylan rice bran(MGN-3/biobran). Int J Immunopathol Pharmacol. 17:283～92.
9. Ghoneum, M. and Gollapudi, S. 2003. Modified arabinoxylan rice bran (MGN-3/Biobran) sensitizes human T cell leukemia cells to death recep-tor(CD95)-induced apoptosis. Cancer Lett. 201:41～9.
10. Cheong, J., Jung, W., Park, W. 1999. Characterization of an alkali-extracted peptidoglycan from Korean Ganoderma lucidum. Arch Pharm Res. 22:515～9.
11. Chihara, G., Hamuro, J., Maeda, Y. and Arai, Y. 1970. Antitumor polysaccharides, lentinan and pachymaran. Saishin Igaku. 25:1043～8.
12. Chihara, G., Hamuro, J., Maeda, Y., Arai, Y. and Fukuoka, F.1970. Frac-

tionation and purification of the polysaccharides with marked antitumor activity, especially lentinan, from Lentinus edodes (Berk.) Sing. (an edible mushroom). Cancer Res. 30:2776~81.

13. Ossola, M. 1968. Methods of BCG vaccination. Lotta Tuberc. 38:119~22.
14. Crispen, R.G.1974. Letter: Immunotherapy with intravenous B.C.G. Lancet. 2:56.
15. Tsai, J.J., Peng, H.J.and Shen, H.D. 2002. Therapeutic effect of Bacillus Calmette-Guerin with allergen on human allergic asthmatic patients. J Microbiol Immunol Infect. 35:99~102.
16. Kumar, A., Teuber, S.S. and Gershwin, M.E.2006. Intravenous Immunoglobulin: Striving for Appropriate Use. Int Arch Allergy Immunol. 140: 185~198.
17. Larramendi, C.H., Marco, F.M., Garcia-Abujeta, J.L., Mateo, M., de la Vega, A, and Sempere, J.M. 2006. Acute allergic reaction to an iron compound in a milk-allergic patient. Pediatr Allergy Immunol. 17:230~3.
18. Gelfand, E.W. 2006. Differences between IGIV products: impact on clinical outcome. Int Immunopharmacol. 6:592~9.
19. Zicha, L., Scheiffarth, F., Schmid, E. and Weschta, W. 1960. Comparative studies on the onset and duration of action of glucorticoids in histamine and serotonin asthma in guinea pigs. Arzneimittelforschung. 10:890~3.
20. Sze, P.Y. 1976. Glucocorticoid regulation of the serotonergic system of the brain. Adv Biochem Psychopharmacol. 15:251~65.
21. Kovacs, E.T., Ohno, S. and Kinosita, R. 1960. Studies on cyclophosphamide, antitumor alkylating compound. I. Effect on mouse leukemias. J Natl Cancer Inst. 24:759~68.
22. Bergsagel, D.E. and Levin, W.C. 1960. A prelusive clinical trial of cyclophosphamide. Cancer Chemother Rep. 8:120~34.
23. Flechner, S.M. 1983. Cyclosporine: a new and promising immunosuppressive agent. Urol Clin North Am. 10:263~75.
24. Kahan, B.D. 1984. Cyclosporine: a powerful addition to the immunosuppressive armamentarium. Am J Kidney Dis. 3:444~55.
25. James, D.G.1991. Which immunomodulator? Br J Clin Pract. 45:53~6.
26. Sigal, N.H., Siekierka, J.J. and Dumont, F.J. 1990. Observations on the mechanism of action of FK-506. A pharmacologic probe of lymphocyte

signal transduction. Biochem Pharmacol. 40:2201～8.

27. Lim, S.M. and White, D.J. 1991. The pharmacology of immunosuppression. Ann Acad Med Singapore. 20:144～9.

28. Corley, C.C. Jr., Lessner, H.E. and Larsen, W.E. 1966. Azathioprine therapy of "autoimmune" diseases. Am J Med. 41:404～12.

29. Kahn, M.F. 1967. The immunodepressive agents. II. Immunodepressive agents in rheumatic diseases. Presse Med. 75:1181～4.

30. Travis, S.2006. Infliximab and azathioprine: bridge or parachute? Gastroenterology. 130:1354～7.

31. Collier, S.J. 1989. Immunosuppressive drugs.Curr Opin Immunol. 2:854～8.

32. Hullett, D.A. and Sollinger, H.W. 1993. Mycophenolate mofetil and brequinar sodium: new immunosuppressive agents. Transplant Proc. 25(3 Suppl 2):45～7.

33. Hood, K.A. and Zarembski, D.G. 1997. Mycophenolate mofetil: a unique immunosuppressive agent. Am J Health Syst Pharm. 54:285～94.

34. Danovitch, G.M. 1995. Mycophenolate mofetil in renal transplantation: results from the U.S. randomized trials. Kidney Int Suppl. 52:S93～6.

35. Russell, P.S., Colvin, R.B. and Cosimi, A.B. 1984. Monoclonal antibodies for the diagnosis and treatment of transplant rejection. Annu Rev Med. 35:63～81.

36. Norman, D.J. 1988. Monoclonal antibody OKT3 in cardiac and renal transplantation. Bibl Cardiol. 43:27～32.

37. Cosimi, A,B. 1987. Clinical development of Orthoclone OKT3. Transplant Proc. 19(2 Suppl 1):7～16.

38. Drews, J. 1990. Immunopharmacology, Principles and perspectives, Roche, Switizerland.

39. 김은선, 김유일, 손종구, 2003. 면역억제제. 기술산업정보분석.

제 3 장

생리활성물질의 개발 전략

신물질의 개발산업은 고부가가치산업임과 동시에 고도의 지식 및 기술집약적 산업이므로 세계적으로 각광을 받고 있으며, 신소재 창출 능력은 선진국가의 바이오산업 지표이기도 하다. 신물질의 세계시장 규모는 의약품시장이 약 3,000억 달러(1998년 기준), 농약시장은 약 312억 달러(1997년 기준)로 추산되며, 국내시장에서는 의약이 약 6조 원으로 세계시장의 약 1.5%를 점유하고, 농약인 경우 약 7.9억 달러로 세계시장의 2.5를 차지하여 각각 세계 10위권 시장규모를 점하고 있다. 세계 의약시장 성장률은 연평균 6.2%로서 2001년에는 3,780억 달러(약 490조원)에 도달한 것으로 추정되며, 농약시장은 연간 성장률 1.6%로 2001년에는 338억 달러에 도달할 것으로 추정되고 있다. 또한 연간 의농약 수입액은 6.93억 달러로 전체 수입액의 0.5%에 달하고 있다.

세계적인 신물질 개발 연구방향은 미지의 약리작용 기전을 규명하고 새로운 스크리닝 기술을 확립하여 독창적인 생리활성물질을 창출하는 전략으로 진행되며, 이의 바탕에는 이미 확보된 일련의 연구 know-how가 있다고 할 수 있겠다. 1987년 국내에 물질특허제도가 도입된 이후 지적소유권 강화로 인한 기술료 부담이 과중해지고, 선진국에 의한 국내시장 개방압력이 증대됨에 따라 국내 바이오산업은 경쟁력을 상실하였으며, 특히 최근 IMF 체제하에서 국내 의약 및 농약 기업들이 점차 다국적 기업에 매각되고 있어 신물질의 자체 개발능력의 확보는 국내 바이오산업의 발전을 위하여 절실하게 요구되고 있는 상황이다.

본 장에서는 이러한 신물질을 어떻게 개발할 것인가에 대하여 개발 물질의 target 설정과 후보 물질의 도출 및 도출된 물질의 평가방법(bioassay system) 및 분리, 정제 및 구조 동정에 관하여 서술하고자 한다.

1. Target 설정 및 bioassay system 확립

인간의 유전체 게놈이 밝혀진 이후로의 신물질의 개발은 목표작용점(target)의 선정이 다양해져 가고 있기 때문에 이에 맞는 다양한 스크리닝 시스템이 있어야 한다. 각국 선진국들은 신물질의 개발과 확보에 있어서 엄청난 비용과 장비를 동원하여 신물질 창출에 사활을 걸고 있다고 해도 과언은 아니다.

이러한 신물질의 창출은 막대한 경제적, 사회적 이윤을 창출하기 때문이다. 신물질 개발에 소요되는 비용과 시간이 길기 때문에 후진국에서는 상당히 어려운 실정이라 할 수 있다. 이것은 세계 굴지의 다국적 제약회사들이 암을 비롯한 각종 질환의 신약을 개발하는 상황을 들여다보면 충분히 짐작할 수 있다. 또한 다국적 제약사들 간에 이러한 신물질 개발이 과열되다 보니 상대보다 먼저 신물질을 발견하고자 물질검색 시스템을 자동화하고 있다.

이러한 노력은 결국 고효율약효시험(High Through-put Screening, HTS)이란 약물 스크리닝 시스템이 도입되었고, 이러한 자동화 장치는 각종 화합물 및 천연물에 대하여 짧은 시간에 엄청난 양의 검색을 할 수 있게 하였다. 이러한 다양한 약물 작용점에 대해 다량의 화합물이나 천연물을 무작위로 검색하여 선도물질을 도출하고, 논리적 방법을 통하여 최적화, 후보물질을 단기간에 창출함으로써 물질개발에 엄청난 효율성을 가져다 주었다.

다음은 현재 행하지고 있는 몇 가지 약물검색법을 소개하고, 대략적인 신물질 창출의 개념에 대해 설명하고자 한다.

1) CDK 활성 저해물질의 탐색

Cyclin dependent kinase(CDK)는 serine/threonine 계열의 protein kinase로서 G1, S, G2 및 M기의 각 세포분열 주기를 조절한다. Hartwell 등에 의해 CDK1이 최초로 확인되어 지금까지 약 13여 종의 CDK와 이들의 기능이 알려졌다. 이들 중 세포분열 주기를 조절하는 CDK는 G1기 cyclin D/CDK4, cyclin E/CDK2, S기 cyclin A/CDK2, G2기 cyclin B/cdc2로 이들은 각 주기에 특이적으로 발현하는 cyclin과 결합 및 활성화되어 해당 세포분열 주기에 필요한 역할을 하게 된다. 이 밖에 알려진 기능은 유전자의 전사, 신경세포기능, 세포분화 및 사멸 등에 관여한다. 기능이 잘 알려져 있는 질환으로는 암으로 CDK2 및 4에 관련된 것이다. 많은 종류의 암세포에는 관련 유전자의 변이로 CDK 활성억제 단백질 발현 억제, cyclin 발현 증가 원인들로 CDK2 및 4의 활성을 통제하

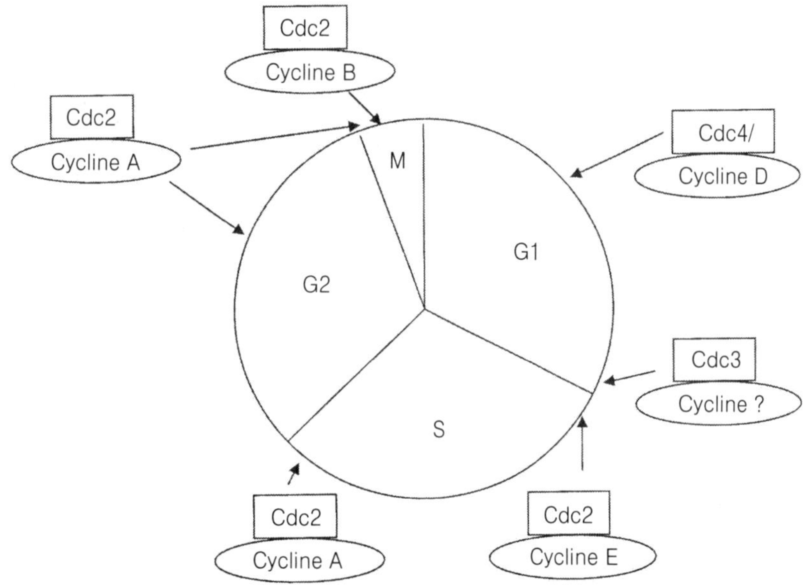

그림 3-1. 세포주기에 관여하는 CDK

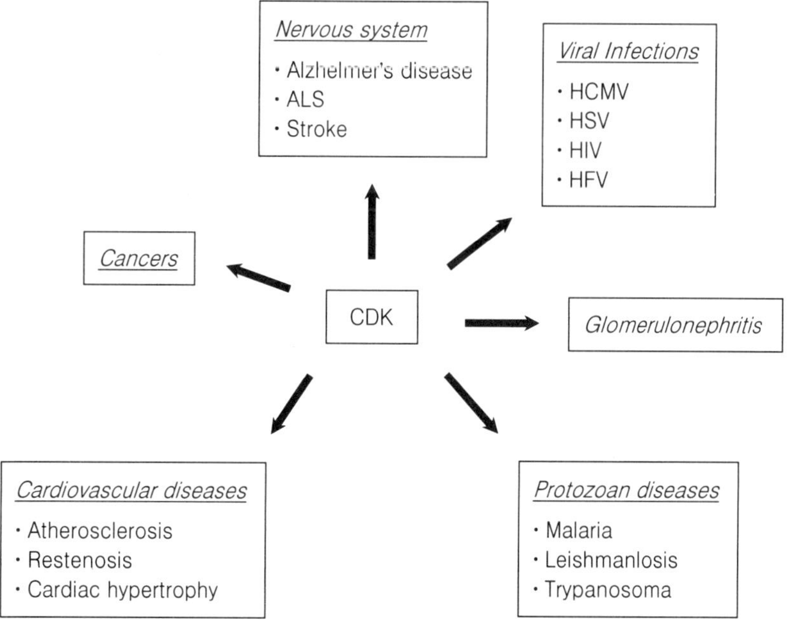

그림 3-2. CDK와 여러 질병과의 관계

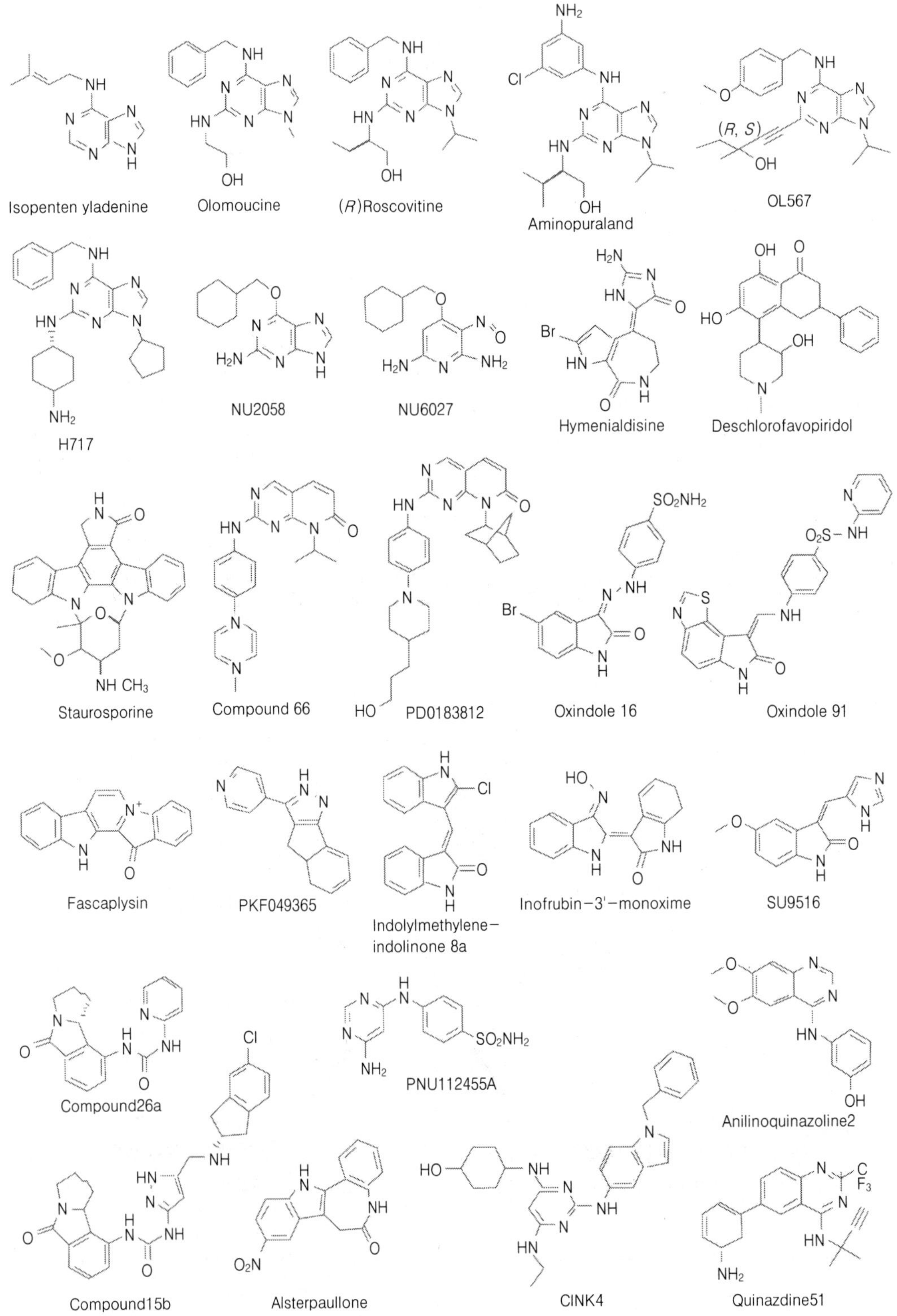

Isopenten yladenine Olomoucine (*R*)Roscovitine Aminopuraland OL567

H717 NU2058 NU6027 Hymenialdisine Deschlorofavopiridol

Staurosporine Compound 66 PD0183812 Oxindole 16 Oxindole 91

Fascaplysin PKF049365 Indolylmethylene-indolinone 8a Inofrubin-3'-monoxime SU9516

Compound26a PNU112455A Anilinoquinazoline2

Compound15b Alsterpaullone CINK4 Quinazdine51

그림 3-3. 개발 중인 CDK 저해제

는 능력이 상실되어 암세포의 50% 이상에서 이들의 활성이 지속적으로 증가된다. 따라서 암세포의 분열을 차단하기 위해서 CDK의 활성을 차단시키는 신개념의 물질을 개발하고 있다.

최근에는 암 이외의 다른 질병과의 상관관계도 연구가 진행되고 있다. 더 이상 분열을 하지 않는 신경세포는 CDK4(6)와 5의 활성이 증가되어 있고, 이들이 뇌졸중과 치매에 밀접한 관련이 있다는 연구가 나와 이에 대한 치료제의 신규 target이 되고 있다. 또한 동맥경화 등의 심혈관 질환에서도 CDK 활성화가 관련되어 있다.

현재 상용화된 CDK 활성 저해제는 없지만 상당수가 임상연구 진행 중에 있다. Olomoucine, roscovitine, purvalanol 등의 adenine 유도체, flavone 계열인 flavopiridol 유도체, indolinole 계열인 PD0183812 등이 개발 중에 있다. 임상시험단계의 물질로는 Sanofi-Avnetis의 flavopiridol 항암제와 Cylacel의 Roscovitine 항암제가 각각 임상1 시험을 마치고 2상에 진입하였다.

현재 개발 중인 대부분의 CDK 저해제는 제한된 모핵 종류에 기초한 ATP 경쟁 유도체이며, 임상시험에서 효능 등의 문제로 개발이 임상단계에 머물러 있다. 따라서 ATP 경쟁적 유도체 외에 다른 작용기전에 기초하여 암 이외의 질병에 유용한 물질이 개발되어야 할 것으로 생각된다.

2) LCK targct T-임파구 저해제 개발

면역반응은 외부 항원 및 암세포로부터 우리의 몸을 보호하는데 중요한 역할을 한다. 이러한 면역체계는 장기이식 시에 장기 거부반응을 일으키기도 하며, 자가면역 질환이나 알러지와 같은 질환 시에 심하게 작용한다. 이 중에서 불필요하게 면역기능이 증강되어 있을 때 이를 저하시키기 위하여 steroid나 세포분열 억제제와 같은 면역기능 저하제를 사용하는데, 이는 다른 기관에 악 영향을 준다. 이러한 면역반응 가운데 T-임파구가 면역의 증강에 작용하므로 T-임파구를 target으로 하는 저해제의 개발이 필요하다. T세포의 증식은 T세포 항원 수용체를 통한 활성화와 사이토카인을 통한 증식으로 나눌 수 있다.

T세포 활성 억제제로는 신호전달 물질인 calcineurin을 target으로 하는 cyclosporine A와 FK506을 들 수 있다. Cyclosporine A와 FK506은 전체 면역억제제 시장의 60% 이상을 차지하고 있으나 그 부작용이 심하여 부작용이 적은 물질 개발에 노력 중이다.

부작용을 줄이는 방법 중의 한 가지가 T세포만 국한되어 작용하는 물질의 개

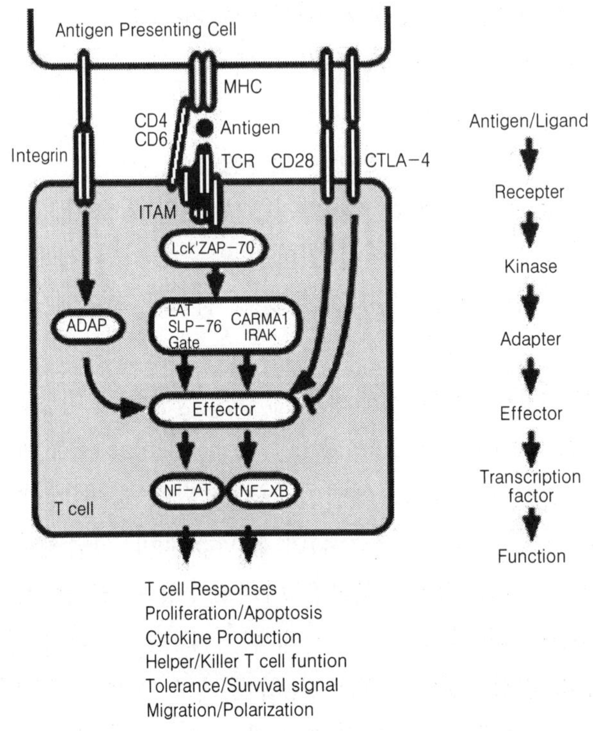

그림 3-4. T-cell activation signaling

발로 T세포 및 NK세포에서 주로 발현되는 Lck를 이상적인 target으로 하는 것이다.

Lck는 T세포 활성 신호전달 과정에서 중추적 역할을 한다. Lck는 기존 약물인 cyclosporine A와 FK506이 작용하는 calcineurin보다 상부의 신호전달 체계에 위치한다. Lck는 크게 SH2, SH3, kinase domain으로 이루어져 있다. SH2, SH3은 하위 신호전달 물질과 결합하고 kinase domain은 인산화에 관여한다. 따라서 신호전달에 있어서 kinase activity 뿐만 아니라 protein-protein interaction도 매우 중요하다. 그러므로 저해제 개발의 target은 kinase domain과 SH2 domain으로 나누어 생각할 수 있다.

Lck kinase inhibitor에 대한 개발은 현재 Abbott사, Bristol-Myers사 및 Boehringer Ingelheim사가 활발히 진행하고 있으며, Lck SH2 inhibitor는 Roche, Boehringer Ingelheim, Merck 및 ARIAD 등에서 개발 중이다.

3) 저산소증 신호전달 과정 조절물질 개발

산소를 이용한 호흡과정은 인간을 포함한 모든 생명체들이 에너지를 얻어 살아가기 위한 필수 현상이다. 특정 장기나 조직에 산소 공급이 감소되거나, 혈액 공급이 차단될 경우에는 세포의 손상을 초래하게 된다. 이러한 세포내의 저산소증은 실제 뇌경색, 심근경색, 치매, 퇴행성관절염 등의 질환의 급만성적인 원인이 되기도 한다.

저산소 상태에서 HIF-1α은 HIF-1β(ARNT)와 결합함으로써 활성화되고, 이 활성화된 인자는 hypoxia responsive element(HRE) 염기서열에 결합하여 표적 유전자를 활성화시키는데 HIF-1β의 양은 거의 일정한데 비해 HIF-1α의 양은 산소의 농도에 의해 결정되어 결국 저산소증 신호전달계는 HIF-1α에 의존적이다. 정상적인 산소 농도 하에서 HIF-1α은 낮은 농도로 존재하나 저산소증 하에서는 농도가 증가한다. 이와 관련된 질환으로는 암, 신생혈관에 관련

표 3-1. 각종 약물개발을 위한 다양한 질환별 target

질 환	Target
뇌졸중, 허혈성 심상병	아스파라긴산 수산화효소(FIH-1)
암, 신생혈관질환 관련 질병	PAK 저해제
심장병, 뇌질환, 암	HSF-1α 세포내 위치 조절물질
신경병증 통증	Toll-like receptor 2 저해제
암, 당뇨, 면역질환	PTP family(pk8, 9, 12, 13) 억제제
비만 및 고지혈증	PPARα 조절물질
류마티스성 관절염, 당뇨병	LckSH2 신호전달계 저해제
당뇨병	UCP-2 억제제
골다공증	조골세포 alkaline phosphatase 활성화제
종양 및 피부흑화	c-kit 저해제
Candida 감염증	chitin synthase 1 활성 조절제

표 3-2. 주요 신약 허가 현황

제품명	기업명	허가일자
대웅 EGF 외용액	㈜대웅제약	2001. 5
조인스 정	SK케미칼㈜	2001. 7
스티렌 캅셀	동아제약㈜	2002. 6
캄토벨 주*	㈜종근당	2003.10

된 류마티스 관절염, 골관절염 등이 있는데, 이 때에 HIF-1α의 양은 증가되어 있다. 따라서 이러한 저산소증 관련 메카니즘의 이해와 HIF-1α 인자의 조절은 각종 질환에 대한 약물개발에 좋은 target이 되고 있다.

최근의 신물질의 창출은 선도물질의 도출을 위해서 독창적인 assay system으로 보다 빠르고 효율적인 약효 검색에 목표를 두고 있다. 단순 모방연구에서 탈피하여 보다 창의적 신물질 개발만이 각국 선진국과의 경쟁력에서 살아남는 길이라 할 수 있다.

참고문헌

1. Senderowicz, A.M. and Sausville, E.A. Preclinical and Clinical Development of Cyclin-Dependent Kinase Modulators. J. National Cancer Institute 92(5):376~387

2. Sielecki, T.M., Boylan, J.F., Benfield, P.A., Trainor, G.L. 2000. Cyclin-dependent kinase inhibitors: useful targets in cell cycle regulation. J Med Chem. 43(1):1~18.

3. Schwartz, G.K. and Shah, M.A. 2005. Targeting the cell cycle: a new approach to cancer therapy. J Clin Oncol. 23(36):9408~21.

4. Kapturczak, M.H., Meier-Kriesche, H.U. and Kaplan, B. 2004. Pharmacology of calcineurin antagonists. Transplant Proc. 36(2 Suppl):25S~32S.

5. Garcia-Echeverria C. 2001. Antagonists of the Src homology 2(SH2) domains of Grb2, Src, Lck and ZAP-70. Curr Med Chem. 8(13):1589~604.

6. Broadbridge, R.J. and Sharma, R.P. 2000. The Src homology-2 domains (SH2 domains) of the protein tyrosine kinase p56lck: structure, mechanism and drug design. Curr Drug Targets. 1(4):365~86.

7. Sicheri, F. and Kuriyan, J. 1997. Structures of Src-family tyrosine kinases. Curr Opin Struct Biol. 7(6):777~85.

8. Fischer, S., Marie-Cardine, A., Ramos-Morales, F., Bougeret, C., Soula, M., Maridonneau-Parini, I. and Benarous. R. 1994. P56lck A lymphocyte specific protein tyrosine kinase: activation, regulation and signal transduction. Cell Mol Biol 40(5):605~9.

9. Swinson, D.E. and O'Byrne, K.J. 2006. Interactions between hypoxia and epidermal growth factor receptor in non-small-cell lung cancer. Clin Lung Cancer. 7(4):250~6.

10. Larsen, M., Hog, A., Lund, E.L. and Kristjansen, P.E. 2005. Interactions between HIF-1 and Jab1: balancing apoptosis and adaptation. Outline of a working hypothesis. Adv Exp Med Biol. 566:203~11

11. Moreno, P.R., Purushothaman, K.R., Sirol, M., Levy, A.P. and Fuster, V. 2006. Neovascularization in human atherosclerosis. Circulation. 113(18): 2245~52.

2. 생산원(source)의 선택

1) 미생물원

미생물이나 미생물의 대사산물이 의약품원이나 기능성 소재원으로 인식되기 시작한 것은 1929년 A. Fleming의 penicillin의 발견부터라고 할 수 있다. 미생물 기원의 약용물질로는 항생물질, 효소저해제, 비타민, 효소 및 기타 생리활성물질 등이 있다. 기타 미생물을 이용한 알코올 발효, 아미노산 발효 등을 통하여 얻어지는 물질도 상당히 많이 존재한다. 미생물의 이용에는 적당한 미생물의 선정과 선정된 미생물의 최적 배양조건이 있으면 가장 단기간 내에 목적하는 물질을 생산할 수 있다.

(1) 미생물의 분리

미생물은 토양, 물, 공기중에 다양하게 분포하고 있고, 분류학상 종의 다양성에 비해 상당히 다양한 능력을 가지고 있다. 미생물로부터의 발효산물들은 미생물을 순수하게 분리하면서부터 많은 발전을 하였다.

미생물의 선택은 자연계에 존재하는 많은 미생물로부터 목적에 맞는 미생물을 분리해 내는 작업(screening)이 상당히 중요하다. 미생물은 식물의 표면이나 동물의 장관으로부터 분리되지만, 통상적으로 토양으로부터 가장 많이 분리할 수 있다. 토양 중의 미생물의 분포는 유기함유량, 습도, 산성도 등의 요인에 영향을 받으며 통상적으로 토양 1 g 중에 세균은 10^8개, 방선균은 약 10^7개, 진균은 10^6개 정도 존재하고, 유기질이 많은 경작지나 식물의 뿌리 부근에 많이 존재한다.

토양으로부터의 분리법은 채집한 시료를 그대로 혹은 건조시켜 적당기간 보존 후에 멸균수로 희석하여 한천평판에 도포하여 일정 시간 배양하여 형성된 집락을 백금이로 한천사면배지에 옮겨 보존한다. 통상 세균은 37℃에서 1～2일, 효모류는 27℃에서 2～9일, 방선균, 진균은 27℃에서 1～2주간 배양하여 집락을 얻는다. 특수한 경우는 집적배양(enrichment culture)을 통하여 특정한 화학조성을 갖는 배지를 이용하여 특정 성분에 반응하는 미생물을 분리할 수 있다. 특정 미생물만을 위한 선택배지를 사용하거나, 항생물질을 첨가하여 원치 않는 미생물을 배제하고 원하는 균만을 배양시키거나 하여 다양하게 미생물을 분리할 수 있다.

세균을 목적으로 분리를 하는 경우는 표 3-3에서 나타낸 바와 같이 보통 한

표 3-3. 배지 조성

보통 한천배지		포도당 아스파라긴 한천배지		서당 Czapeck 배지	
Meat extract	5.0 g/L	Glucose	10.0 g/L	Sucrose	3.0 g/L
Peptone	5.0 g/L	K_2HPO_4	0.5 g/L	$NaCO_3$	2.0 g/L
NaCl	3.0 g/L	Aspargine	0.5 g/L	K_2HPO_4	1.0 g/L
Agar	15～25 g/L	Agar	15～25 g/L	$MgSO_4 \cdot 7H_2O$	0.5 g/L
				KCl	0.5 g/L
				$FeSO_4 \cdot 7H_2O$	0.01 g/L
				Agar	15～25 g/L

천배지를 이용하고, 방선균이나 진균의 분리에는 각각 포도당 아스파라긴 한천배지와 서당 Czapeck 배지를 이용한다.

(2) 미생물 보존

각종 배지로 분리한 균주는 slant 중에 생육시켜 실온 및 저온에서 보존한다. 보관시 실온의 온도가 30℃ 이상이 되면 대사산물의 생산에 있어서 좋시 않은 결과를 초래할 수 있다. 또한 미생물의 성질이 명확하게 밝혀지지 않은 상태에서는 취급의 부주의로 인한 오염 및 김염이 빌생하지 않도록 해야 한나.

보존을 장기간 해야 하는 경우는 slant 내부의 수분의 증발로 인하여 건조해지지 않도록 해야 한다. 건조해지는 경우에는 미생물의 사멸이나 변성을 초래할 수 있기 때문에 slant에 미생물을 보관하는 경우는 3～6개월 마다 계대를 하여야 한다. 또한 유용 균주의 보존에는 일반적인 계대법 이외에 slant에 글리세린(glycerin)이나 고농도의 당질과 함께 극저온에서 보관하는 동결법 및 동결건조법이 사용된다. 특히 세균이나 방선균의 경우는 동결건조법이 많이 이용된다.

현재 미생물의 보존에는 공적인 기관이 존재하므로 위탁 보관을 하기도 한다. 국내에는 한국미생물보존센터라는 기관이 있어 미생물의 보존, 분양 및 동정 등에 관한 업무를 담당하고 있다.

(3) 미생물의 배양

미생물로부터 생리활성물질을 얻은 데 있어서 실질적으로 중요한 바탕이 되는 것은 미생물의 배양이다. 배양이란 목적하는 물질의 생산 균을 적당한 배지

그림 3-5. Fermentation tank

에 접종하여 적당한 조건에서 증식, 목적하는 생산물을 생산시키는 모든 과정을 배양이라 할 수 있다. 미생물의 배양에는 배양형식을 비롯하여 배지조성, 온도, pH, 통기조건에 따라서 많은 것이 좌우된다.

미생물의 배양형식으로는 표면배양(surface culture), 심부배양(submerged culture), 진탕배양(shaker culture), 배양탱크(fermentation tank)를 이용하는 배양형식 등이 있다.

2) 육상생물원

(1) 약용식물자원

약용식물이라 함은 식물 중에서 전체 또는 그 일부분이 사람의 인체나 기타 동물의 생체에 대해 긍정적인 효과를 나타내는 자원으로 지금 약재로 쓰이고 있거나 건강관리 예방에 곧 이용이 가능한 것 또는 유효성분이 과학적으로 규명된 자원식물이라고 정의할 수 있다. 이런 의미에서 약용식물학은 인간의 생활과 가장 밀접하게 관련을 맺고 있는 학문으로 직접 또는 간접적으로 의료의 목적으로 사용되는 자원식물들을 약학적 방법의 접근을 통해서 연구하는 학문이라고 할 수 있다.

가) 약용식물의 분류

① 식물학적 분류

지구상에 존재하는 많은 식물군을 적절한 방법으로 사용하여 정리하고 명명하여 체계를 세우는 것에 근거로 분류하는 것을 말한다. 식물을 명명, 기재하면서 성립된 것으로 18세기 Linne(1707～1778) 이후부터 획기적인 발전을 하게 되었다. Linne는 이명법이라는 방법을 사용하여서 식물계를 24개의 강으로 분류하였는데, 예를 들어 고려인삼의 경우 고려인삼-인삼속-오가과-형화목-쌍자엽식물강-피자식물문-식물계로 분류한다.

1904년부터는 염색체에 의한 세포학적인 특성과 생리, 생화학적인 특성 등도 식물분류의 기준이 될 수 있다는 것을 알게 되어서 실험분류학과 세포 분류학 등으로 불리는 새로운 분야가 생겨났다. 이는 생존과 번식을 위한 기관인 줄기, 뿌리, 잎 등을 관찰하고 연구하는 형태학, 관 속의 배열과 형성층의 특색, 기공의 보호세포와 부세포의 배열상태 등을 연구하는 해부학, 발생학, 화분학, 세포학, 생리학, 화학분류학, 생물지리학 및 고생식물학 등이 있다.

② Linne의 이명법

Linne가 1758년에 발간한 "국제식물명명규약"에 따라서 식물명을 붙이는 방법으로 생물분류학에서 생물군의 분류기준을 종으로 하고, 라틴어로 속명과 종명을 차례로 나타내는 학명 표시법이다. 이명법의 규칙은 다음과 같다.

㉠ 속명과 종명은 라틴어를 쓰고, 속명의 첫 글자는 대문자로, 종명의 첫 글자는 소문자를 사용한다.

㉡ 종명의 다음에는 명명자의 이름을 쓰고, 첫 글자는 대문자를 사용한다.

㉢ 필요에 의해서 명명자의 이름을 생략하거나 간단하게 첫 글자만 사용하기도 한다.

㉣ 속명과 종명의 글자체는 이탤릭체를 사용하며, 사용할 수 없을 때에는 밑줄을 긋는다.

③ 종의 정의와 분류

종이란 생물 분류 단위로서 기본으로 모양과 생활이 비슷하고 자연상태에서 교배가 가능하며, 생식능력에 있어서 자손을 낳을 수 있는 생물의 무리를 말한다. 종의 분류는 종을 기본 단위로 하여 분류군의 계급은 상하 연속이 되며, 종의 아래는 아종·변종·품종 등이 있으며, 이는 유전적인 정도 또는 차이에 따라서 세분한다. 종의 상위에는 속, 과, 목, 강, 문 등이 있다. 강에 따른 분류의 특징은 아래와 같다.

표 3-4. 단자엽식물강과 쌍자엽식물강의 주요 특징 비교

구분	관다발	떡잎	잎맥	뿌리
단자엽식물강	불규칙배열	한장	나란히 맥	수염뿌리
쌍자엽식물강	규칙배열	두장	그물 맥	곧은뿌리

④ 약용식물의 분류

약용식물을 한의학적인 측면에서는 삼품분류법, 자연속성분류법, 공용분류법, 장부경락분류법 및 모획분류법로 분류한다.

㉠ 삼품분류법 : 약용식물의 인체내 작용과 독성에 의한 분류방법 중의 하나이며, 신농본초경에서 처음 나오는 분류방법으로 상품, 중품 및 하품으로 나눈다.

표 3-5. 신농본초경에 의한 분류

상품	군약이라고 하며, 보익작용이 있고 무독성이므로 먹어도 되는 120여 종의 약용식물들을 말함(예, 인삼, 감초, 지황, 석곡, 파극천, 황기, 구기, 아교 등)
중품	신약이라 하며, 병을 치료하고 허한 곳을 보하여 유독이나 무독이므로 사용할 때에 고려해야 하는 120여 종의 약용식물을 말함(예, 건강, 마황, 당귀, 작약, 오수유, 후박, 별갑 등)
하품	좌사약이라 하며, 치병을 주목적으로 하여 독성이 많아서 먹을 수 없는 125여 종의 약용식물을 말함(예, 연단, 부자, 반하, 대황, 감수, 낭독, 파두, 오송 등)

㉡ 공용분류법: 약용식물이 가지는 효능 및 효과에 따른 분류방법으로 중국 당나라 시대의 진장기의 본초습유에는 이 방법을 조명하여 약용식물을 선, 통, 보, 설, 경, 주, 조, 습, 활, 삽의 10류로 나눈다. 중약학교재 및 실용서적에 보편적으로 적용되는 분류방법으로 약물의 임상응용의 특점을 제시하고, 동류 약물공용의 공성과 본질연계를 제시하여 상수배오와 상호대응에 편리한 분류법이다.

⑤ 약용식물과 환경요소

약용식물의 약효는 자라는 환경에 절대적이라 할 수 있는데 이것에는 온도, 빛, 수분 및 토양에 좌우된다.

㉠ 온도: 식물별 온도에 대한 적응성은 식물별로 다르다. 식물이 고온에 견디는 정도는 내서성이며, 고온장애를 피하기 위해서는 짚, 멀칭, 고랭지 재배 등을 하며, 저온장애가 지속되면 세포액과 세포간극에 있는 수분이 동결하여 원형질 분리, 탈수현상 등이 나타난다. 이는 식물의 부작용과도 관계가 되므로 중요한 환경인자로 할 수 있다.

㉡ 빛: 빛은 식물이 광합성을 위한 필수조건이다. 이 때 탄산가스의 흡수량과 호흡작용에 의한 방출량이 같게 될 때의 광도를 광보상점이라 한다.

㉢ 수분: 수분이 약용식물에 미치는 영향으로는 각종 효소의 활성을 증대, 광합성과 기타 화학반응, 체형 유지 및 용매 물질의 운반자 역할 등이다. 수분조절에 따른 식물의 부작용으로는 생장억제, 호흡증대, 과실 비대 등이 있다.

㉣ 토양: 토양은 화산회토와 같이 비옥하지 못한 토양과 홍수로 토사가 운반되어 생긴 토양으로서 토심이 깊고 비옥하기 때문에 대부분의 식물을 재

배하는 데 적합한 충적토양이 있다. 충적토양은 주로 구릉지, 분지, 경사지의 토양으로 오랜 풍화와 용탈로 강한 산성을 나타내고, 부식이 적으며 인산이 부족한 척박한 점토질 모양이 대부분이다. 토양 또한 약용식물에 미치는 영향이 막대하므로 이에 대한 토양관리는 중요하다.

ⓜ 바람과 대기 : 약용식물 주위의 탄산가스 농도 유지, 잎의 수광량 변화에 따른 광합성 정도, 증산작용 및 공기성분의 청정유지, 유해가스 피해방지, 건조장애 등에 영향을 준다.

⑥ 약용식물의 채취

약용식물의 채취는 부위별 채취시기 및 방법 등이 서로 다양하다. 채취방법에 따라서 전초를 이용하는 약용식물, 뿌리를 이용하는 약용식물, 잎을 이용하는 약용식물, 껍질을 이용하는 약용식물, 꽃을 이용하는 약용식물, 과실을 이용하는 약용식물 및 종자를 이용하는 약용식물 들이 있다.

표 3-6. 약용식물자원의 이용부위별 구분

식물전체	잎	줄기(수피포함)	뿌리(구근포함)	꽃	열매(종자포함)	즙액
74(종)	33	29	154	10	29	2

표 3-7. 주요 약용식물의 과별 분류

과 명	식물명	학 명	약용부위
석송과	석송	*Lycopodium clavatum*	석송자-환의
속새과	속새	*Equisetum hyemale*	수렴, 이뇨, 발한작용, 장출혈, 치출혈, 월경과다, 임질, 안과질환, 암, 식욕증진
은행과	은행	*Ginkgo biloba*	종자(은행, 백과)-진해,거담,활혈
주목과	비자나무	*Torreya nucifera*	구충작용
	주목	*Taxus cuspidata*	이뇨, 항암
소나무과	소나무	*Pinus densiflora*	송지-반창고, 경고제의 기제
	해송(곰솔)	*Pinus thunbergiana*	
	잣나무	*Pinus koraiensis*	종자(해송자)-자양, 강장
수선화과	꽃무릇	*Lycoris radiata*	인경(석산)-최토, 소아마비
붓꽃과	범부채	*Belamcanda chinensis*	근경:사간-호흡기, 피부병

(계속)

과 명	식물명	학 명	약용부위
미나리아재비과	노랑돌쩌귀	*Aconitum koreanum*	감기약, 해열
	산작약	*P. lactiflor*	진경, 진통, 보혈작용
	진범	*Aconitum pseudo-laeve* var. *erectum*	진통작용
목련과	오미자	*Schizandra chinensis*	강장, 자양, 진해제
	목련	*Magnolia kobus*	진통, 비염, 축농증
녹나무과	녹나무	*Cinnamomum camphora*	강심작용
장미과	복숭아	*Prunus persica*	구어혈제
	복분자딸기	*Rubus coreana*	청량, 지갈

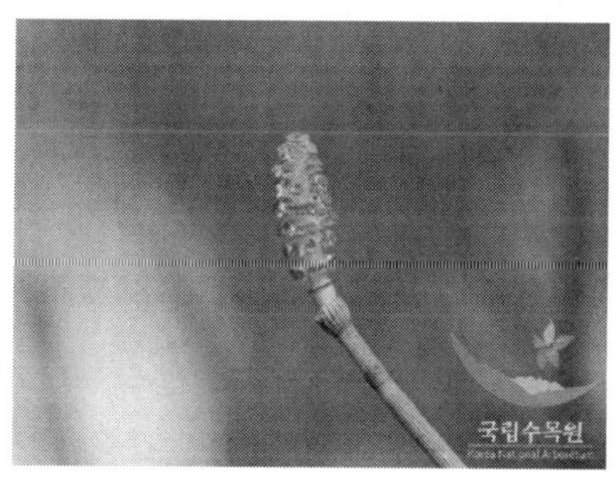

Equisetum hyemale(속새)

Ginkgo biloba(은행)

Taxus cuspidata(주목)

Pinus densiflora(반송)

Belamcanda chinensis(범부채)

Aconitum koreanum(백부자)

Magnolia kobus(목련)

Cinnamomum camphora(녹나무)

그림 3-6. 주요 약용식물(인용: 국가생물종지식정보시스템)

(2) 약용동물자원

일반적으로 대형 동물의 경우 몸의 일부만을, 소형 동물의 경우 전체를 약용한다. 대형 동물에는 뿔・가죽・뼈・내장・이・혀・생식기・배설물 외에 특수한 것으로 척추동물의 태아・태반, 병으로 생긴 결석・교질 등이 이용된다. 이러한 동물성 생약은 종종 쪄서 구운 것을 이용한다.

또한 곤충의 경우는 성충・유충・번데기・집・허물 등을 약용하는 외에 배설물이나 납질(蠟質)이 이용되는 것도 있다. 그 외에 조개껍데기・산호 등도 약용된다.

현존 지구상의 생물 중 가장 많은 종을 차지하고 있는 곤충은 지구 역사적으로 인류보다 보다 오랜 된 선점자이며, 뛰어난 환경적응력으로 인해 전세계 도

처에 걸쳐 광범위하게 성공적으로 서식하고 있다. 최근 지구환경 생태계 보호 및 생물자원 확보 측면에서 종의 다양성이 매우 풍부한 곤충을 유용 생물자원으로 인식하고 활용하고자 선진 각국을 중심으로 곤충자원의 탐색, 보전을 통한 생물자원 확보 경쟁이 날로 치열해지고 있으며, 이들의 가치평가 및 이용개발 연구가 매우 활발히 수행되고 있다.

곤충이 지구상에 아주 오랜 세월동안 다양한 환경조건 속에서도 성공적으로 적응하고 생존할 수 있었던 서식지(habitat) 및 행태(behavoir)의 특성과 관련하여 새로운 생물소재를 탐색, 이용하는 노력이 세계적으로 경쟁적으로 진행중이며, 특히 최근 생물 다양성 협약 등과 관련하여 다양한 곤충자원으로부터 새로운 생물소재(biomaterials)를 개발하고자 하는 움직임도 매우 활발하다.

대표적인 사례로는 golden orb weaver로부터 spider silk를 생산하는 유전자를 탐색, 대량 발현시켜 가벼우면서도 신축력과 강도가 탁월한 섬유소재를 개발

표 3-8. 주요 약용곤충

생약명			관련 생물(곤충)
동충하초	冬蟲夏草	Cordyceps	Lepidopteran Insects, Cordyceps militaris
벼메뚜기	책맹	Oxya	Oxya velox, Oxya chinensis
전라	田螺	Cipangopaludina	Cipangopaludina chinensis, C. japonica
전갈	全蝎	Buthus, Scorpion	Buthus martensis
누에나방	蠶蛾	Bombyx	Bombyx mori
누에똥	蠶沙	Bombyx	Bombyx mori
달팽이	蝸牛	Eulota	Eulota peliomphala
물방개	龍蝨	Cybister	Cybister tripunctatus orientalis
진딧물	五倍子	Galla Rhois	Rhus javanica, Melaphis chinensis
지네	蜈蚣	Scolopendra	S. subspinipes multilas, S. morsitans
거머리	水蛭	Hirudo	Hirudo nipponia, Whitmania pigra
매미허물	선퇴	Cicadae periostracum	Cryptotympana atrata, C. dubia
상표초	桑표초	Mantidis Octheca	Paratenodera sinensis, Statilia maculata
벌꿀	蜂蜜	Mel	Apis cerana, Apis mellifera
백강잠	白彊蠶	Bombyx Batryticatus	Bombyx mori, Beauveria bassiana
반모충	반모	Mylabris	Mylabris sidae, Mylabris cichorii
쇠등에	맹충	Tabranus	Tabranus trigonus, Tabranus bivittatus
땅강아지	누고	Gryllotalpa	Gryllotalpa africana
말벌집	露蜂房	Vespa Nidus	Vespa mandarinia, Polistes mandarinus
지렁이	坵蚓	Lumbricus	Pheretima asiatica, Allolobophora spp.
굼벵이	제조		Protaetia brevitarsis

하여, 천연섬유, 인공피부, 의복, 인공막, 특수 로우프 등에 활용하고 있는 것이다. 우리나라 제주도가 원산지로 알려져 있는 천잠(天蠶, *Antheraea yamamai*)이 생산하는 독특한 섬유를 대량 사육을 통하거나 혹은 견단백질을 일반 누에에서 생산한다든지, 물 속에서 서식하는 곤충이 생산하는 생체 접착물질을 분리, 대량 생산, 제제화한다든지, 누에똥에서의 항암제 생산, 반딧불 유전자의 다른 생물 도입, 이용, 그리고 화려한 나비의 날개표면 성분에서 나온 광물성 천연염료를 위폐방지용으로 사용하는 등의 실례도 있다.

전통적인 생약으로 이용되어온 약용곤충의 예는 매우 다양하며, 효능 및 유효성분 분석연구는 최근 들어 각광을 받고 있다. 동충하초, 반모, 백강잠, 굼벵이, 지렁이, 거머리, 지네, 전갈, 거미 등 많은 곤충자원이 인류의 질병치료에 이용되고 있다.

3) 해양생물원

해양생물원으로부터의 생리활성물질의 개발은 21세기의 인구 폭증, 자원고갈, 환경오염 등 지구가 당면한 문제들을 해결하면서 인류의 삶에 혁명적 변화를 가져올 핵심 분야이므로 주목되어야 할 자원이다.

선지국에서는 이미 신물질 개발의 대상이 육상생물에서 해양생물로 점차 이전하는 추세이며, 이러한 경향은 1980년대 후반 이후로 가속되어 왔다. 이를 위해서 먼저는 해양생물 자원 선점이 가속화되고 있다. 이를 위해서 선진국들은 열대 해역으로의 진출을 점점 강화하는 이유가 그것이다. 이와 같은 해양자원 선점의 관건은 바로 기술력이라 할 수 있다.

표 3-9. 해양생물원으로부터 분리된 제품의 시장규모

제 품	내 용
파 단	일본에서 갯지렁이로부터 개발한 이화명충 농약 국내 시장규모 : 연간 140억원('96 기준)
잡종 줄무늬 농어	미국 시장규모 : 5천만 달러
육종언어 신품종	미국 시장규모 : 5백만 달러
한천 및 아가로스	시장규모 : 3억 달러
소염물질(Pseudoteropsin)을 이용한 화장품 개발(Estee Lauder 사)	소염제 임상실험 기술특허료 120만 달러

국내에서도 해양자원으로부터 신물질 개발이 이루어지고 있으나 후진성을 면치 못한 실정이다.

(1) 해양생물원의 종류

해양생물은 생활형태에 따라 부유생물(플랑크톤; plankton), 유영생물(nekton), 저서생물(benthos)로 분류된다. 운동능력이 약하거나 없어서 물의 흐름에 의해 떠다니며 생활하는 것을 부유생물이라 하고, 어류와 같이 유영능력이 뛰어나 자력으로 이동할 수 있는 것을 유영생물, 암반·모래·펄과 같은 해양의 바닥에서 생활하는 것을 저서생물이라 한다.

가) 부유생물

부유생물은 보통 물에 떠서 사는 생물을 플랑크톤(plankton) 또는 부유생물이라 한다. 플랑크톤은 크게 식물플랑크톤과 동물플랑크톤으로 분류된다. 식물플랑크톤의 경우 수 ㎛에서 수백 ㎛ 정도의 크기로 육안으로는 볼 수 없으며 현미경을 통해서 관찰이 가능하다. 동물플랑크톤 중에는 길이가 수 m나 되는 대형 해파리도 있지만 대부분은 수십 ㎛에서 수 mm까지로 현미경적 크기이다. 플랑크톤은 크기는 작지만 숫자는 아주 많아서 해수 1L 안에 식물플랑크톤 경우 수천만 개체, 동물플랑크톤의 경우 수백 마리까지 들어 있다.

해양에 사는 단세포 동물에는 섬모충류, 유공충류, 방산충류, 편모충류 등이 있다. 섬모충류는 크게 섬모라는 짧은 털을 가지고 운동을 하며, 껍질이 없는 섬모충류와 껍질이 있는 유종섬모충류로 나눌 수 있다. 유종섬모충류는 마치 종 모양의 껍질을 가지고 있기 때문에 붙여진 이름이다. 유공충은 크기가 1 mm 미만에서 수 mm까지이다.

대부분의 유공충은 저서생활을 하며 극히 일부만이 부유생활을 한다. 탄산칼슘이 주성분인 껍질을 가지고 있으며, 표면에는 작은 구멍이 나 있고 여러 개의 방으로 나뉘어 있다. 아메바처럼 세포질을 구멍 밖으로 내밀어 박테리아나 식물플랑크톤을 잡아먹고 산다.

심해저에는 이들의 껍질이 가라앉아 탄산칼슘의 퇴적물을 이루고 있는 곳이 있다. 방산충류는 50 ㎛보다 작은 것부터 수 mm 되는 것까지 있다. 규소 성분의 껍질을 가지고 있으며, 방사상으로 침이 나 있어 아름다운 모양을 하고 있다. 특히 열대 해역에서 흔히 볼 수 있다. 앞서 적조현상에서 언급한 야광충은 편모충류에 속한다.

나) 유영생물

자신의 유영 능력이 강하여 수류의 방향과 무관하게 이동할 수 있는 생물을 가리킨다. 유영생물은 대부분이 어류이며, 두족류의 일부(오징어 등)와 해양 포유류(고래 등)가 이에 해당된다.

해양생물자원 중 심해 어류에는 많은 고기능성 물질이 내재되어 있으며, 특히 지질 성분이 주목을 받고 있다. 특히, 심해 어류은 왁스를 대량으로 함유하고 있으며, 최근에는 화장품이나 의약품의 중요 베이스로 활용하고 있어 그 수요가 크게 증가하고 있는 실정이다. 물론 아직은 석유계 왁스나 합성 왁스의 사용이 경제적인 면에서 다소 우위를 차지하고 있으나, 앞으로 천연을 지향하는 소비자의 성향과 기능적인 우수성과 높은 안전성 때문에 기능성과 안전성을 최우선으로 하는 화장품과 의약품 산업에서는 천연왁스가 선호될 전망이다.

다) 저서생물

해저는 동해안의 백사장처럼 모래로 된 곳, 서해안의 개펄처럼 진흙으로 된 곳, 자갈이나 암반으로 된 곳 등 다양하다. 바다가 조용한 곳에는 미세한 점토가 쌓여 개펄이 만들어지고, 바다가 거칠면 점토는 쌓일 틈이 없고 굵은 모래가 쌓여 백사장이 형성된다. 파도가 아주 거친 곳은 주로 암반해안이 형성되어 있다. 이렇게 다양한 저질에는 제각기 그곳에 가장 적합한 생물들이 살고 있다.

개펄이나 백사장에는 게나 조개, 갯지렁이처럼 구멍을 파고 숨어사는 동물들이 많다. 개펄이나 백사장과는 달리 암반해안은 구멍을 파고 사는 생물들에게는 황무지나 다를 바 없다. 대신 따개비처럼 바위 표면에 붙어사는 생물들이 많다. 이렇게 바닥에 붙어살거나 해저를 생활무대로 사는 생물을 저서생물이라 하며, 동물뿐만 아니라 해조와 같은 식물도 포함된다.

(2) 해층의 구조

해수는 깊이에 따른 온도, 염도 및 밀도의 변화에 따라 크게 3개의 층으로 나누어진다. 표면으로부터 200 m까지는 표층수대(surface zone), 200～1,000 m 사이는 저층수대 또는 수온약층(pycnocline), 그리고 1 km 이하는 심층수대(deep zone)이라고 하는데, 그 깊이는 위도에 따라 달라지기도 한다.

해양 심층수는 태양광이 도달하지 않는 수심 200 m 이상의 깊은 곳으로 연중 수온이 2℃ 전후로 안정되어 있고, 해양생물의 기초 성장에 필수적인 영양염류가 풍부할 뿐만 아니라 유기물이나 병원균 등이 거의 없는 청정한 저온 해수자원으로 이 또한 다양한 해양산업의 보고라 할 수 있다.

표 3-10. 해양 심층수의 특성

구 분	특 성	활용 분야
저온성	연중 안정적인 저수온 해수	· 치자어(패)류의 생존율 향상 · 고수온에 의한 질병 및 폐사 · 한수성 어패류의 종묘 생산 및 양식 · 냉방, 냉장, 냉동을 위한 에너지 활용
청정성	병원균 및 유기오염물이 적은 청정 해수	· 청정한 양질의 사육수 확보 · 하계 축양수 활용
부영양성	해양식물 생장에 필요한 질소, 인, 규소 등의 무기영양염이 풍부한 부영양 해수	· 식물성 및 동물성 플랑크톤 배양 · 해조류의 배양 및 이를 이용한 복합 양식 · 해역 기초 생산량 증대
숙성성	수압 20기압 이하에서 오랜 기간 성숙한 숙성 해수	· 식품첨가제로 활용 · 화장수 및 화장품 등의 개발에 활용
안정성	다양한 필수 미량원소가 균형있게 용존해 있는 안정 해수	· 유용물질(희소금속 및 에너지원) 추출 · 기능성 음용수 또는 음료수 제조 · 의료 또는 약용수로 활용

참고문헌

1. Iwami, M., Kiyoto, S., Terano, H., Kohsaka, M., Aoki, H. and Imanaka, H. 1987. A new antitumor antibiotic, FR-900482. I. Taxonomic studies on the producing strain: a new species of the genus Streptomyces. J Antibiot (Tokyo). 40(5): 589~93.
2. Pandey, R.C., Toussaint, M.W., Stroshane, R.M., Kalita, C.C., Aszalos, A.A., Garretson, A.L., Wei, T.T., Byrne, K.M., Geoghegan, R.F. and Jr, White, R.J. 1981. Fredericamycin A, a new antitumor antibiotic. I. Production, isolation and physicochemical properties. J Antibiot(Tokyo). 34(11): 1389~401.
3. Oka, H., Yoshinari, T., Murai, T., Kawamura, K., Satoh, F., Funaishi, K., Okura, A., Suda, H., Okanishi, M. and Shizuri, Y. 1991. A new topo-isomerase-II inhibitor, BE-10988, produced by a streptomycete. I. Taxonomy, fermentation, isolation and characterization. J Antibiot(Tokyo). 44(5): 486~91.
4. Harborne, J.B., Mabry, T.J. and Mabry, H. 1975. The flavonoids. Chapman & Hall, London.
5. Iwe, M.O., Obaje, P.O. and Akpapunam, M.A. 2004. Physicochemical properties of cissus gum powder extracted with the aid of edible starches. Plant Foods Hum Nutr. 59(4): 161~8.
6. 원장원, 안세영. 2002. 증거에 입각한 생약의학. 한우리.
7. Jiang, Z.D., Jensen, P.R. and Fenical, W. 1999. Lobophorins A and B, new antiinflammatory macrolides produced by a tropical marine bacterium. Bioorg Med Chem Lett. 9(14): 2003~6.
8. Fautin, D.G. 1988. Ed. Biomedical importance of marine organisoms. California academy of sciences, San Francisco.
9. Shin, J., Lee, H.S., Woo, L., Rho, J.R., Seo, Y., Cho, K.W. and Sim, C.J. 2001. New triterpenoid saponins from the sponge Erylus nobilis. J Nat Prod. 64(6): 767~71.
10. Lee, H.S., Rho, J.R., Sim, C.J. and Shin, J. 2003. New acetylenic acids from a sponge of the genus Stelletta. J Nat Prod. 66(4): 566~8.
11. De Marino, S., Iorizzi, M., Palagiano, E., Zollo, F. and Roussakis, C. 1998. Starfish saponins. 55. Isolation, structure elucidation, and biological activity of the steroid oligoglycosides from an Antarctic starfish of the family Asteriidae. J Nat Prod. 61(11): 1319~27.

3. 생리활성물질의 분리, 정제 및 구조 동정

1) 천연 생리활성물질의 정의

'천연 생리활성물질'이란 '생물체로부터 생산되는 유기화합물'에 대한 총칭으로 단백질·탄수화물·지질 등 생물에 비교적 다량 함유되어 있는 생체의 구성 성분적인 물질로부터 비타민, 호르몬과 같이 생체 중에 극미량 존재하고 있으나 생물의 기능을 미묘하게 제어하는 물질에 이르기까지 극히 광범위하다.

그러나 보다 엄밀하게 이야기 한다면 낮은 농도(1,000 ㎍/mL 이하)에서 효과를 나타내며, 인간에게 유익한 영향을 미치는 저분자 화합물(분자량 5,000 미만)이라 하겠다. 유익한 화합물이라면 이상하게 들릴지 모르겠으나 반대로 생각해 보면 독성물질을 생리활성물질이라고 하지는 않을 것이다.

2) 천연 생리활성물질의 분리, 정제를 위해 갖추어야 할 조건

천연 생리활성물질은 크게 구분하여 수용성과 지용성 화합물로 나눌 수 있다. 수용성 화합물은 다시 산성, 염기성, 중성, 양성(兩性) 화합물로, 그리고 지용성 화합물은 다시 극성과 비극성 지용성 화합물로 세분된다. 이들 화합물을 분리, 정제하기 위해서는 각각의 화합물이 가지고 있는 고유의 물리·화학적 성질을 이용하여 분리, 정제를 진행해야 한다. 우리가 일반적으로 생각하기에는 물질의 분리, 정제는 화학적인 도구나 지식만 있으면 충분하리라 생각하지만 실제로는 그렇지 않다. 물질의 분리, 정제를 위해서는 ① bioassay system, ② 분리 및 정제 시스템, ③ 물질 동정 시스템이 완비되어 있어야만 한다.

Bioassay system이란 목표로 하는 물질의 생리활성을 측정할 수 있는 probe의 역할을 한다고 하겠다. 예를 들어 분리, 정제과정에서 생약재 추출물을 silica gel column chromatography를 하여 300개의 분획으로 나누었을 경우, 여러 분획 중에 생리활성이 어디에 있는지를 추적할 수 있는 tool를 말한다.

이러한 bioassay system의 갖추어야 할 조건으로는 ① 저농도에서 활성 검색 가능, ② 재현성, ③ 신속성, ④ 간편성, ⑤ 저비용, ⑥ *in vivo*와 *in vitro*의 높은 상관성, ⑦ 목표 생물 선택성, ⑧ 독창성이다. 즉, 물질의 검색에 비용이 너무 많이 들고, 결과의 도출이 느리며 더불어 실험의 재현성이 떨어지게 되면 올바른 물질의 도출은 어려울 수 밖에 없다.

Bioassay system으로는 다양한 방법들이 개발되어 있으나 크게 나누면 ① *in vitro* system, ② *in vivo* system(농약인 경우는 pot test), ③ 임상 모델로 나눌

수 있다. *In vitro* 시험법은 시험관 내에서 항균활성, 암세포에 대한 증식억제 효과 혹은 세포독성, 새우알을 이용한 세포독성 혹은 항균활성물질 탐색법, *Agrobacterium tumefaciens*를 접종한 고구마 디스크에서 종양생성 방지효과(crown-gall tumor assay), 잡초 씨의 발아 억제력을 이용한 제초제 검색법, 효소활성을 이용한 검색법(예, HMG-CoA 저해제 탐색을 통한 콜레스테롤 합성 저해제 개발) 등 다양하고 독창적인 bioassay system이 보고되고 있다.

3) 분리 및 정제 방법

(1) 시료로부터 추출

천연 생리활성물질은 대부분 고체(생약재) 혹은 액체(미생물 배양액)에 함유되어 있게 된다. 고체 시료로부터 활성물질을 분리하기 위해서는 우선 활성물질의 용해성을 고려하여 추출하여야만 한다. 즉, 화학에서 'like dissolve like'의 원리를 이용하여 고체시료에 함유되어 있는 활성물질을 추출하여야 할 필요가 있다. 수용성인 물질은 물로, 지용성인 물질은 유기용매로 추출하나 이 때 추출효율은 활성물질의 용해도, 시료의 표면적(고체시료의 경우), 온도, 추출 회수라 하겠다. 시료는 표면적이 커지도록 가능하면 입자를 작게 하는 것이 추출하기가 용이하나 분말의 경우 가라앉으므로 교반을 하여야 한다.

온도는 대부분이 높을수록 효율은 증가하나 활성물질의 안정성을 고려하여야만 하며, 유기용매를 사용할 경우 환류장치가 필요하다. 또한 soxhlet 장치가 아닌 일반적인 환류 추출장치의 경우 오래 추출하면 포화가 되어 더 이상 추출되지 않으므로 추출액을 여과하여 별도로 두고 다시 새로운 용매를 첨가하여 추출하여야 하며, 이러한 과정을 3회 정도 반복함으로써 목적을 달성할 수 있다.

추출하고자 하는 시료와 용매의 비율은 대개 1:8～10(w/v)이 된다. 일반적으로 건조 생약재로부터 활성물질을 추출하고자 할 경우는 70～80% 메탄올로 환류추출하며 이렇게 되면 지용성 및 수용성 물질 모두를 추출할 수 있다. 주의사항으로는 가능하면 ether와 같이 휘발성과 점화성이 강한 용매는 사용하지 않는 것이 좋다. 불가피하게 사용하여야 한다면 화기에 노출되어서는 안 된다.

(2) 분별침전

용액상태에 존재하는 물질을 침전시켜 분리하는 방법으로 저분자의 산 혹은 염기성 물질의 경우 불용성의 염으로 변환시켜 침전시키는 방법, 단백질과 같이 고분자 물질의 경우 용해성이 매우 낮은 등전점으로 침전, 온도에 의한 용해도

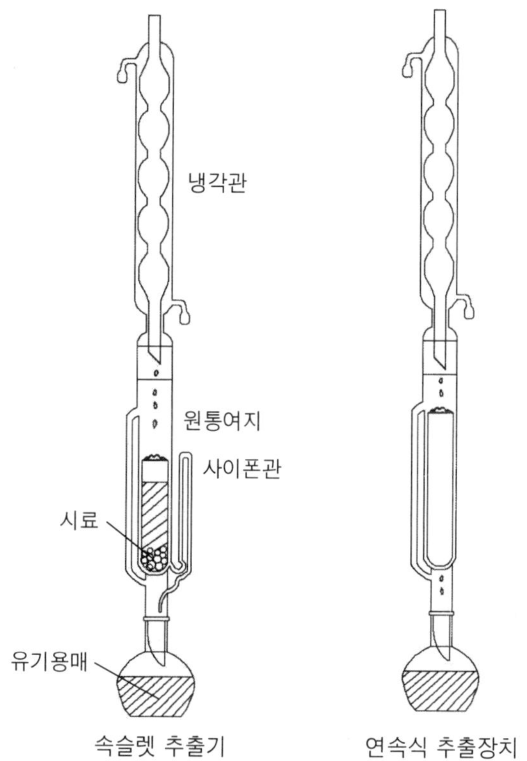

그림 3-7. 연속고제추출장치

의 차를 이용한 침전, 불용성의 용매를 첨가하여 물질을 침전시키는 방법, 재결정화 방법 등을 이용하게 된다. 침전제로는 고체시료의 용매에 대한 용해성을 이용하는 분리법 중 하나가 고체 추출이다.

침전제의 종류는 다음과 같다.

① 저분자의 산성 관능기를 가진 물질: 동염, 은염, 아연염, 연염, 바륨염, 칼슘염

② 염기성 관능기를 가진 물질: 유기산염(picrate, pichloronate, flabianate, helianthte 등) 혹은 무기산염(인텅그스텐산염), 인몰리브덴산염, 라이넷게이트 등)으로 침전시킨다.

③ 불용성의 침전 염류로부터 목적물을 회수하는 방법

- 유기산 금속염의 경우: 염류를 물 혹은 함수 알콜에 현탁시켜 그 액에 유화수소(hydrogen sulfate)를 첨가, 금속유화물을 침전시킴으로써 유기산을 유리시킨다.

표 3-11. 염기성 관능기를 가진 물질에 대한 침전(결정성 유도체)제

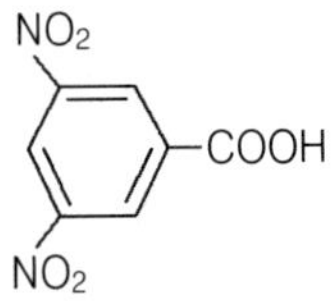

3,5-dinitrobenzoic acid

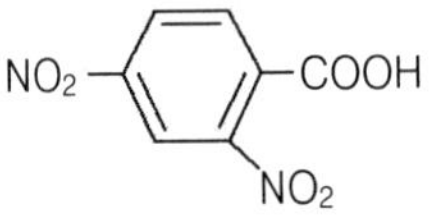

2,4-dinitrobenzoic acid

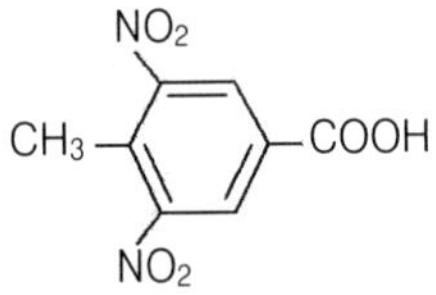

3,5-dinitrotoluic acid

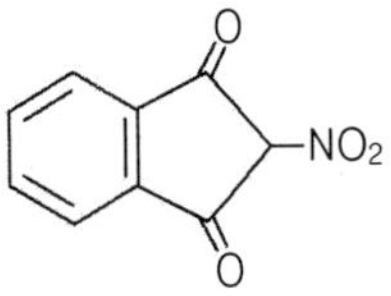

2-nitro-1,3-indandione

H_2PtCl_6

platinic chloride(platinic acid)

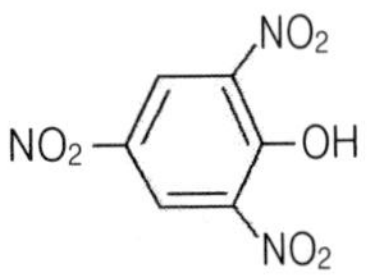

2,4,6-trinitrophenol(picric acid)

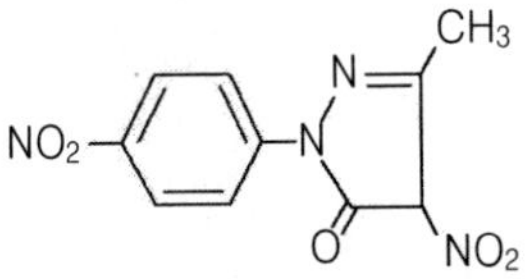

3-methyl-4-nitro-1-(*p*-nitrophenyl)-2-pyrazolin-5-one (picrolonic acid)

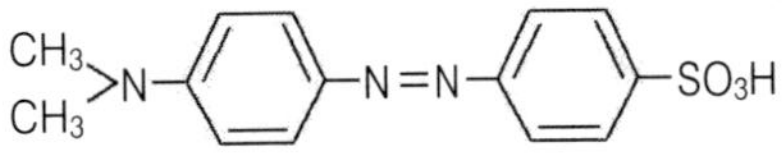

p-dimethylaminoazobenzene sulfonic acid (methyl orange, helianthin B)

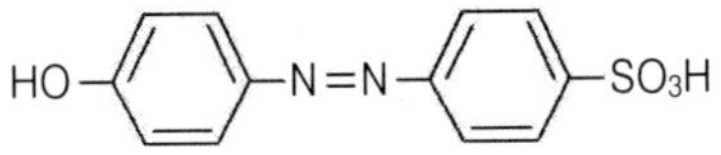

p-hydroxyazobenzene sulfonic acid

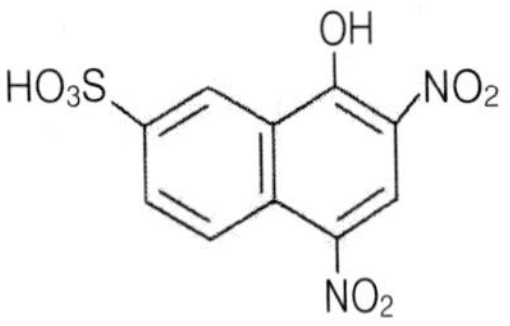

2,4-dinitro-1-naphthol-7-sulfonic acid(flavianic acid)

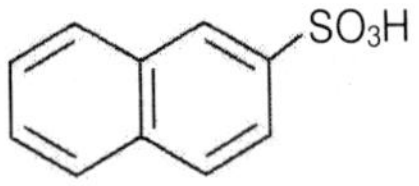

β-naphthalene sulfonic acid

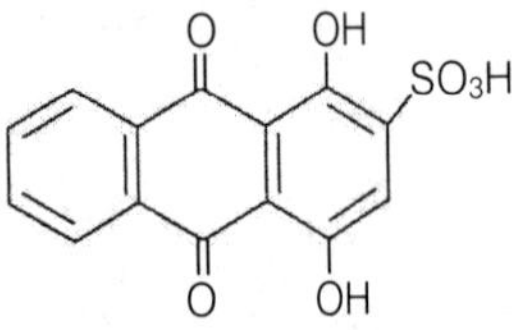

1,4-dihydroxyanthraquinone-2- sulfonic acid (rufianic acid)

$NH_4[Cr(NH_3)_2(SCN)_4] \cdot H_2O$

Reinecke's salt

$NH_4[Cr(SCN)_4(C_6H_4NH_2)_2] \cdot 1.5H_2O$

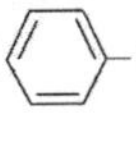

ammonium rhodanilate

- 염기성 물질 유기산염의 경우: 염의 물 현탁액에 무기산을 첨가하여 유기산을 유리시키고 에텔에 의한 용매추출에 의하여 유기산을 제거하던가 아니면 이온교환수지에 의한 분리방법도 가능하다.
- 단백질의 가수분해물로부터 아미노산을 분리하기 위해서는 현재 이온교환수지에 의한 방법이 이용되는 경우가 가장 많으나 경우에 따라서는 pH 조절에 의한 침전법을 사용하는 경우도 있다.
- 정제가 어느 정도 진행된 단계에서 목적물을 결정성 유도체로서 만들어 단리, 정제 동정을 행하는 경우가 많다.

④ 카르본산염: 전술한 금속염

⑤ 기타 유기산: 결정성이 양호한 allylthiouronium염을 이용하여 재결정화

⑥ 미생물 배양액을 이온교환수지에 흡착시킬 때: 막바로 이온교환수지에 흡착시키면 단백질이 컬럼의 상층부에 응고되어 배양액이 컬럼을 통과하기 어렵게 되므로 산 처리하여 단백질 제거한 다음 이온교환수지에 흡착시키는 방법을 사용한다. 단 분리하고자 하는 화합물이 산 조건하에서 안정한 경우에 한한다.

- Napthalene, anthracene 등과 같이 축합환 방향성 탄소수소는 picric acid, trinitrofluorenone 등과 결정성 분자화합물을 형성하므로 이들의 단리, 정제에 자주 이용됨.

(3) 재결정 및 분별결정

분리, 정제의 최종 단계에서 자주 이용되는 방법으로 결정의 생성은 물질을 구성하는 원자가 일정한 공간격자로 배열할 때 형성되는 것이므로 다른 성질의 물질은 결정 생성시 제거된다.

유기적 반응에 의하여 얻어진 물질들은 어느 정도 순수하기는 하지만 소량의 불순물이 존재한다. 이러한 불순물은 물질을 얻는데 있어서 방해를 주며, 순도를 높이는 데 방해가 된다. 결정은 주어진 용매나 용매 혼합물에 녹아 있는 물질과 용매 간의 용해도 차이에 의하여 생성된다.

결정화 과정은 다음과 같다.

① 끓는점이나 이 부근에서 적절한 용매를 이용하여 녹인다.

② 녹지 않은 물질은 식기 전에 여과하여 제거한다.

③ 여과된 용액을 서서히 식혀 결정을 생성시킨다.

④ 결정을 모액과 분리한 다음 ①~④의 과정을 3회 정도 반복함으로써 순도가 높은 재결정을 얻는다.

⑤ 얻어진 결정을 건조한다.

재결정을 위한 용매의 선정은 실험실 온도보다 높은 온도에서 정제된 물질은 일반적으로 극성이 강한 용매를 하고, 실험실 온도나 이보다 낮은 온도에서 정제된 물질은 극성이 약한 것을 사용한다. 휘발성이 좋은 용매를 사용해야 결정으로부터 용매를 쉽게 제거할 수 있으며, 불순물까지 녹이는 것을 반드시 피해야 한다.

일반적으로 단일용매로 결정을 유도하나 경우에 따라서는 두 가지 혹은 그 이상의 복합용매계를 사용하여 결정을 유도하는 예도 자주 있다. 결정을 용이하게 유도하기 위하여 활성물질과 용매가 함께 들어 있는 유기용기의 내벽을 유리봉 같은 것으로 긁어 주는 방법, 미리 얻어둔 결정을 넣어 주는 방법, 드라이아이스 파편을 용기 속에 떨어뜨리는 방법, 용기를 냉장고에 장시간 넣어 두는 방법 등 다양한 기술들을 구사할 수 있다.

(4) 다상간 분배에 근거한 분리, 정제법

물질 분리 조작의 많은 경우는 수용액 상태에서 행해진다. 즉, 미생물 배양여액 혹은 생약재 70% 메탄올 추출물의 경우 감압 농축하여 유기용매를 제거하고 나면 수용액 상태가 된다. 일단 수용액 상태로 만든 다음에는 분별침전, 분별결정 등과 단일 용매계에 대한 용질의 용해성에 근거하여 분리를 하거나, 섞이지 않는 2가지 이상의 혼합 용매계에 용질을 녹일 경우 각각의 층에 대한 용질의 분배계수가 다른 점을 이용한 분배법(partition)으로 분리하기도 한다. 상(phase)의 수는 2개가 아니라도 무관하나, 통상 2상간 분배법을 이용한다. 이 방법으로는 소량은 물론 대량 처리도 가능하고, 광범위한 유기화합물에 적용 가능하기 때문에 저분자의 유기화합물 분리법으로 가장 널리 이용된다.

2상간 분배를 이용할 경우 분리하고자 하는 화합물은 유기용매 층으로의 분배계수에 따라 적당한 용매를 선택하게 되며, 이 때 분배계수는 다음 공식에 의거 산출한다. 즉, ethylacetate와 물과의 사이에서 분배계수가 1인 물질이라면 동일한 부피로 두 가지 용매를 혼합할 경우 상층과 하층에 각각 50%씩 분포하게 된다. 이 방법은 소량을 처리할 때 가장 편리하다. 물과 혼합되지 않는 용매(예, 극성 지용성 화합물의 경우 butanol, 비극성 지용성 화합물의 경우 ethyl-acetate)를 분획 여두 혹은 시험관에 넣고 세차게 흔들어 섞어준 다음 정치하거

표 3-12. 재결정을 위한 용매들

Solvent	Boiling point(℃)	Cautions
distilled water	100	to be used whenever suitable
methanol	64.5	inflammable; toxic
ethanol	78	inflammable
industrial spirit	77～82	〃
rectified spirit	78	〃
acetone	56	〃
ethyl acetate	78	〃
glacial acetic acid	118	not very inflammable, pungent vapours
dichloromethane (methylene chloride)	41	non-inflammable; toxic
chloroform	61	〃 ; vapour toxic
diethyl ether	35	inflammable, avoid whenever possible
benzene	80	inflammable, vapour highly toxic
dioxan	101	inflammable, vapour toxic
carbon tetrachloride	77	non-inflammable, vapour toxic
light petroleum	40～60	inflammable
cyclohexane	81	inflammable

나 원심분리하면 상하 두 층으로 상분리가 일어난다. 각 층은 따로 회수한 다음 농축하여 활성검색을 함으로써 추출여부를 확인할 수 있다.

활성물질의 분리, 정제방법을 확립하기 위한 초기단계에서는 시험관에 시료가 함유된 수용액과 이와 혼합되지 않는 유기용매를 각각 1 mℓ씩 첨가한 다음 vortexing, 원심분리, 상/하층을 따로 회수, 농축, 활성검정을 하게 되면 다상간 분배 가능 여부를 확인할 수 있다. 사용하는 유기용매는 극성도에 따라 물과 혼합되기도 하며, 혼합되지 않기도 한다. 예를 들면 물과 아세토나이트릴(CH_3CN)은 어떤 비율도 혼합하더라도 상분리가 일어나지 않는다. 그러나 여기에 염화나트륨을 포화가 되도록 첨가하면 상분리가 일어나며, 이러한 원리를 이용하여 잔류농약 분석을 위한 시료 전처리에 사용된다. 다량의 시료로부터 활성

용매추출과 분배율(partition coefficient, distribution coefficient)

$K = \frac{C_2}{C_1}$ C_2 : 상층 용매 중 용질의 농도, C_1 : 하층 용매 중 용질의 농도

물질을 추출하고자 할 경우는 적합한 유기용매로 1회 추출하는 것 보다 시료의 2/3량 용매로 3회에 걸쳐 분배크로마토그래피를 하는 것이 훨씬 효율적이다.

(5) 크로마토그래피(Chromatography)

가) 박층 크로마토그래피(Thin layer chromatography)

TLC는 신속하게 결과를 볼 수 있고 소량의 시료에 적합하므로 주로 분석용으로 사용된다. 천연 생리활성물질의 분리 및 정제에 있어 TLC는 가장 많이 사용되는 방법 중 하나이다. TLC는 물질의 용해도에 따라 지용성 물질과 수용성 물질 분리용으로 구별할 수 있다. 일반적으로 수용성 물질 분리에는 cellulose TLC를 사용하며, 지용성 물질의 분리에는 실리카겔 TLC를 사용한다. 실리카겔 TLC는 다시 순상과 역상으로 나누며, 순상은 silica gel TLC, 역상은 ODS(Octadecyl silane C18) TLC가 있다.

순상과 역상이 다른 점은 순상(normal phase)에서는 극성이 약한 물질이 먼저 전개되며, 극성이 강한 물질은 늦게 혹은 전개되지 않는다. 이와 반대로 역상은 극성이 강한 물질과는 친화성이 없다. 반면에 비극성 지용성 물질의 경우 친화력이 뛰어나 늦게 전개되는 것이다. ODS의 이러한 성질을 이용하여 지용성 물질 분리를 위한 HPLC column으로 이용되고 있다. Preperative TLC와 centrifuge TLC의 경우 비교적 다량의 물질을 분리할 수 있어 실험실 규모에서 많이 사용된다. 결점이라면 Rf치의 재현성이 좋지 않다는 점이다. 그 이유는 흡착제 활성화의 재현성 결여, 용매 증기의 전개조 내의 포화 정도, 온도, 점적하는 시료의 양, 보관기간에 따른 용매계의 조성 변화 때문이다. 따라서 이러한 결점을 보완하기 위하여 전개 시는 항상 reference 물질과 함께 전개한다.

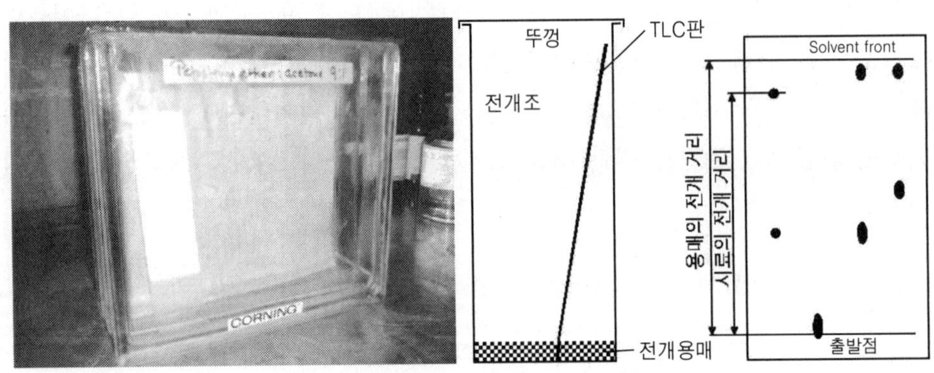

그림 3-8. Thin layer chromatography

나) 여지 크로마토그래피(Paper chromatography)

여지에 흡착된 물과 용매 사이에서의 분배를 이용하여 아미노산, 당을 비롯한 수용성 화합물의 분리·동정에 사용하며, 경우에 따라서는 여지를 silicone 혹은 vaseline으로 전처리하여 사용하기도 한다. 이 경우 물을 흡착하는 성질을 잃어버림으로써 silicone 혹은 vaseline이 고정상이 된다. 이때 전개용매로 극성이 강한 methanol 등을 사용하게 되면 역상 크로마토그래피가 되기도 한다.

Cellulose powder 혹은 원통여지를 여러 겹으로 쌓아서 만든 column chromatography도 같은 원리이며, 최근에는 결정 cellulose와 cellulose TLC가 개발되어 시판되고 있으므로 편리하게 사용할 수 있다.

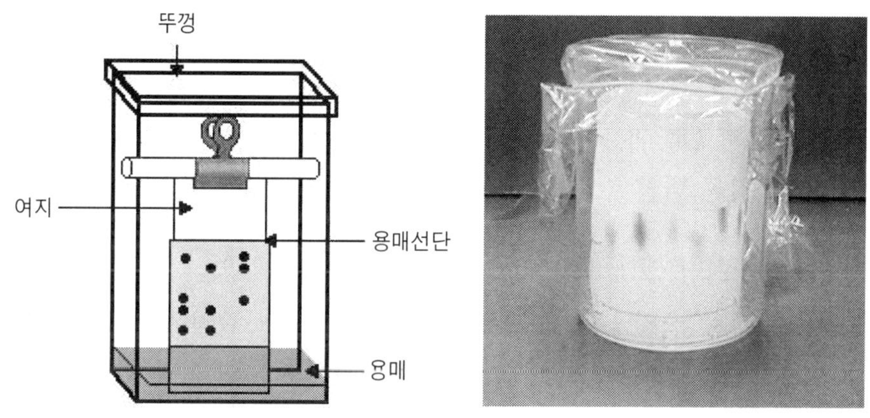

그림 3-9. Paper chromatography

다) 분배 크로마토그래피(Distribution chromatography)

컬럼(column)에 충진시킨 흡착제를 고정상으로 하여 물질을 흡착시켜 이것과 컬럼을 통과하는 이동상(mobile phase) 사이에 연속적으로 분배가 일어나게 하는 chromatography로서 순상과 역상이 있다. 물질의 분리는 흡착제의 흡착력, 이동상인 혼합용매계의 극성도와 흡착되는 물질의 극성도 사이에서 발생하는 친화도의 차이에 의해 이루어진다. 즉, 용매계의 극성이 강한 용매(예를 들어 물)를 가하면 흡착제는 일방적으로 물만 흡착하므로 다른 용질에 대한 흡착력을 상실하게 된다. 일반적으로 비교적 극성이 강하고 친수성인 물질에는 물을 고정상으로 하는 분배 크로마토그래피가 적합하고, 극성이 약한 지용성 물질에는 흡착 크로마토그래피가 적합하다.

용출 용매는 수지와 분리하고자 하는 물질의 성질을 고려하여 선택하게 되며, 일반적으로 chloroform/buthanol, hexane/buthanol, buthanol/methanol/water, chloroform/methanol, chloroform/methanol/water(하층), hexane/ethylacetate 등을 사용하게 된다. 그러나 처음에는 어떤 용매계가 적당한지 모르는 상태이므로 TLC를 통하여 적당한 용매계를 선택하는 것이 중요하다. 저급 지방산의 경우 고정상으로서 황산용액 혹은 pH 5.5～7.0의 phosphate buffer를 사용하며, 구배 용출을 위해서는 chloroform/butanol(9/1→7/3→) 혹은 chloroform/methanol/water(12/3/1→9/3/1→6/3/1)와 같이 단계적으로 극성을 높여 나가는 방법과 직선상으로 용매의 극성을 높여가는 구배 용출법(gradient)을 사용할 수 있다.

용출이 끝난 다음에는 적당량의 methanol 혹은 acetone으로 세척함으로써 불가역적으로 흡착되어 있던 시료를 손실없이 모두 회수하며, 용출이 완료되었다 하더라도 활성을 검정하여 활성이 없다는 사실을 확인하기 전까지는 사용한 수지를 버리지 말도록 권장한다. 그 이유는 아직 컬럼에 남아 있을 수도 있는 귀중한 활성물질을 버릴 수 있기 때문이다.

라) 흡착 크로마토그래피(Adsorption chromatography)

흡착과 용출은 수지(resin)가 유기화합물을 흡착하는 성질을 이용하여 물질을 농축 혹은 분리・정제하는 방법으로 컬럼 크로마토그래피, 박층 크로마토그래피 등이 있다. 이 방법과 분배 크로마토그래피가 다른 점은 분배는 여러 가지 용매로 구성된 복합용매계에서 분리하고자 하는 물질이 특정 용매에 대한 친화성의 크고 작음에 따라 분리하는 방법인 반면, 흡착 크로마토그래피는 수지의 흡착성도 함께 활용하는 분리법이다. 따라서 용매의 분배만을 이용하는 것 보다는 훨씬 분리・정제 효율이 높다고 할 수 있다.

흡착 크로마토그래피는 흡착제(adsorbent)와 피흡착물(adsorptive)와의 관계이며, 흡착은 물리적 흡착(physical adsorption)과 화학적 흡착(chemisorption)이 있으나 물질 분리에 있어서는 흡착이 비교적 약하게 일어나는 물리적 흡착을 이용한다. 흡착을 지배하는 요소는 용매는 물론 분리하고자 하는 물질의 극성도이며, 쌍극자 효율(dipole moment), 편극도(polarizability), 유전상수(dielectric constant), London forces, 수소결합(hydrogen bond)에 의하여 좌우된다. 유기 화합물의 극성은 분자에 포함된 극성 관능기의 종류・배열・수 등에 의하여 좌우된다. 고급 지방산은 극성이 강한 carbonic acid를 가지나, 분자의 대부분은 극성이 약한 탄화수소로 되어 있어 전체적으로는 비교적 극성이

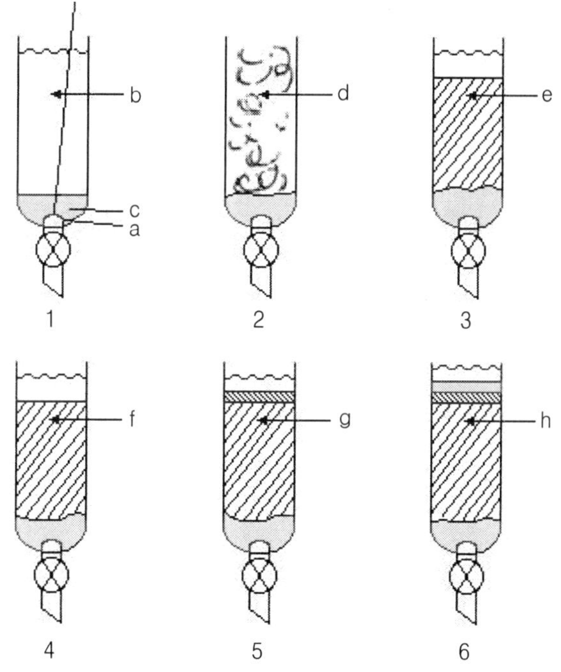

그림 3-10. Silica gel column chromatography 충진과정

a: glass wool, b: wire plunger, c: layer of sand, d: silica gel slurry,
e: completing column compaction, f: filter paper, g: coarse silica gel, h: sea sand

약한 화합물에 속하게 되며, 흡착제도 극성인 것과 비극성인 것으로 나누어지므로 분리하고자 하는 물질의 극성도에 따라 수지와 용출용매를 적절하게 선택하는 것이 무엇보다 중요하다.

Silica gel과 alumina는 극성이 강한 흡착제이며, 활성탄(active carbon)은 극성이 약한 흡착제이므로 방향족 화합물에 대하여 친화성이 강하다. Silica gel과 alumina와 같이 극성이 강한 흡착제의 경우 용질의 흡착은 극성이 약한 용매에 있어서 비교적 용이하다. 또한, 흡착된 물질을 용출하는 힘은 극성이 강한 용매가 보다 강력하다. 일반적으로 용해성이 강한 용매에서는 용질의 흡착이 억제되는 경향이 있으므로 용매 선택 시 주의를 요한다.

마) Gas chromatography

기체크로마토그래피(Gas chromatography)는 비활성 기체를 이동상으로 하여 분자량 500 이하의 휘발성이 있는 시료를 분석하는 기기이다. 분석이 신속, 간편하며, 고감도이므로 휘발성 복합혼합물의 정성, 정량분석 및 미량성분 분석에 응용된다.

기본 원리와 구조는 시료를 기화시켜 크로마토그래피 관에 도입하고, 비활성 기체(이동상)의 흐름을 이용하여 용리시킨다. 시료는 순간적으로 기화되어 컬럼(column)에 도입되므로 시료는 반드시 휘발성이라야 하며, 열에 안정해야 한다. 대부분 다른 형태의 크로마토그래피법과는 대조적으로 이동상은 분석물의 분자와 반응하지 않으며, 충진제를 통하여 이들 분자들을 이동시키는 기능만을 하므로 주로 시료 중의 각 성분들의 고정상에 대한 친화력과 끓는점 차이에 의해 분리가 이루어진다.

주요 구성 구조로는 이동상으로 사용하는 carrier gas(운반기체)와 시료 도입

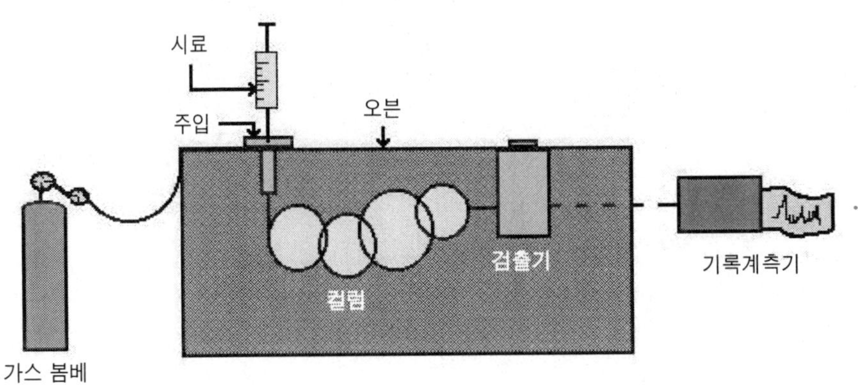

그림 3-11. 기체크로마토그래피의 구성요소

표 3-13. 각 검출기(detector)에 적합한 운반기체(carrier gas)

detector	carrier gas	내 용
TCD(Thermal Conductivity Detector)	He H_2 N_2	일반적 감도는 높으나 사용시 주의를 요함 H_2 분석시 사용
FID(Flame Ionization Detector)	N_2 H_2	일반적, 감도 높음 대체로 사용가능
NPD(Nitrogen Phosphorous Detector)	He N_2	최적 최고 감도
ECD(Electron Capture Detector)	N_2 Ar/CH_4	최고 감도 최고의 동적 범위

부, 검출기 및 컬럼으로 구성되어 있다. 운반기체로는 비활성, 고순도이며, 사용하는 검출기에 적합하여야 한다. 일반적으로 H_2, He, N_2, Ar 등의 기체가 사용되며, 연결되는 detector에 따른 적합한 기체는 표 3-13에 나타난 바와 같다. 시료 도입부(injection port)는 분석 대상 시료를 기화시켜 컬럼으로 보는 역할을 하게 된다. 컬럼은 여러 가지의 혼합물질이 단일 성분 혹은 각각의 구성 성분으로 분리되어지는 곳으로, 분석에 필요한 컬럼 선택은 시료 중 분석하고자 하는 성분의 화학적 성질에 따라 달리 해야 한다.

검출기(detector)로는 carrier gas와 column 용출물(carrier gas + 시료성분)과의 열전도도 차이를 이용한 TCD(Thermal conductivity detecter), H_2/Air에 의하여 형성되는 flame에서 시료를 태워 전하를 띤 이온을 생성시키고, 이 전하를 띤 이온의 농도에 비례하여 생기는 전류의 흐름 변화로 검출하는 FID (Flame ionization detector), 방사성 동위원소인 ^{63}Ni의 붕괴로 생성된 베타 입자가 carrier gas와 충돌하여 낮은 에너지를 갖는 다량의 전자를 생성시키고, 전자 포획성이 있는 halogen 원소를 갖는 화합물이 생성된 전자를 포획하여 일어나는 이온 전류의 감소를 측정하는 ECD(Electron capture detector) 및 Active element(alkali metal salt로 coating 되어 있는 alumina cylinder)가 전기적으로 가열되어 air와 H_2에 의하여 불꽃을 형성하면 질소나 인을 함유하는 화합물을 선택적으로 이온화시켜 변화하는 전류를 측정하는 NPD(nitrogen phosphorous detector)가 있다.

표 3-14. 각종의 GC column

columns	coated materials in stationary phase	temperature range	applications
HP-1, HP-Ultra 1, DB-1, OV-1, SPB-1 등	crossed-linked polydimethylsiloxane	-60 to 325℃	amines,hydrocarbons, pesticides, phenols, sulfur compounds, PCBs
HP-5, HP-Ultra 2, DB-5, OV-5, SPB-5등	(5%)-diphenyl-(95%)-dimethylsiloxane copolymer	-60 to 325℃	alkaloids, drugs, fatty acid methyl esters, halogenated compounds
HP-50, DB-17, OV-17, SPB-50 등	(50%)-diphenyl-(50%)-dimethylsiloxane copolymer	-30 to 280℃	drugs, glycols, pesticides, steroides

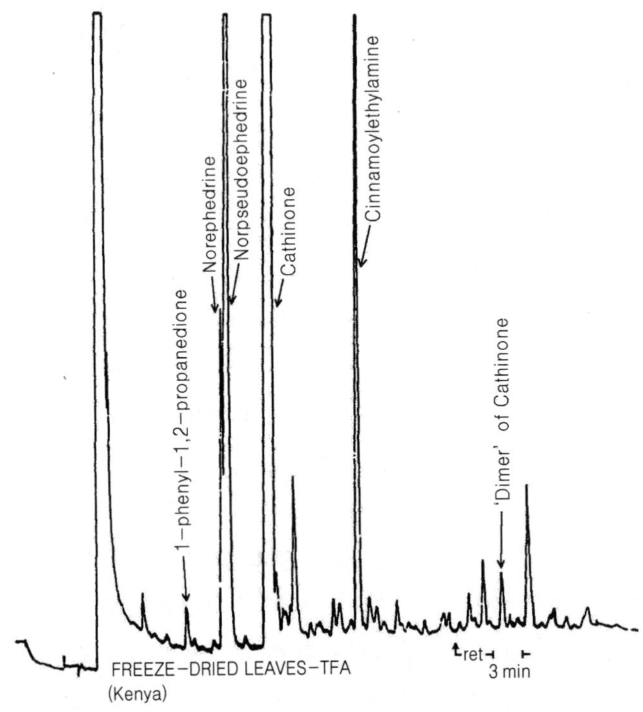

그림 3-12. Khart의 chlorform fraction에 대한 gas chromatogram

바) HPLC

고효율의 액체 크로마토그래피(HPLC, high performance liquid chromatography)는 이동상으로 액체를 사용하고 압력을 가하여 강제로 고정상을 통과시키는 방법이다. 모든 비휘발성 물질을 분석할 수 있으며, 기체 크로마토그래피는 컬럼을 고온으로 가열하는데 비하여 HPLC는 실온에서 실행하므로 조작 도중에 시료의 열에 의한 분해가 일어나지 않는다. 분석 시 극미량의 불순물에도 예민하므로 이동상으로 사용되는 용매는 초고순도(HPLC용) 시약을 사용해야 한다.

표 3-15. 이동상의 극성도

항 목	순 상	역 상
고정상의 극성	강함	약함
용매의 극성	약함 → 보통	보통 → 강함
시료의 용리순서	비극성이 먼저	극성이 먼저
용매의 극성 증가의 효과	용리시간이 감소	용리 시간이 증가

표 3-16. HPLC에 사용되는 용매의 특성

순번	용매명	극성도 (Polarity Index)	점도 (cp, 20℃)	끓는점 (℃ at 1atm)	혼화성 Miscibility Number
1	Acetic acid	6.2	1.26	117.9	14
2	Acetone	5.4	0.32	56.3	15, 17
3	Acetonitrile	6.2	9.36	71.5	11, 17
4	Benzene	3	0.65	80.1	21
5	Benzonitrile	4.6	1.22	191.1	15, 19
6	Benzyl alcohol	5.5	5.8	205.5	13
7	Benzyl ether	3.3	5.33	288.3	-
8	1-Butanol	3.9	3	117.7	-
9	2-Butanol	3.9	3.01	177.7	15
10	Butyl ether	1.7	0.7	142.2	26
11	Cyclohexane	0	0.98	80.7	28
12	Cyclohexanone	4.5	2.24	155.7	28
13	Dimethylformamide	6.4	0.9	153	12
14	Dimethylsulfoxide	6.5	2.24	189	9
15	Dioxane	4.8	1.54	101.3	17
16	Ethanol	5.2	1.2	78.3	14
17	Ethyl acetate	4.3	0.47	77.1	19
18	Ethylene chloride	3.7	0.79	83.5	20
19	Ethylmethyl ketone	4.5	0.43	80	17
20	Formamide	7.3	3.76	210.5	3
21	Iso-octane	-0.4	0.5	99.2	29
22	Isopropyl ether	2.2	0.33	68.3	-
23	Methanol	6.6	0.6	64.7	12
24	Methoxy ethanol	5.7	1.72	124.6	13
25	Methyl acetate	4.4	0.45	56.3	15, 17
26	Methylene chloride	3.4	0.44	39.8	20
27	N-Decane	-0.3	0.92	174.1	29
28	N-hexane	0	0.313	68.7	29
29	Nitrobenzene	4.5	2.03	210.8	14, 20
30	Nitrobenzene	5.3	0.68	114	-
31	1-Propanol	4.3	2.3	97.2	15
32	2-Propanol	4.3	2.35	117.7	15
33	Pyridine	5.3	0.94	115.3	16
34	Tetrahydrofuran	4.2	0.55	66	17
35	Toluene	2.3	0.59	101.6	23
36	Triethylamine	1.8	0.38	89.5	26
37	p-Xylene	2.4	0.7	138	24
38	Water	9	1	100	-

HPLC의 특징은 정량성과 재현성이 좋고, 극미량의 시료 분석이 가능하고 분석시간이 짧다는 것이다. HPLC의 분리능은 분배 및 흡착 컬럼 크로마토그래피의 분리능을 가지며, 다른 점은 분리능이 우수하다는 것이다.

UV 검출기를 이용하여 천연생리활성물질을 분리하고자 할 경우 이동상으로 사용할 유기용매의 선택이 매우 중요하다. 이동상은 우선 고정상(컬럼 수지)과 잘 어울리는 용매를 선택해야 함은 물론 UV cut-off(표 3-17)도 고려해야 한다. 용매의 UV cut-off가 너무 높은 용매를 선택하면(예 : 클로로포름) 인삼사

표 3-17. 일반적으로 HPLC에 많이 사용하는 용매들의 UV Cut-off

용매명	UV Cut-off	용매명	UV Cut-off
Acetic acid, 1%	230	Isopropanol	205
Acetone	330	Isopropyl ether	220
Acetonitrile	190	Methanol	205
Ammonium acetate, 10 mM	205	Methyl acetate	260
Ammonium Bicarbonate, 10 mM	190	Methylene chloride	233
Amyl alcohol	210	Methyl-isobutyl-ketone	334
Amyl chloride	225	Nitromethane	380
Benzene	280	n-Pentane	190
Butoxy ethanol	220	Petroleum ether	210
Carbon disulfide	380	Potassium Phosphate	
Carbon tetrachloride	265	dibasic, 10mM	190
Chloroform	245	monobasic, 10mM	190
Cyclohexane	200	n-propanol	210
Cyclopentane	200	n-Propyl chloride	225
Diammonium Phosphate, 50 mM	205	Pyridine	330
Diethylamine, 0.1～0.5%	275	Sodium acetate, 10 mM	205
Dioxane	215	Sodium chloride, 1 M	208
Ethanol	210	Sodium citrate, 10 mM	225
Ethyl acetate	256	Sodium dodecyl sulfate, 0.1%	190
Ethyl ether	220	Sodium formate, 10 mM	200
Ethyl sulfide	290	Tetrahydrofuran	230
Ethylene dichloride	230	Toluene	285
Ethylene glycol	210	Triethylamine, 1%	235
Ethylmethyl ketone	330	Trifluoroacetic acid, 0.1%	205
Hydrochloric acid, 0.1%	190	Xylene	290
Iso-octane	215		

포닌과 같이 UV 최대흡광도가 203 nm인 화합물은 용매의 UV에 흡광도에 묻혀 UV 검출기로 검출되지 않기 때문이다.

당과 같이 UV 흡수패턴이 말단흡수 패턴을 가진 화합물들은 UV 검출기를 이용하여 물질 분리를 하기가 용이하지 않다. 이와 같은 화합물에 대해서는 굴절계수를 이용한 검출기를 사용하기도 하나 이 때 역시 용매의 굴절계수를 고려하여야만 한다(표 3-18 참조).

HPLC의 주요 장치로는 컬럼, 시료 주입구, 이동상을 컬럼에 강제 주입시키는 펌프, 컬럼으로부터 분리된 물질을 검출하는 검출기로 나눌 수 있다. 검출기

표 3-18. 일반적으로 HPLC에 많이 사용하는 용매들의 굴절률(Refractive Index)

용매명	굴절률(RI)	용매명	굴절률(RI)
Acetic acid	1.4	Ethyl sulfide	1.4
Acetone	1.4	Ethylene dichloride	1.4
Acetonitrile	1.3	Ethylene glycol	1.4
Amyl alcohol	1.4	Ethylmethyl ketone	1.4
Amyl chloride	1.4	Fluoroalkanes	1.3
Aniline	1.6	Hexafluoroisopropanol	1.3
Benzene	1.5	Isooctane	1.4
Carbon disulfide	1.6	Isopropanol	1.4
Carbon tetrachloride	1.5	Isopropyl chloride	1.4
Chlorobenzene	1.5	Isopropyl ether	1.4
Chloroform	1.4	Methanol	1.3
o-Chlorophenol	1.5	Methyl Acetate	1.4
Cyclohexane	1.4	Methyl isobutylketone	1.4
Cyclopentane	1.4	Methylene chloride	1.4
n-Decane	1.4	Nitromethane	1.4
Diethyl amine	1.4	Nitropropane	1.4
Diisobutylene	1.4	Pentene	1.4
N,N'-Dimethyl Acetamide	1.4	n-Pentane	1.4
N,N'-Dimethyl Formamide	1.4	n-propanol	1.4
Dimethyl sulfoxide	1.5	n-Propyl chloride	1.4
Dioxane	1.4	Pyridine	1.5
Ethanol	1.4	Tetrahydrofurane	1.4
Ethyl acetate	1.4	Toluene	1.5
Ethyl bromide	1.4	Water	1.3
Ethyl ether	1.4	Xylene	-2

표 3-19. 각종 해리기의 pK_a' [Analytical Chem. 26, 642 (1954)]

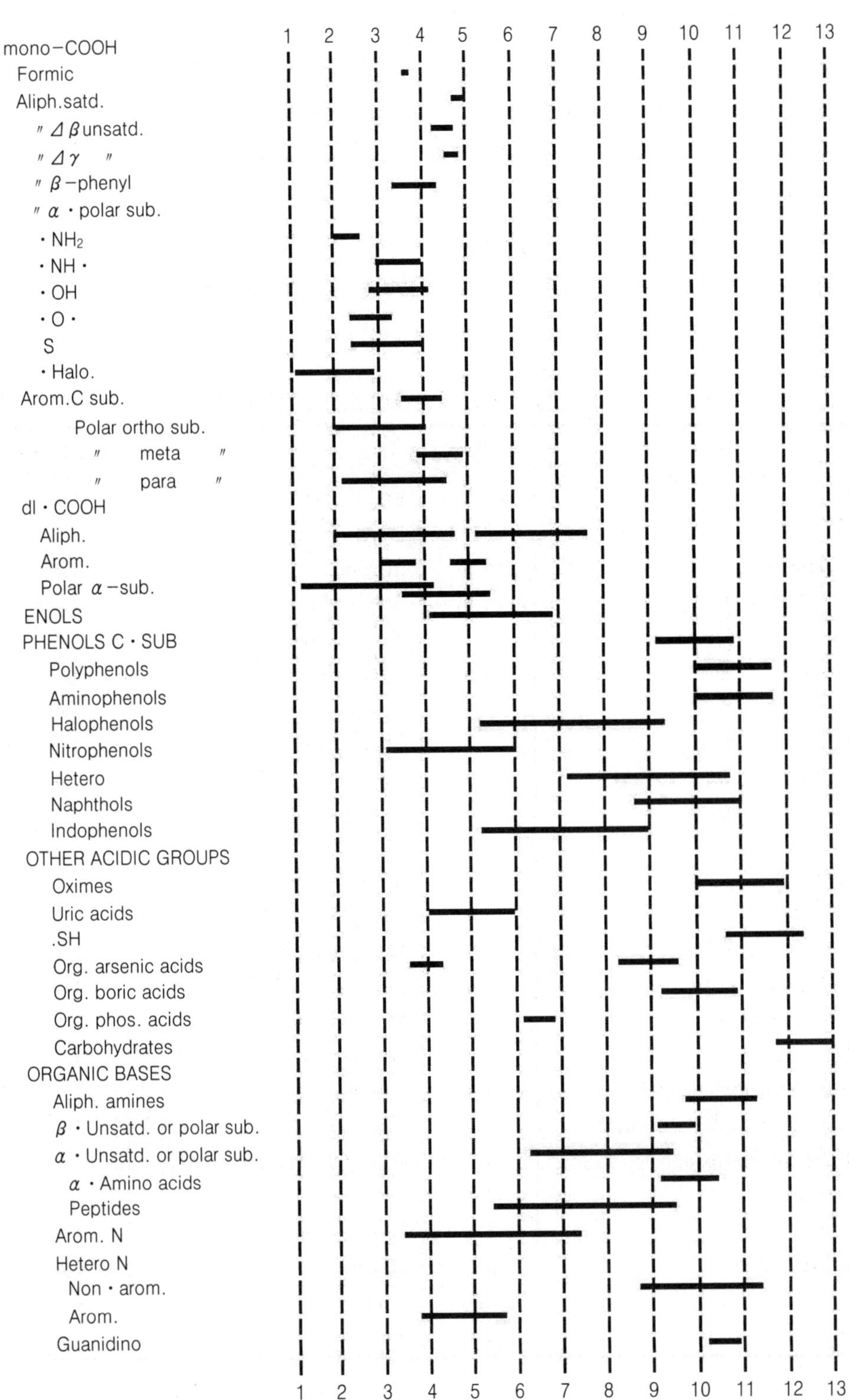

표 3-20. 일반적으로 HPLC에 많이 사용하는 완충 용액들의 pKa

완충용액명	pKa	완충용액명	pKa
Aces	6.9	HEPES	7.55
Acetic Acid	4.75	HEPPS	8
ADA	6.6	Imidazole	7
BICINE	8.35	MES	6.15
Bis-Tris Propane	6.8	MOPS	7.2
Boric Acid	9.24	Phosphoric Acid	7.21(pKa2)
CAPS	10.4	Phosphoric Acid	12.32(pKa2)
CHES	9.5	Phosphoric Acid	2.12(pKa2)
Citric Acid	3.06(pKa1)	Pipes	6.8
Citric Acid	4.74(pKa2)	Succinic Acid	4.19(pKa1)
Citric Acid	5.40(pKa3)	Succinic Acid	5.57(pKa2)
Diethylmalonic Acid	7.2	TES	7.5
Formic Acid	3.75	TRICINE	8.15
Glycine Amide, Hydrochloride	8.2	TRIS	8.3
Glycylglycine	8.4		

는 UV를 이용하는 검출기와 굴절률을 이용하는 RI(Refractive Index) 검출기, 형광 검출기, ELSD 등이 있다.

HPLC에 의한 시료의 분리양상은 시료와 이동상 그리고 고정상의 극성에 따라 결과가 달라진다. 이것은 어떤 크로마토그래피 시스템이냐에 따라 달라지고, 순상과 역상에 따라 달라지는데 역상과 순상용리에서의 용매 세기와 극성의 비교는 표 3-15에 나타낸 바와 같다.

활성물질에 따라서는 산성 혹은 염기성 관능기를 가지고 있다. 이처럼 염기성 혹은 산성 화합물의 경우 중성 용매를 사용하면 tailing이 심하게 일어나는 공통된 특성을 가지고 있다. 이와 같은 화합물을 HPLC로 분리하고자 할 경우는 이동상의 pH를 조절해 주는 것이 중요하다. 즉 산성물질은 이동상의 pH를 산성으로, 염기성 화합물의 경우는 알칼리성으로 조절하여 비해리 상태로 만들어 주어야만 한다. 이때 pH는 관능기의 종류에 따라 다르며 표 3-19에 나타난 pK 값을 참고로 하기 바란다.

완충액을 조제하여 HPLC 용매를 만들 경우 염기성 물질은 pKa값보다 더 알칼리 쪽으로, 산성 물질은 더 산성 쪽으로 조절하여야만 비해리 상태가 된다는 사실을 염두에 두어야 할 것이다. 한편 무기염(예: 인삼염)으로 조제한 완충액을 이용하여 활성물질을 분리, 정제하였을 경우 HPLC 분취 후 무기염을 제거할 수 있는 방법을 고안해내야만 NMR 등 물리화학적 특성 조사에 방해가 되지 않는다.

4) 구조 동정

추출, 분리 및 결정화 과정을 거쳐서 얻어낸 물질의 구조는 기기분석에 의하여 단시간에 정확하게 결정할 수 있다. 예를 들어 질량분석기(Mass Spectrometer)를 이용하여 분자량을 알 수 있고, IR, NMR 분석으로 관능기의 존재를 정확하게 예측할 수 있다. 또한 단 결정이 얻어지면 X-선 회절 해석으로 입체구조까지 확인할 수 있다.

(1) 원소분석

천연 유기화합물은 대다수가 C, H, O, N으로 구성되어 있다. S, P, halogen 같은 원소가 들어 있는 것이 있기는 하나 보통 원소분석은 C, H, O, N에 대하여 행하게 된다. 원소분석은 분자의 원소조성비를 구할 수 있을 뿐 분자량 없이 분자식을 구할 수는 없다. 분자량을 알기위해서는 MS와 병행하여 분석을 하면 알 수 있다.

원소분석은 보통 시료의 순도가 높아야 한다. 따라서 원소분석은 물질의 순도

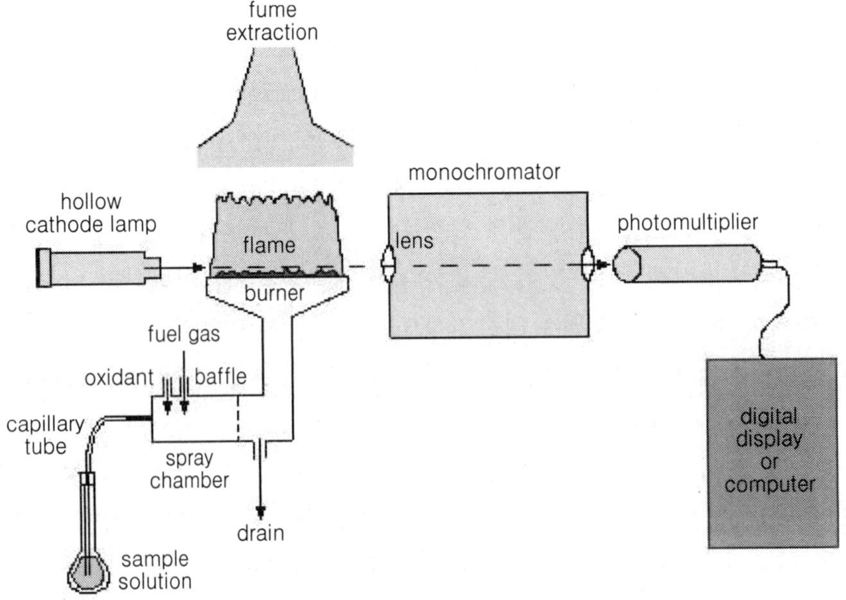

그림 3-13. Atomic absorption spectrophotometry 원리

검정에 응용되기도 한다. 원소분석을 통하여 얻어진 분자식은 $C_cH_hO_oN_n$으로 얻어지게 되는데, 아래의 식으로 불포화도 μ를 구하여 이중결합의 수 또는 환의 수를 알 수 있다.

$$\mu = C + 1 - \frac{h - n}{2}$$

삼중결합은 불포화도 2로 계산하며 halogen 원소가 있는 경우는 그 수를 h에 가해 준다. O나 S의 수는 μ치에 무관하다. 원소분석의 실험오차는 0.3% 내외에서는 용인된다.

(2) UV spectrum 분석

일반적으로 빛이 물체에 닿으면 그 빛은 물체의 표면에서 반사되거나, 물체의 내부로 약간 들어간 후 다시 반사되거나, 물체에 흡수되거나 그렇지 않으면 물체를 통과하게 된다. 이 때 물체에 의하여 흡수되는 빛의 양은 그 농도에 따라 다르다. 따라서 이와 같은 빛의 흡수현상을 이용하면 시료용액 중의 빛을 흡수하는 물질의 양을 정량할 수 있다.

이와 같이 시료용액 또는 적당한 시약을 넣어 발색시킨 용액의 흡광도를 측정하여 목적 성분을 정량하는 것을 흡광광도법(UV spectrum)이라고 한다. 이렇게 전자파를 통과시킬 때 흡수가 일어나는데, 400～800 nm의 가시광선 파장과 200～400 nm의 자외선 파장의 흡수는 전자의 여기에 의하여 생기므로 여기

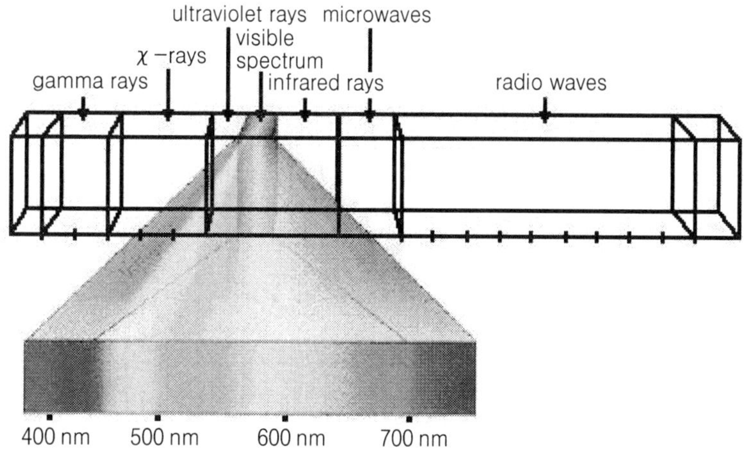

그림 3-14. Spectrophotometry에 이용되는 파장 영역

되기 쉬운 전자(π 전자 또는 n전자)를 가진 물질에서 일어난다.

물질의 흡광도는 일정 용매 중의 물질의 농도에 의해서만 결정되는 것은 아니다. 물질을 측정할 때 사용되는 cuvette의 직경 또는 폭에 따라서 흡광도는 달라진다. 또한 흡광도는 물질 고유의 특성에 따라서도 달라지는데 이것을 몰 흡광계수(molar absorptivity)라고 하며, ε 로 표시한다. 그러므로 Beer's law에 의하여 다음과 같은 식으로 나타낸다.

$$A = \varepsilon \times b \times c$$

A: 흡광도, ε : 물질 고유의 흡광계수,
b: cuvette의 직경 혹은 폭, c: 흡광물질의 농도

시료용액의 대조구(blank test)의 흡광도에 대한 비율이므로 단위는 없으며, 시료 중의 흡광물질의 농도와 정의 상관관계를 지닌다. 따라서 표준용액의 농도에 대한 흡광도가 얻어지면 미지농도 시료의 농도를 구하는 것에도 이용될 수 있다. 이와는 달리 spectrophotometry는 물질의 구조 동정에도 이용될 수 있다. 천연 생리활성물질의 연구에서는 후자에 더 많이 이용되고 있다. Riboflavin은 일반적으로 260, 370과 450 nm에서 강한 흡광도를 나타낸다. 그림에서 보는 바와 같이 260 nm에서 흡수가 가장 크고, 다음으로 450 nm 흡수대이며, 작은 흡수대는 370 nm로 나타났다. 따라서 riboflavin의 chromophore나 그 자체의 농도 변화는 260 nm에서 가장 민감하게 관찰될 것이다.

고립된 이중결합은 원자 외부에서만 흡수가 일어나므로 구조결정에는 그리

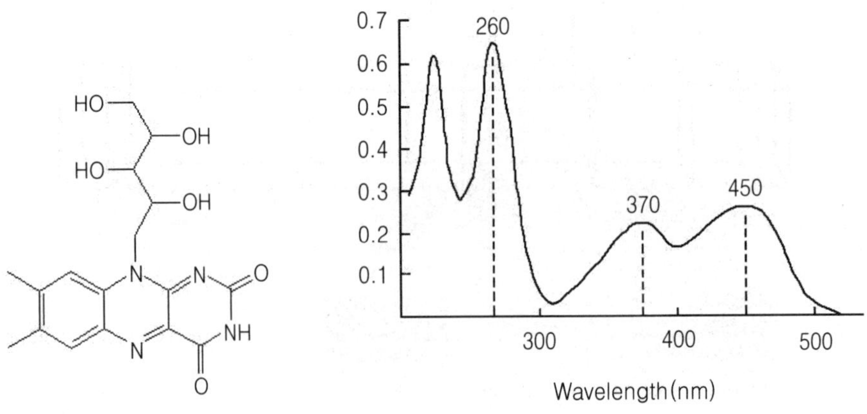

그림 3-15. Riboflavin의 구조 및 흡수 스펙트럼

도움이 되지 않으나 환상 olefin은 190~200 nm 부근에서 큰 흡수(log ε=4)가 있는 것도 있다. 공역 이중결합에 있어서는 red shift가 일어나서 근자외부에 흡수가 일어나고 강도도 증가하므로 구조결정에 이용될 수 있다. 3-buta-diene의 최대 흡광도는 λ_{max} 217 nm(log ε=4.32)이다. 여기에 치환기가 붙으면 장파장으로 이동(bathchromic shift)을 한다. Alkyl기가 공역계의 탄소원자와 결합하면 5 nm 증가하고, diene이 1,3-cyclohexadiene과 같은 환속(homo-annular diene)에 있으면 36 nm 증가하나, 환외 이중결합(exocyclic double bond)과 공역되어 있으면 5 nm 증가한다. 또한 이중결합이 하나 확장하는데 따라서 30 nm씩 증가한다.

(3) IR spectrum 분석

적외선 흡수 분광법은 화학분자의 관능기에 대한 특징적인 스펙트럼만을 나타내므로 관능기가 서로 다른 물질과 비교하는데 매우 요긴하게 쓰인다. 광학이성질체를 제외한 물질들의 스펙트럼이 다르므로 분자의 구조를 확인하는 데

그림 3-16. FT-IR

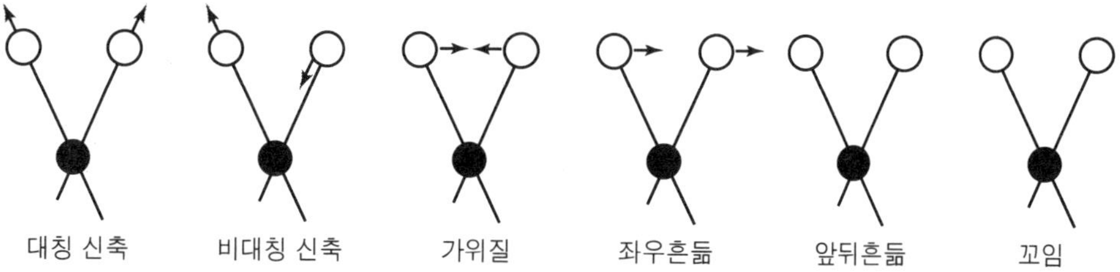

그림 3-17. 분자진동의 형태

필요한 정보를 제공해 주기도 한다. 이와 같은 이유에서 적외선 흡수 분광법은 천연물화학 및 모든 화학분야에서 널리 사용되고 있다.

원리는 자외선 분광법은 전자전이에 바탕을 두고 있지만 적외선 흡수 분광법은 분자의 운동과 회전운동에 관계가 있다. 어떤 분자에 적외선을 주사하면 X-선이나 자외선, 가시광선보다 에너지가 낮기 때문에 원자내 전자의 전이현상을 일으키지 못하고 분자의 진동(vibration), 회전(rotation), 병진(translation) 등

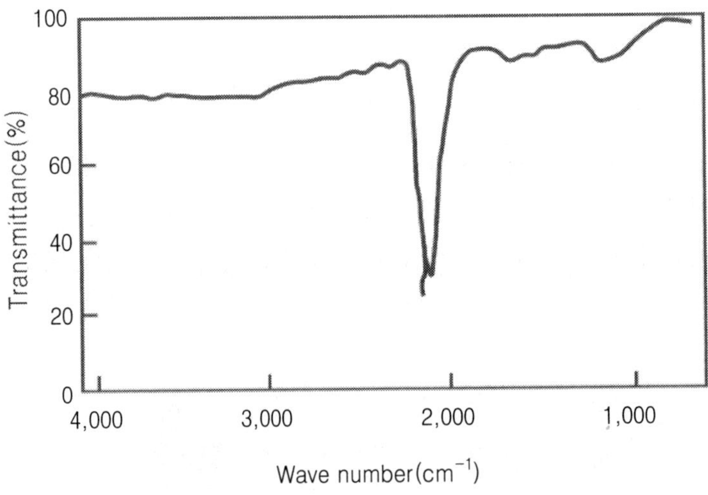

그림 3-18. CO분자의 적외선 스펙트럼

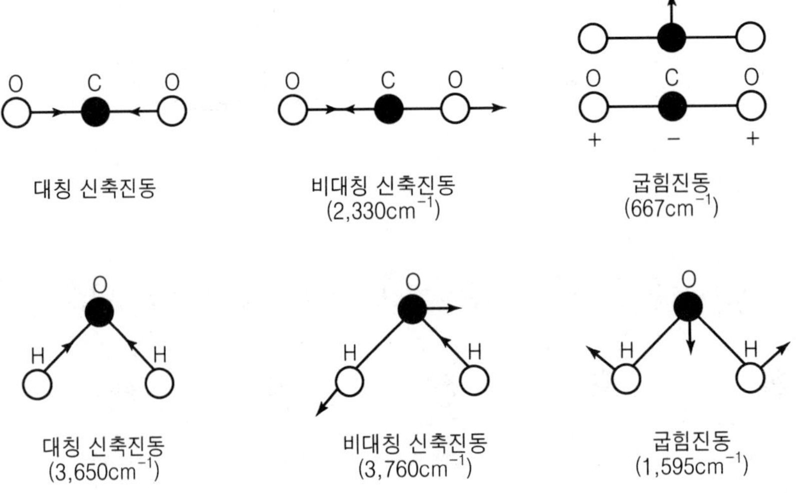

그림 3-19. 이산화탄소와 물의 진동 기준

과 같은 여러 분자운동을 일으키게 된다. 주로 분자의 진동에 의한 특수한 흡수 스펙트럼이 나타나며, 이것을 분자의 진동 스펙트럼(molecular vibration spectrum) 또는 적외선 스펙트럼(IR spectrum)이라 한다.

분자 진동의 종류는 크게 신축(streching)과 굽힘(bending) 진동으로 나뉜다. 신축진동은 2원자 사이의 결합축에 따라 원자 간의 거리가 계속적으로 변하는 운동으로 대칭과 비대칭 운동이 있다 굽힘진동은 두 결합 사이의 각도가 변하는 진동으로 가위질 진동(scissoring), 좌우 흔들림운동(rocking), 앞뒤 흔들림진동(wagging), 꼬임진동(twisting)으로 구분된다.

간단한 2원자 분자는 기하학적 결합각을 가지고 있지 않으므로 굽힘진동이 일어나지 않는다. 따라서 실제 스펙트럼도 그림 3-18과 같이 1개만 일어난다. 그러나 3원자 분자 이상의 다원자 분자일 때는 2원자 분자의 경우보다 비교적 복잡한 진동방식을 가지게 되며 그림 3-19의 모든 진동상태가 일어날 수도 있다.

분자가 신축진동을 일으킬 때 요구되는 파수는 2분자 내의 결합세기에 비례하고, 분자내 원자들의 질량에 반비례하며, 진동에너지 결합의 세기 및 환산 질량에 의존한다고 할 수 있다. 분자를 구성하는 작용기는 그 종류에 따라 서로 다른 결합의 세기 및 환산 질량을 가지기 때문에 이들이 신축운동을 일으키기 위해서는 고유한 주파수의 빛 에너지를 흡수해야 한다. 이와 같이 작용기들은 각각 독특한 IR 스펙트럼을 나타내기 때문에 분광분석법으로 분자의 작용기를 확인하여 분자구조를 추정할 수 있다.

어떤 진동에너지 혹은 흡수 봉우리의 파장은 분자 안의 다른 진동자에 의하여 영향 혹은 짝지움을 받는다. 짝지운 정도에 영향을 줄 수 있는 인자는 다음과 같은 것들이 있다.

① 신축운동 중에 2가지 진동이 개입된 공통원자가 있을 때에는 센 짝지움이 발생한다.

② 굽힘진동 안에 상호작용이 일어나려면 진동기 간에 공통결합이 필요하다.

③ 짝진 기들이 거의 같은 에너지를 각각 가질 때 상호작용은 가장 크다.

④ 신축결합이 굽힘진동의 변화하는 각의 한쪽을 이루면 신축과 굽힘진동 간에 짝지움이 발생한다.

⑤ 2개 이상의 결합에 의하여 분리된 진동기 사이에는 상호작용이 거의 없거나 관찰되지 않는다.

⑥ 짝지움 진동들은 동일 대칭상을 형성한다.

표 3-21. 여러 가지 작용기의 적외선 흡수 스펙트럼 영역

Bond	Compound Type	Frequency range, cm^{-1}
C-H	Alkanes	2960-2850(s) stretch
		1470-1350(v) scissoring and bending
	CH_3 Umbrella Deformation	1380(m-w) - Doublet - isopropyl, *t*-butyl
C-H	Alkenes	3080-3020(m) stretch
		1000-675(s) bend
C-H	Aromatic Rings	3100-3000(m) stretch
	Phenyl Ring Substitution Bands	870-675(s) bend
	Phenyl Ring Substitution Overtones	2000-1600(w) - fingerprint region
C-H	Alkynes	3333-3267(s) stretch
		700-610(b) bend
C=C	Alkenes	1680-1640(m, w) stretch
C-C	Alkynes	2260-2100(w, sh) stretch
C=C	Aromatic Rings	1600, 1500(w) stretch
C-O	Alcohols, Ethers, Carboxylic acids, Esters	1260-1000(s) stretch
C=O	Aldehydes, Ketones, Carboxylic acids, Esters	1760-1670(s) stretch
O-H	Monomeric — Alcohols, Phenols	3640-3160(s, br) stretch
	Hydrogen-bonded — Alcohols, Phenols	3600-3200(b) stretch
	Carboxylic acids	3000-2500(b) stretch
N-H	Amines	3500-3300(m) stretch
		1650-1580 (m) bend
C-N	Amines	1340-1020(m) stretch
C-N	Nitriles	2260-2220(v) stretch
NO_2	Nitro Compounds	1660-1500(s) asymmetrical stretch
		1390-1260(s) symmetrical stretch

약어 설명: v-variable, intensity(w-weak, m-medium, s-strong), shape(b- broad, s-sharp)

(4) NMR spectrum 분석

핵자기공명(NMR) 분광법은 기본적으로 적외(IR)이나 자외(UV) 분광법과는 다른 별도 형식의 흡수분광법이다. 자장 중의 적당한 조건과 함께 시료는 그 특성에 따라서 지배되는 주파수에 대하여 라디오 주파수 영역의 전자파를 흡수하

표 3-22. NMR Solvent Chemical Shifts

Solvent	^{1}H Chemical Shift (multiplicity)		J_{HD}(Hz)	HOD in solvent (approx.)
Acetic acid-d_4	11.65 2.04	1 5	– 2.2	11.5
Acetone-d_6	2.05	5	2.2	2.8
Acetonitrile-d_3	1.94	5	2.5	2.1
Benzene-d_6	7.16	1	–	0.4
Chloroform-d	7.27	1	–	1.5
Cyclohexane-d_{12}	1.38	1	–	–
Deuterium oxide	4.80(DSS)	1	–	4.8
N,N-Dimethyl-formamide	8.03 2.92 2.75	1 5	– 1.9 1.9	3.5
Dimethyl sulfoxide-d_6	2.50	5	1.9	3.3
p-Dioxane-d_6	3.53	m	–	2.4
Ethanol-d_6	5.29 3.56 1.11	1 m	–	5.3
Methanol-d_4	4.87 3.31	1 5	– 1.7	4.9
Methylene chloride-d_2	5.32	3	1.1	1.5
Pyridine-d_5	8.74 7.58 7.22	1 1	–	5.0
Tetrahydrofuran-d_8	3.58 1.73	1 1	–	2.4~2.5
Toluene-d_8	– 7.09 7.00 6.98 2.09	– 5	– – – – 2.3	0.4
Trifluoroacetic acid-d	11.50	1	–	11.5
Trifluoroethanol-d_3	5.02 3.88	1 4×3	– 2(9)	5

표 3-23. 환경이 다른 수소의 공명범위

δ 0.8～2.0	단결합 탄소의 H, CH < CH_2 < CH_3 순으로 고자장
δ 2～3	3중 결합의 H 또는 아미노기, carbonyl기에 인접된 탄소의 H
δ 3～4	주로 O와 결합한 탄소의 H
δ 4～5	Nitro기에 인접한 탄소의 H, O가 두 개 붙어 있는 탄소의 H
δ 5～7	주로 2중 결합의 H
δ 6～8.5	방향족환의 H
δ 9.5～10	aldehyde의 H
δ 10.5～12	carboxylic acid의 H

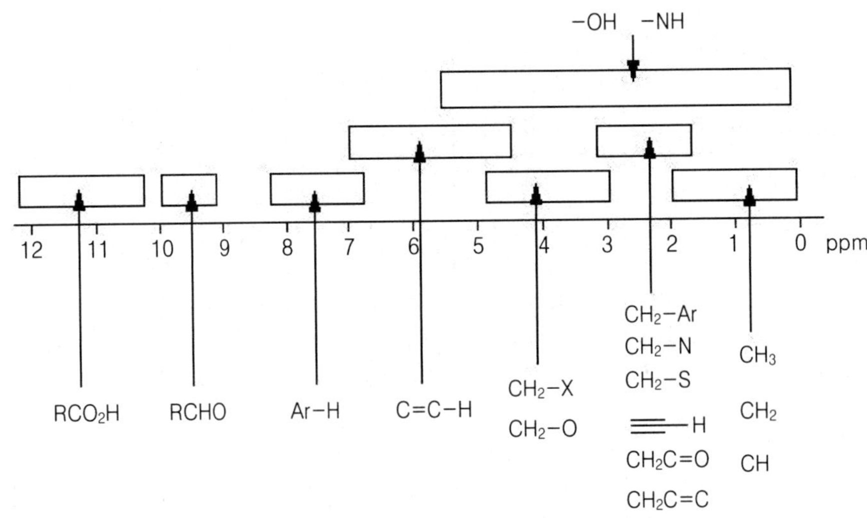

그림 3-20. 전형적인 chemical shift의 범위

는 것이 가능하다. 흡수가 일어나는 것은 분자 중의 핵 종류에 따라서 결정된다. 흡수 피크의 주파수를 피크의 강도에 대하여 plot하면 NMR 스펙트럼을 얻을 수 있다. 즉, ^{1}H 또는 ^{13}C는 균일한 자장에 두면 양자화하여 두 개의 에너지 준위를 취한다.

라디오파는 에너지가 작은 전자파(진동수 107Hz～108Hz)이나 핵 spin에 영향을 줄 수 있으며, 원자핵은 라디오파를 흡수하여 핵 spin의 방향을 바꾼다. 예를 들어 23.5K gauss의 자장에서 ^{1}H는 100MHz, ^{13}C는 25MHz에서 흡수가 일

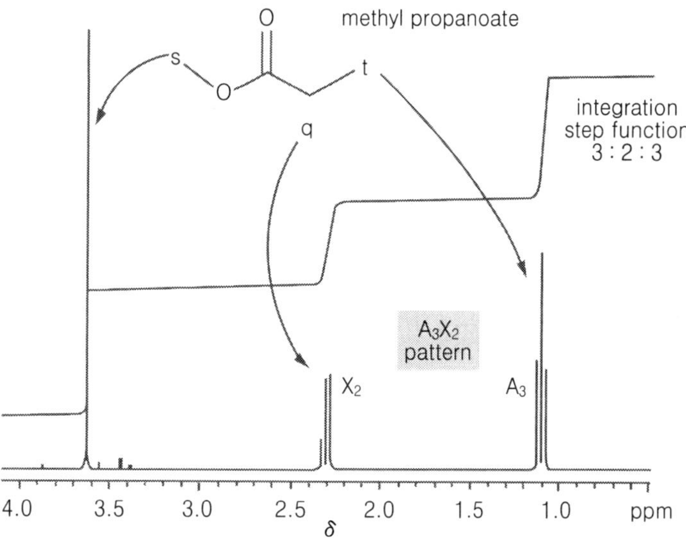

그림 3-21. Methyl propanoate의 1H NMR peak의 다중도

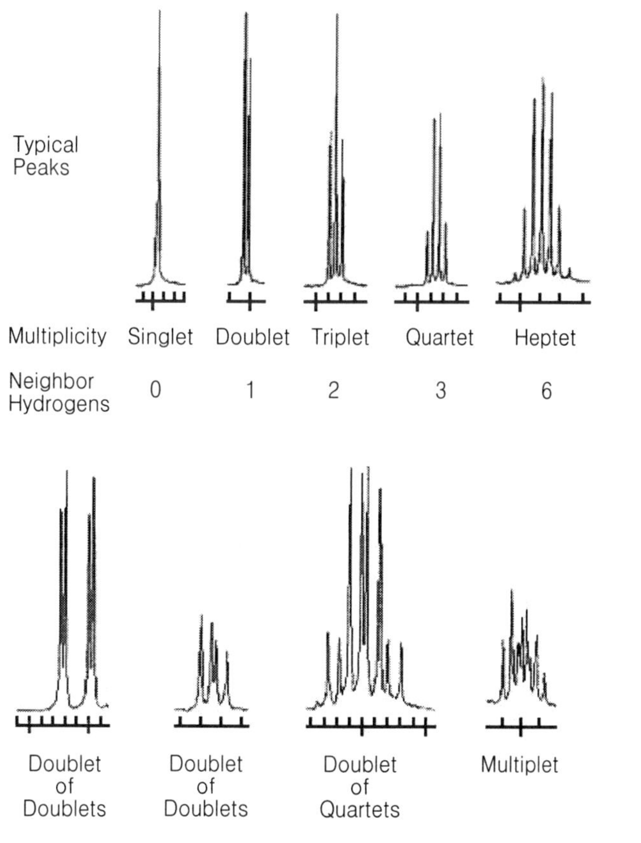

그림 3-22. ^{1}H NMR peak의 splitting pattern

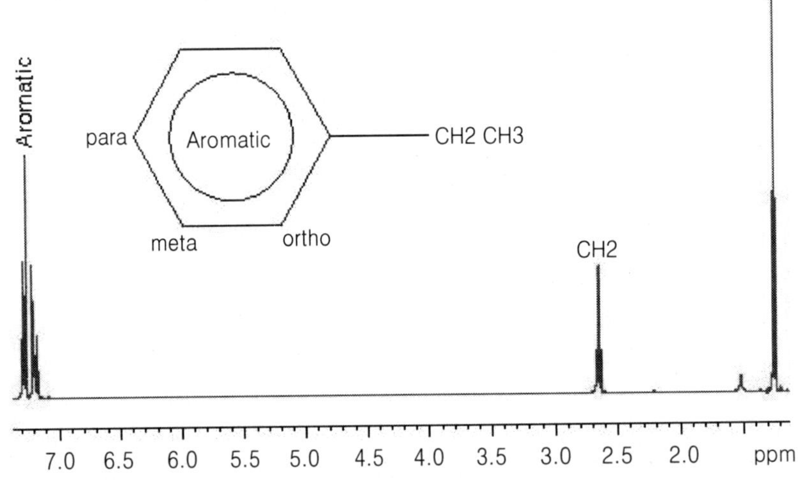

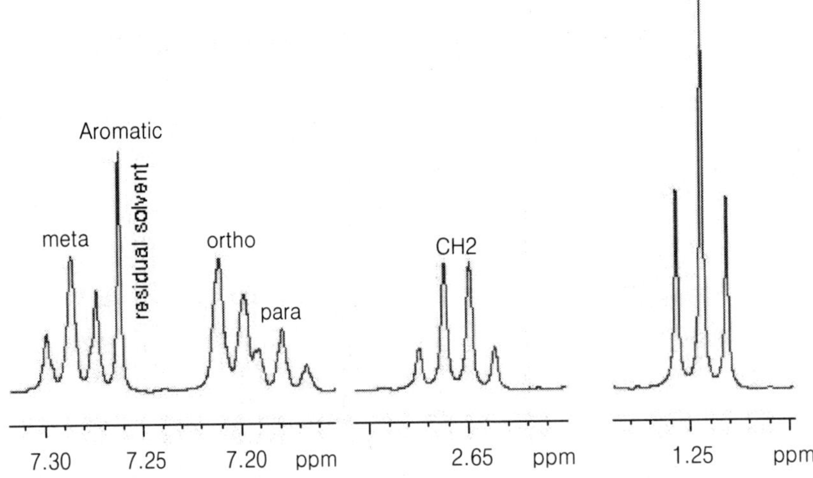

그림 3-23. Eethylbenzene의 1H NMR spectrum 및 spin-spin coupling constant

어난다. 또한 분자 중의 ^{1}H 또는 ^{13}C는 분자구조와 주위의 환경에 따라서 전자 밀도가 달라지고 그로 인한 국부자장이 변하므로 각각 조금씩 달라진다.

천연물에서는 ^{1}H는 100MHz일 때 1KHz, ^{13}C는 23MHz일 때 6KHz 정도의 범위 내에서 차가 난다. 그러므로 원자핵이 흡수하는 전자파의 진동수는 그 환경에 따라서 조금씩 다른 데 이러한 변화를 chemical shift라고 한다. NMR에서 chemical shift는 절대치가 아니고 표준물질 대비 상대치이다. 표준물질로 TMS (tetramethylsilane)를 사용하는 경우, 거의 모든 유기화합물의 수소와 탄소는 TMS보다 저자장에서 공명을 일으키는데, 이 때 발생하는 chemical shift

의 차이를 δ 로 표기한다. 천연 생리활성물질의 NMR 동정에는 주로 수소(H)와 탄소(C) NMR 분광법이 가장 많이 이용된다.

가) ^{1}H NMR

표준물질을 녹이는 용매로는 D_2O, DMSO-d_6, $CDCl_3$, C_5D_5N, $(CD_3)_2CO$, CD_3OD 등이 사용된다. 용매에 따라 chemical shift가 약간씩 다르므로 유사물질을 비교할 때는 같은 용매를 사용하는 것이 바람직하다. Chemical shift는 주위의 관능기들이 일으키는 유기효과(inductive effect)외에 π 결합전자가 일으키는 자기이방성효과(anisotropic effect)에 의해 크게 영향을 받는다.

NMR에서 각 peak의 면적은 해당하는 H의 수에 비례한다. 그러므로 peak의 면적을 측정하면 H의 수를 알 수 있다. 각 H는 인접한 H와 서로 영향을 미쳐 그 결과로 peak이 갈라지게 된다. 갈라진 peak의 수는 인접한 H의 수에 따라 달라진다. 그 수는 2n+1(n은 인접된 H의 수)로 나타낸다.

분열된 각 peak의 면적비는 $(X+1)^m$ (m은 분열된 peak의 수)의 방식에 의해 얻어지는 각 항의 계수의 비와 같다. 각 peak 사이의 간격을 spin-spin coupling constant(결합상수)라고 하며 J로 표시하고, 단위는 Hz를 사용한다.

나) ^{13}C NMR

^{12}C핵은 자기적으로는 활성화되지 않지만, ^{13}C핵은 ^{1}H핵과 같은 모양으로 1/2의 스핀을 갖고 있다. 그러나 ^{13}C의 천연 존재비는 ^{12}C에 비해 1.1%이고, 그 감도는 ^{1}H의 1.6%에 불과하기 때문에 ^{13}C의 전체의 감도는 ^{1}H에 비하여 약 1/5700 정도이다. 따라서 일반적으로 ^{13}C NMR는 ^{1}H NMR에 비하여 시료의 양을 많이 필요로 한다. ^{13}C의 chemical shift도 시료 중의 표준물질과의 공명차를 ppm 단위로 표시한다.

^{13}C는 근처의 ^{1}H와 spin-spin coupling 하기 때문에 모든 ^{1}H를 조사하여 측정하면 모든 ^{13}C는 특수한 핵(D, P, ^{13}C)과 coupling하지 않는 한 모두 singlet로 나타나는데, 이를 proton noise decoupling이라 한다. 이 때 NOE(nuclear over-hauser enhancement)현상에 의하여 signal의 크기가 증대한다. 표 3-24와 표 3-25는 주위 환경에 따른 C의 공명범위와 ^{13}C NMR 사용되는 용매의 종류별 특성을 나타낸 것이다.

짧은 시간에 스펙트럼의 S/N 비가 우수하면서도 탄소에 결합된 수소의 수를 구별할 수 있는 가장 좋은 방법이 있는데 이것을 DEPT(Distortionless Enhancement by Polarization Transfer) spectrum이라고 한다. 그림 3-25에서 보듯

표 3-24. 환경이 다른 탄소의 공명범위

Type of carbon atom	Chemical shift(d ppm)
Alkyl, RCH_3	0～40
Alkyl, RCH_2R	10～50
Alkyl, $RCHR_2$	15～50
Alkyl halide or amine , $(CH_3)_3C$-X (X = Cl, Br, NR_2)	10～65
Alcohol or ether, R_3COR	50～90
Alkyne, -C=	60～90
Alkene, R_2C=	100～170
Benzylic carbon	100～170
Nitriles, -C=N	120～130
Amides, $-CNR_2$	150～180
Carboxylic acids, esters, -COOH	160～185
Aldehydes, ketones, -C=O	182～215

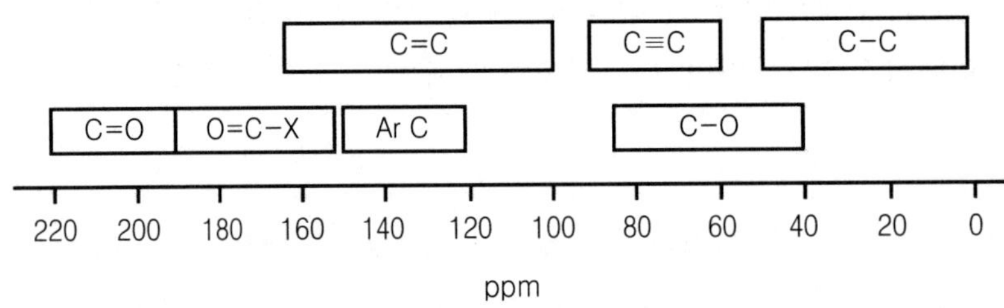

그림 3-24. ^{13}C NMR의 chemical shift

이 45° pulse인 경우 CH와 CH_2, CH_3 peak를 얻을 수 있으며, 90°인 경우에는 CH만, 135°인 경우에는 CH와 CH_3은 positive로, CH_2는 negative peak로 얻을 수 있다.

즉, pulse 폭을 변화시켜 ^{13}C NMR spectrum을 측정하는 것으로서 C, CH, CH_2, CH_3의 탄소 peak를 구별해 낼 수 있다. ① 일반적인 ^{13}C spectrum은 C, CH, CH_2, CH_3의 탄소 peak가 다 나타나고, ② spectrum(90°pulse ^{13}C)은 CH의 탄소 peak만이 나타나고, ③ 135°pulse ^{13}C NMR spectrum의 경우 CH_2(짝수 proton을 갖는 탄소) peak는 아래로 CH, CH_3(홀수 proton 갖는 탄소) peak는 위로 나타난다. 이들 ①, ②, ③ spectrum들을 비교함으로써 각각의 C, CH, CH_2, CH_3의 탄소 peak를 구별해 낼 수 있다.

표 3-25. NMR Solvent Chemical Shifts

Solvent	^{13}C Chemical Shift (multiplicity)		JCD (Hz)	B.P.(℃)	M.P.(℃)
Acetic acid-d_4	178.99 20.0	1 7	— 20	118	17
Acetone-d_6	206.68 29.92	13 7	0.9 19.4	57	-94
Acetonitrile-d_3	118.69 1.39	1 7	— 21	82	-45
Benzene-d_6	128.39	3	24.3	80	5
Chloroform-d	77.23	3	32.0	62	-64
Cyclohexane-d_{12}	26.43	5	19	81	6
Deuterium oxide	—	—	—	101.4	3.8
N,N-Dimethyl-formamide	163.15 34.89 29.76	3 7	29.4 21.0 21.1	153	-61
Dimethyl sulfoxide-d_6	39.51	7	21.0	189	18
p-Dioxane-d_6	66.66	5	21.9	101	12
Ethanol-d_6	— 56.96 17.31	— 7	— 22 19	79	
Methanol-d_4	— 49.15	— 5	— 21.4	65	-98
Methylene chloride-d_2	54.00	5	24.2	40	-95
Pyridine-d_5	150.35 135.91 123.87	3 5	27.5 24.5 25	116	-42
Tetrahydrofuran-d_8	67.57 25.37	5 5	22.2 20.2	66	-109
Toluene-d_8	137.86 129.24 128.33 125.49 20.4	1 7	— 23 24 24 19	111	-95
Trifluoroacetic acid-d	164.2 116.6	4 4		72	-15
Trifluoroethanol-d_3	126.3 61.5	4 4×5	— 22	75	-44

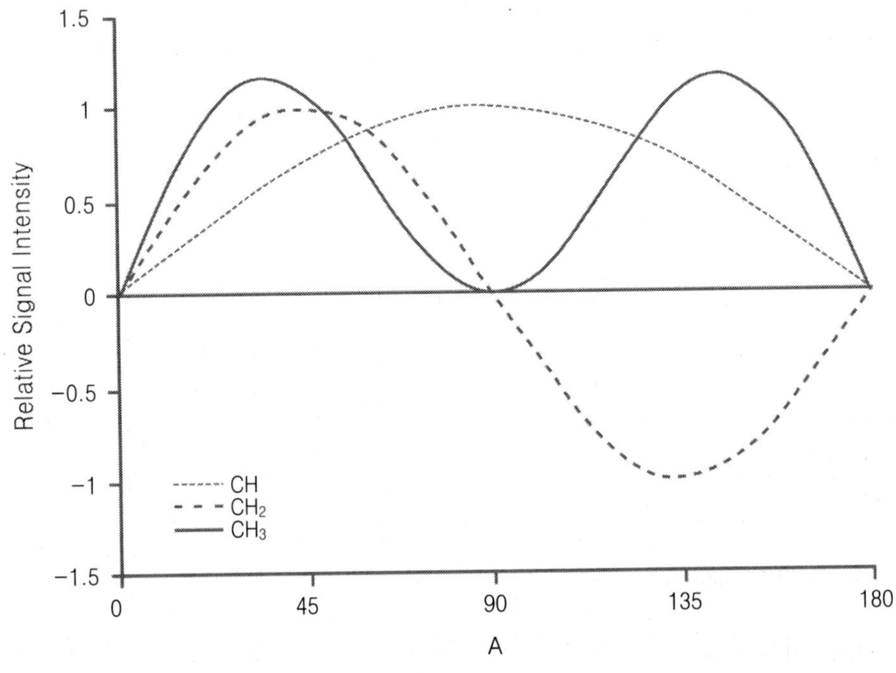

그림 3-25. DEPT signal intensity

다) 2-Dimensional NMR

유기분자의 완전한 구조해석을 위해서는 먼저 ^{1}H NMR과 ^{13}C NMR 및 ^{13}C-^{1}H NMR 스펙트럼을 얻은 후, 분자 내의 핵들 간의 위치를 알기 위해 homo-nuclei 간의 상호 연결(COSY)과 heteronuclei 간의 상호 연결(HETCOR)을 결정하고 다양한 NMR 실험을 통하여 분자들의 3차원 공간상의 배열을 결정할 수 있다.

주로 많이 사용되고 있는 2-dimentional NMR 실험은 다음과 같다.

① HH COSY spectrum

2D NMR spectrum들 중 가장 빈번하게 사용되는 것은 HH COSY spectrum으로서 가로축, 세로축 모두 ^{1}H spectrum을 나타낸다. 동일 핵종 간의 상호작용을 관찰함으로써 구조를 해석하고자 할 때 쓰이며, proton 간의 vicinal coupling과 geminal coupling을 알 수 있다.

② CH COSY spectrum

한쪽 축에 ^{1}H spectrum, 다른 축에 ^{13}C spectrum을 나타내고, 이에 대한 상

관 관계를 알 수 있다. ^{13}C의 peak와 그 탄소에 직접 화학결합되어 있는 수소 peak와의 교차점에 CH COSY의 signal이 나타난다.

③ NOESY spectrum

NOE는 한 스핀이 NMR absorption을 saturation 했을 때 이웃한 스핀의 NMR absorption 세기가 변화하는 현상을 말하며, 이 현상을 이용하여 분자의 공간구조를 알아낼 수 있다. 이 현상이 일어나는 이유는 두 스핀 시스템에서 에너지 준위와 에너지 준위에 따른 population이 볼쯔만 분포식에 따르게 되는데, 이 때 평형상태의 분포상태에서 한 개의 전이과정을 saturation을 통해 없애 줌으로써 다른 스핀의 전이과정을 방해하기 때문에 나타나는 현상이다. 이차원으로 NOE을 행한 것으로 보통 동종핵 간의 NOE 실험을 한다. Proton들 간의 long-range coupling을 측정한 것으로, 이들 간의 공간적인 연결구조를 알 수 있다.

라) NMR spectroscopy를 이용한 구조분석의 예

해양생물인 불가사리(*Asterias forbesi*)로부터 분리된 새로운 saponin으로 알려진 Forbeside D($C_{62}H_{101}O_{31}SNa$)의 NMR spectrum에 대한 구조해석은 다음과 같다.

Forbeside D는 Atlantic 지역의 일반적인 불가사리로부터 분리된 saponin의 일종으로 aglycone에 hexasaccharide side chain을 가지고 있다.

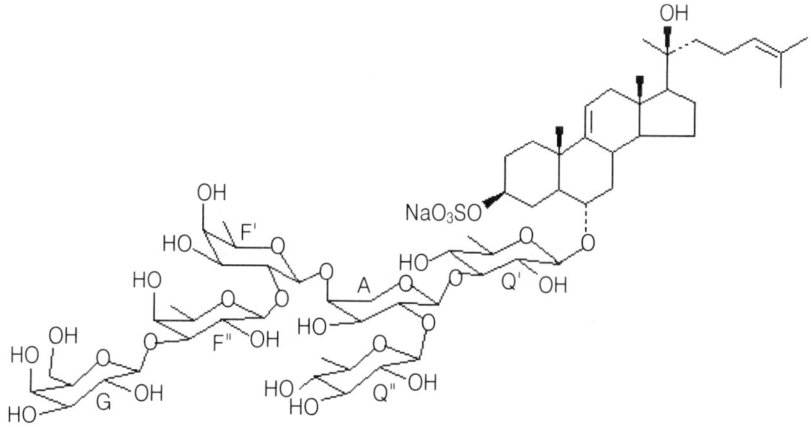

그림 3-26. Forbeside D의 구조

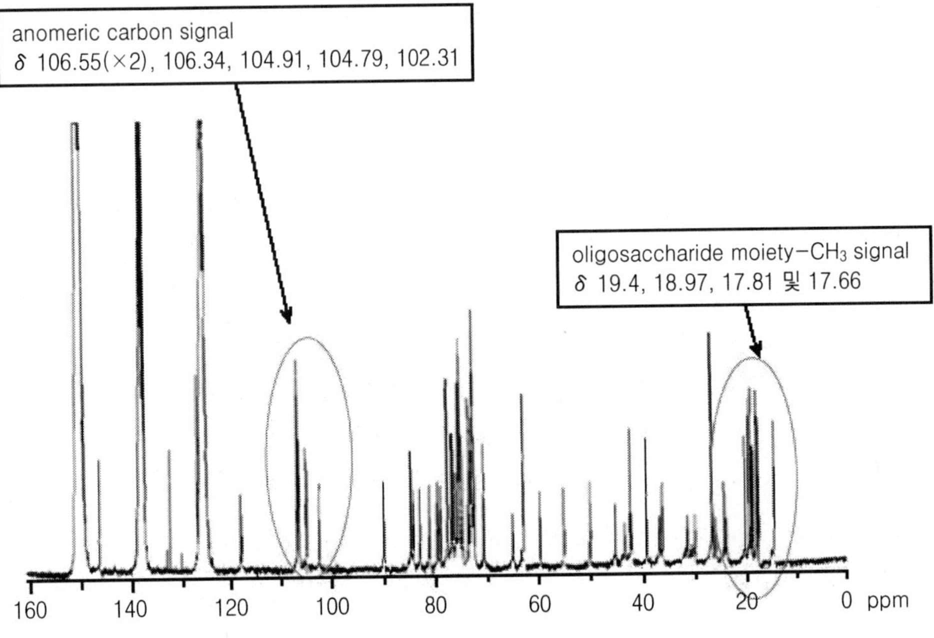

그림 3-27. Forbeside D의 ^{13}C NMR spectrum

그림 3-28. *Solaster dawsoni*

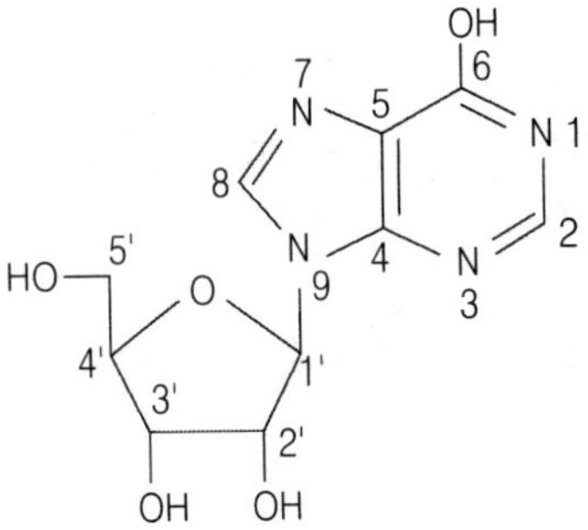

그림 3-29. *Solaster dawsoni* 로부터 분리한 inosine

^{13}C NMR spectrum과 DEPT 분석결과, Forbeside D는 6개의 anomeric carbon signal들이 δ 106.55(×2), 106.34, 104.91, 104.79 및 102.31에 나타났다. 그리고 oligosaccharide moiety의 4개의 6탄당에 붙어 있는 4개의 CH_3기의 signal들은 δ 19.4, 18.97, 17.81 및 17.66에서 나타났다.

Solaster속(屬) 불가사리의 일종으로 미국 동서 연안의 차거나 따뜻한 수역에서 서식하는 *Solaster dawsoni*로부터 분리한 핵산물질인 inosine의 NMR 분석결과는 다음과 같다.

Inosine은 오탄당(pentose)과 퓨린염기(Purine base)로 구성되어 있는데, 핵산 중에서 퓨린염기의 2번 탄소에 H이 결합되어 있는 핵산물질이다. 따라서 NMR spectrum에서 퓨린염기의 2번 탄소의 proton signal을 확인하는 것으로부터 핵산의 종류를 짐작할 수 있다. 그림 3-30과 표 3-26에서 알 수 있듯이 ^{1}H NMR spectrum δ 8.05에서 퓨린염기의 proton signal이 관찰되었고, δ 3

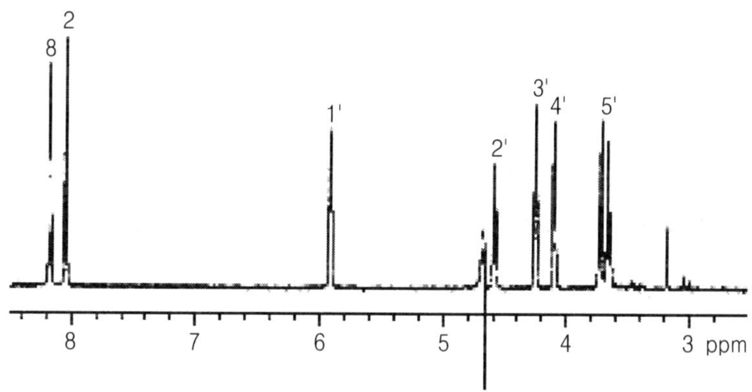

그림 3-30. Inosine의 ^{1}H NMR spectrum (500MHz in D_2O)

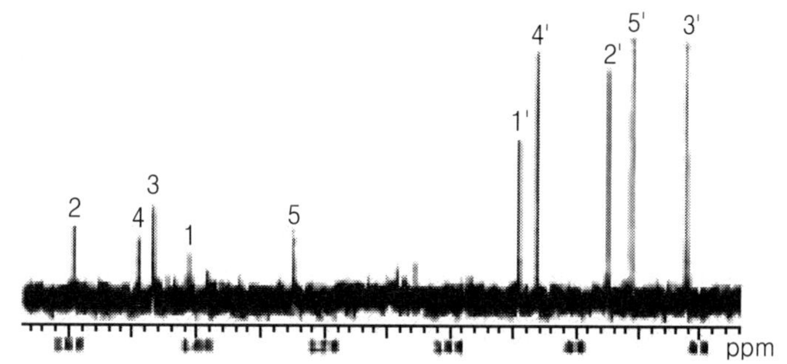

그림 3-31. Inosine의 ^{13}C NMR spectrum (125MHz in D_2O)

표 3-26. Inosine의 ^{1}H NMR과 ^{13}C NMR spectrum data

C#	^{13}C signal δ_C	^{1}H signal δ_H	$^{1}H-^{1}H$ COSY	HMBC
2	146.8	8.05		4, 6
4	149.2	–		
5	124.9	–		
6	159.3	–		
8	140.9	8.18		4, 5
1'	89.0	5.92	2'	4, 8, 2'
2'	74.7	4.60	1', 3'	1', 4'
3'	71.1	4.25	2', 4'	1', 5'
4'	86.3	4.10	3', 5'a, 5'b	3'
5'	62.0	(a) 3.66	4'	3', 4'
		(b) 3.73	4'	3'

~6 사이에서 inosine의 오탄당 proton이, δ 8.05와 8.18에서 퓨린염기의 proton signal이 관찰되었다. ^{13}C NMR spectrum의 δ 60~90 사이에서 inosine의 오탄당의 탄소 signal 5개가 관찰되었고, δ 120~160 사이에서 퓨린염기의 탄소 signal 6개 관찰되었다. 일반적으로 inosine은 핵산발효 산물로 알려져 있지만, 최근 미국의 하버드 대학 연구팀의 쥐를 대상으로 한 연구결과에 따라서 자연계에 존재하는 물질인 inosine이 뇌졸중 이후 신경세포의 성장을 실질적 돕는 것으로 보고되었다.

(5) Mass spectrum

Mass spectrometry(질량분석기)는 유기, 무기 화합물의 분자량, 분자구조에 대한 정성 및 정량 질량정보를 제공하는 분석기기법이다. 여러 유기물질의 정성적 분석이 가능할 뿐만 아니라 기체상, 액체상, 고체상의 정량분석에도 널리 사용된다.

일반적인 원리로는 시료를 전자충격법이나 화학이온법 등으로 이온화시켰을 때 생성된 양이온을 질량과 하전량과의 비에 따라 분리시키고, 얻어진 질량 스펙트럼을 해석함으로써 미지의 질량 및 그 구조를 해석하는 데 많은 도움을 받을 수 있다.

질량 스펙트럼은 여러 가지 반응에 의해 생성되는 양이온들, 즉 원래의 분자로부터 전자 하나가 상실된 이온화되어 생긴 분자이온(molecular ion), 토막내기 반응과 자리옮김 반응에 의해 생성된 분절이온(fragment ion) 및 자리옮김

이온(rearrangement ion), 분자 충돌에 의한 준안정이온(metastable ion)에 의한 피크들로 구성되어 있다. 뿐만 아니라 화합물에 따라서는 이들과 더불어 동위원소의 피크가 분자이온보다 높은 m/z값에서 함께 나타나는 경우도 많다. 이들 각각의 피크의 상대적 세기는 해당 양이온들의 생성량, 즉 존재 비율에 비례한다. 이와 같은 양이온들의 m/z값 및 상대적 세기는 분자의 종류 및 그 구조에 따라 서로 다른 모양으로 나타난다.

일반적인 MS의 주요 장치로는 이온화 장치, 질량분석 장치, 검출기 등으로 나눌 수 있다. 이온화 장치로는 시료를 이온화시키는 방법에 따라서 기체상태의

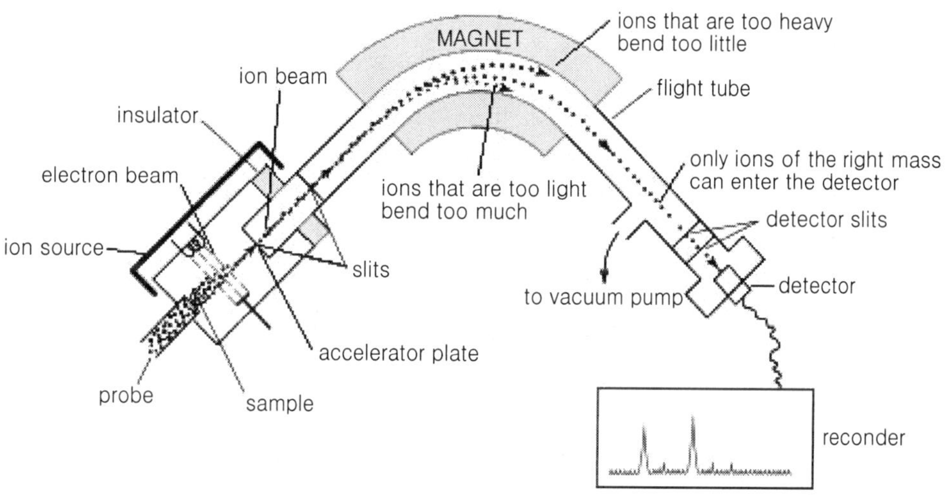

그림 3-32. Mass spectrometry의 일반적 원리

표 3-27. 질량분석계의 비교

형 태	질량범위	분해능
단일집중	1～1,400	1,800
	1～900	1,500
이중집중	8～7,200	40,000
	1～4,000	20,000
	2～3,600	>25,000
사중극자형	1～750	500
	1～250	150～250
	0～250	130
Fourier 변환	12～2,000	50,000～760,000

시료에 가속전자를 충돌시켜서 이온화하는 전자충격법(electron impact, EI), 양이온 시약기체의 충돌에 의한 화학적 이온화법(chemical ionization, CI), 고전압 전극에 기체시료를 충격시키는 장이온화법(field ionization, FI), 탈착에 의해 이온화시키는 장탈착법(field desorption, FD), 이차이온 질량분석법(secondary ion mass spectrometry, SIMS), 고속원자 충격법(fast atom bombardment, FAB) 및 고분자 물질에 대해 시료의 분해 없이 기화/이온화가 가능한 방법인 MALDI(Matrix Assisted Laser Desorption Ionization)법 등이 있다.

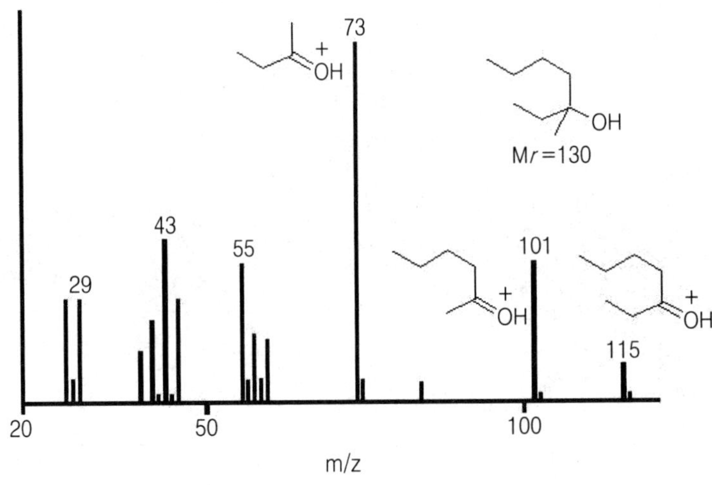

EI/MS spectrum

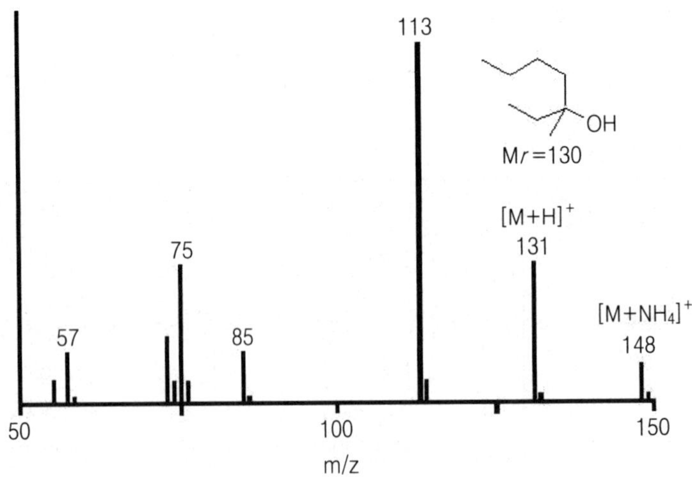

CI/MS spectrum

그림 3-33. 3-Methyl-3-heptanol의 각종 spectrum

질량 분석기의 심장부라고 할 수 있는 것이 바로 질량 분석장치(analyzer)이다. 이 부분은 여러 가지 양이온들을 *m/z*값에 따라 분리하는 장치이다. 주로 많이 이용되는 자석식 분석장치(magnetic analyzer)와 정전기적인 방법을 사용하는 사중극자형 분석장치(quadruple analyzer)가 있다. 자석식 분석장치에는 다시 단일집중 분석장치(single focussing analyzer)와 이중집중 분석장치(double focussing analyzer)가 있다. 표 3-27은 질량분석계의 질량범위와 분해능을 나타낸 것이다.

그림 3-33은 3-methyl-3-heptanol의 질량분석 스펙트럼을 EI 및 CI 이온화 방법에 따라서 분석한 결과이다.

3-Methyl-3-heptanol은 분자량 130의 유기화합물이다. 두 가지 이온화 종류에 따른 스펙트럼을 보면 먼저 EI 스펙트럼에서 3-methyl-3-heptanol의 hydroxyl group에 대한 homolytic α-cleavege와 관련된 3가지의 fragment ion의 피크를 *m/z* 115, 101 및 73에서 볼 수 있다. Methyl기 상실에 의한 피크가 *m/z* 115, ethyl기의 상실에 의한 피크가 *m/z* 101에서 나타났고, *m/z* 73에서 methyl과 ethyl기의 탈락에 의한 피크가 관찰되었다.

3-Methyl-3-heptanol에 대한 ammonia CI 스펙트럼에서는 ammonia 도입에 의한 피크가 *m/z* 148에서 관찰되는 것이 EI spectrum과의 차이이고, $[M+H]^+$로부터 H_2O의 상실에 의한 *m/z* 113, *m/z* 131로부터 butene이 제거됨에 따라 관찰되는 피크가 *m/z* 75와 *m/z* 113에서, ethylene이 제거됨에 따라 관찰되는 피크가 *m/z* 85에서 관찰되었다. CI 스펙트럼에서는 EI 스펙트럼에서와 달리 alkyl group들이 어떻게 제거되는지를 알 수 있다.

가) MALDI-TOF

최근 생명과학 분야에서 단백질 질량분석에 많이 이용되는 질량 분석기로는 MALDI-TOF라는 것이 있는데, 이에 대하여 알아보고자 한다.

1900년대 초 질량 분석법이 처음으로 사용되기 시작한 이래 다양한 이온화법이 발달되어 왔으며, 일반적으로 EI(Electron Impact)가 표준 이온화 방법으로 널리 사용되고 왔다. 그러나 이 방법은 휘발성 시료에만 사용할 수 있으며, 열에 불안정한 시료에는 사용할 수 없는 단점을 가지고 있어 응용은 주로 유기 저분자에 한정되어 있다.

이러한 이유로 휘발성이 없거나 열 안정성이 불량한 물질의 질량 분석을 위한 여러 가지 이온화 방법들이 개발되었는데, 이렇게 개발된 방법들이 SIMS, FD, FAB, MALDI 등이다. 그 중에서도 MALDI(Matrix Assisted Laser Desor-

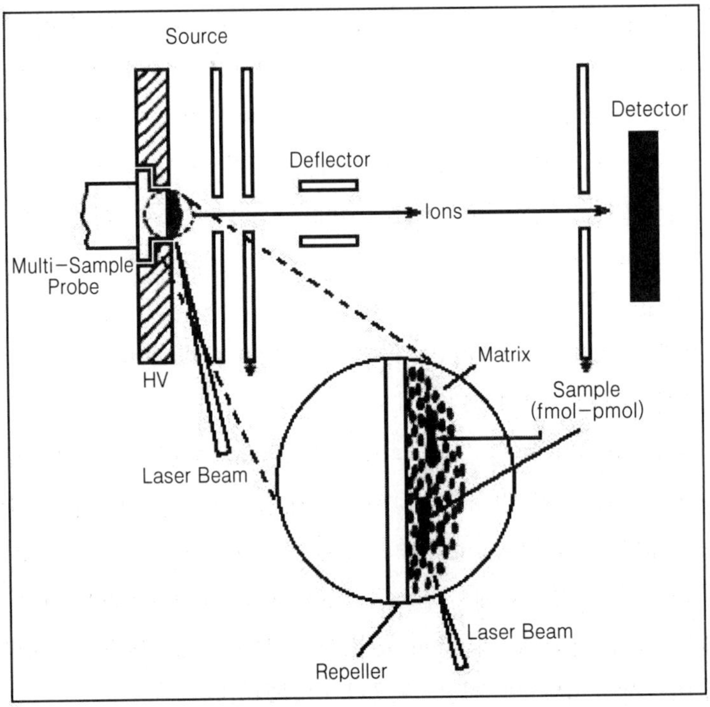

그림 3-34. MALDI-TOF의 구조

ption Ionization)는 고분자 물질에 대해 시료의 분해 없이 기화/이온화가 가능한 방법으로 일반적으로 질량이 크고 열에 불안정한 생체 고분자나 합성고분자에 매우 이상적으로 적용될 수 있는 방법으로 알려져 있다. 또한 TOF(Time of Flight) 분석기와 결합하여 고분자 연구에 있어 가장 각광을 받고 있는 질량 분석법이다.

MALDI-TOF MS법은 1988년 독일의 Hillenkamp 등에 의해 개발된 이온화법으로 200,000 Da 이상의 물질에 대해서도 빠르고 정확한 분자량 측정이 가능한 분석법이다.

원리를 실험과정과 함께 간단히 설명하면 다음과 같다. 매트릭스와 고분자를 각 1000∼10000 : 1의 농도 비율로 적합한 용매에 용해하고, 이 혼합물을 시료용 probe에 올려놓고 진공조건을 만들어 주면 유기용매는 기화되고 시료는 매트릭스 분자와 함께 균질하게 결정화된다. 이 때 펄스레이저를 시료-매트릭스 결정에 쏘아 주면 에너지가 매트릭스를 통해 시료로 전달되어 시료의 약한 이온화가 일어나게 된다. 이러한 과정으로 이온 소스에서 생성된 이온들을 일정한 전위차로 가속시켰을 때 그 속도는 다음과 같이 얻어진다. 전압 V를 걸었을 때 질량이 m이고 전하가 ze인 이온의 속도(v)는 다음과 같으며, 여기서 e는 전자의 전하이다.

$$zeV = \frac{1}{2}mv^2$$

$$v = \left(\frac{2zeV}{m}\right)^{\frac{1}{2}}$$

즉, v는 $(m/z)1/2$에 반비례 하고, 이온 소스로부터 검출기까지의 비행시간은 $(m/z)1/2$에 비례하게 된다. 따라서 이온의 비행시간을 측정함으로써 이온

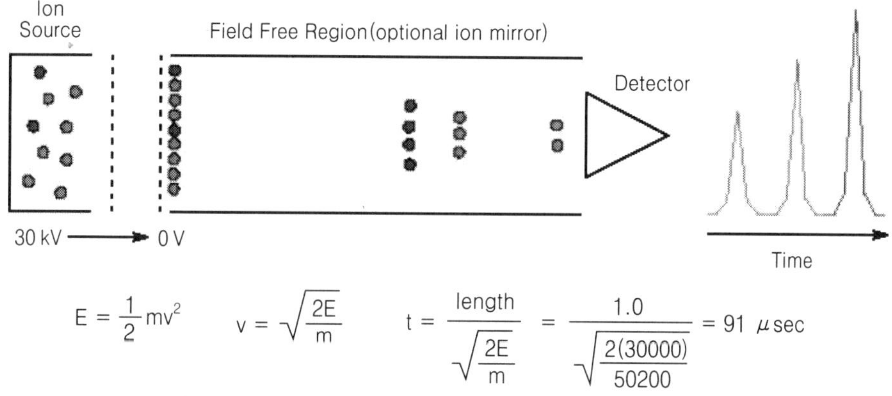

그림 3-35. TOF의 원리

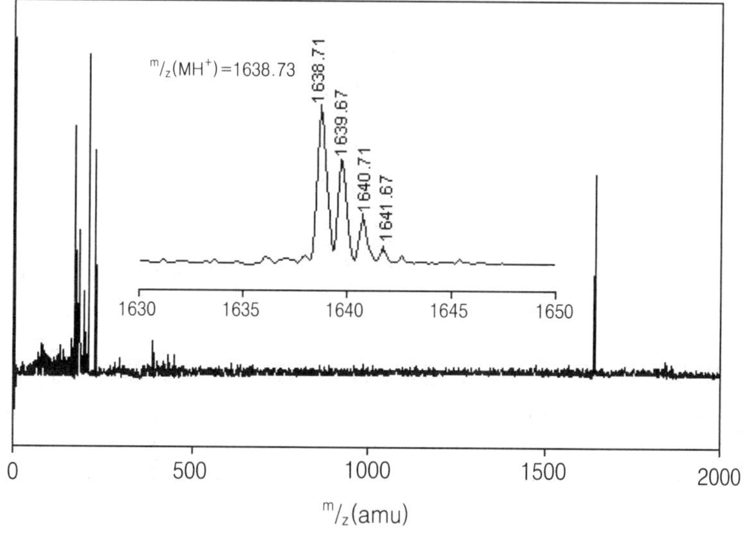

그림 3-36. Somatostacin의 MALDI-TOF spectrum

의 질량을 분석할 수 있게 되는데, 이러한 원리를 이용한 것이 바로 TOF 질량 분석기이다. 그림 3-36은 somatostacin의 MALDI-TOF spectrum이다.

나) *Chrysanthellum procumbens*로부터 분리된 saponin의 질량분석 예

아열대 식물인 *Chrysanthellum procumbens*의 methanol 추출물로부터 분리한 신규 saponin류에 대한 질량분석 스펙트럼의 예이다. 여기서 compound I과

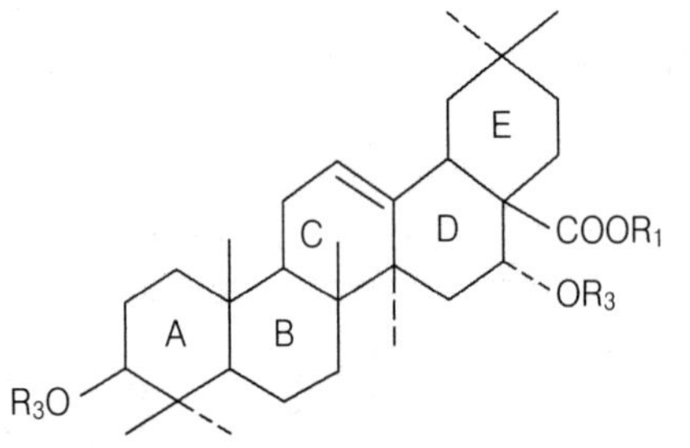

E
C
D
A
B
$COOR_1$
OR_3
R_3O

Saponin A
R_1=L-Rha→D Xyl→L-Rha→D-Xyl→
R_2=H
R_3=D-Glucose

Compound I : $R_1=R_2=R_3=H$
Compound II : $R_1=CH_3$, $R_2=R_3=H$

그림 3-37. *Chrysanthellum procumbens*로부터 분리된 saponin A와 그 유도체

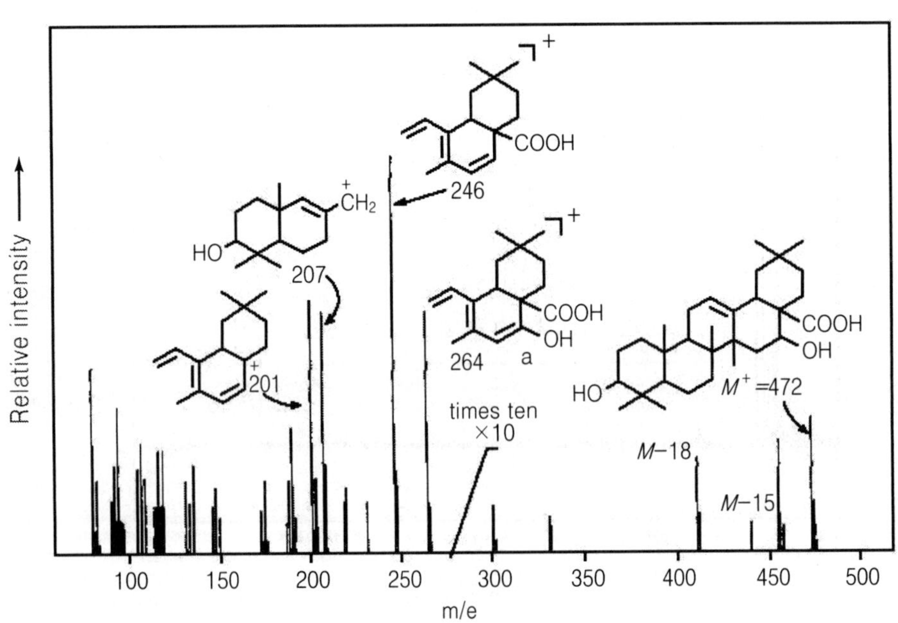

그림 3-38. Saponin A의 aglycone(compound Ⅰ)의 mass spectrum

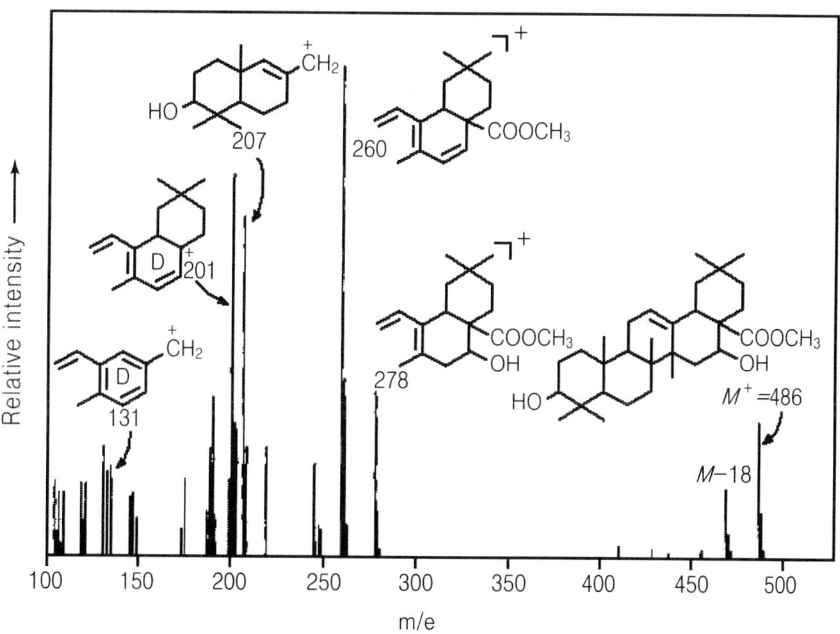

그림 3−39. Methylated aglycone(compound II)의 mass spectrum

compound II에 대한 질량분석 스펙트럼을 소개하고자 한다.

Comound I은 m/e 472과 retro-Diels Alder fragment에 의한 m/e 264가 관찰되었으며, 이 fragment는 Δ-12 oleanene type의 triterpenes의 특징적 이온 피크로 볼 수 있다.

H_2O와 H_2O + COOH의 탈락에 의한 이온 피크로는 m/e 246과 201이, ring C의 cleavage에 의한 ring A와 B를 갖는 이온 피크로는 m/e 207이 관찰되었다. Methyl ester aglycone인 compound II의 스펙트럼에서는 분자량 피크인 m/e 486과 m/e 207, 그리고 retro-Diels Alder fragment에 의한 m/e 278, 260, 201이 관찰되었다. m/e 131의 피크는 m/e 201로부터 ring E의 cleavage로 인한 피크로 볼 수 있다.

참고문헌

1. Benowitz LI, Goldberg DE, Madsen JR, Soni D and Irwin N(1999) Inosine stimulates extensive axon collateral growth in the rat corticospinal tract after injury. Proc. Natl. Acad. Sci, U.S.A. 96: 13486～13490.
2. Willfor, S.M., Smeds, A.I. and Holmbom, B.R. 2006. Chromatographic analysis of lignans.J Chromatogr A. 1112(1-2): 64～77.
3. Menkhaus TJ, Bai Y, Zhang C, Nikolov ZL, Glatz CE. 2004. Considerations for the recovery of recombinant proteins from plants. Biotechnol Prog. 20(4): 1001～14.
4. Wang, X., Kapoor, V. and Smythe, G.A. 2003. Extraction and chromatography-mass spectrometric analysis of the active principles from selected Chinese herbs and other medicinal plants. Am J Chin Med. 2003 31(6): 927～44.
5. Kitts, D.D. and Weiler, K. 2003. Bioactive proteins and peptides from food sources. Applications of bioprocesses used in isolation and recovery. Curr Pharm Des. 9(16): 1309～23.
6. Smith, R.M. 2002. Extractions with superheated water. J Chromatogr A. 975(1): 31～46.
7. Betina, V. 1985. Thin-layer chromatography of mycotoxins. J Chromatogr. 34(3): 211～76.
8. Witkiewicz, Z. and Bladek, J. 1986. Overpressured thin-layer chromatography. J Chromatogr. 373(2): 111～40.
9. Jost W, Hauck HE. 1987. The use of modified silica gels in TLC and HPTLC. Adv Chromatogr. 27: 129～65.
10. Taber, D.F. 1982. TLC mesh column chromatography. J. Org. Chem. 47: 1351～52.
11. Tomaskova, V. 1966. Gas chromatography-a modern analytical method. Cesk Farm. 15(10): 535～40.
12. VandenHeuvel, W.J. and Horning, E.C. 1968. Gas-liquid chromatographic (GLC) methods for the analysis of steroids and their derivatives. Med Res Eng. 7(3): 10～22.
13. Hashizume, T. and Sasaki, Y. 1968. Gas chromatography of nucleic acid components. Tanpakushitsu Kakusan Koso. 13(8): 735～42.

14. Oleszek, W. and Bialy, Z. 2006. Chromatographic determination of plant saponins-an update (2002~2005). J Chromatogr A. 1112(1~2): 78~91.

15. Calvo, M.M.2005. Lutein: a valuable ingredient of fruit and vegetables. Crit Rev Food Sci Nutr. 45(7~8): 671~96.

16. Willfor, S.M., Smeds, A.I. and Holmbom, B.R. 2006. Chromatographic analysis of lignans.J Chromatogr A. 1112(1~2): 64~77.

17. Yuan, X.B.1987. Use of infra-red spectrometry in pharmaceutical analysis. Yao Xue Xue Bao. 22(12): 936~42.

18. Wharton, C.W.1986. Infra-red and Raman spectroscopic studies of enzyme structure and function. Biochem J. 233(1): 25~36.

19. Freedberg, D.I.2005. Using nuclear magnetic resonance spectroscopy to characterize biologicals. Dev Biol (Basel). 122: 77~83.

20. Ukai, K., Kirihara, S., Fujikawa, Y., Notoya, M. and Namikoshi, M. 2002. Identification of two nucleosides, inosine and guanosine, in the bioactive fraction from Solaster dawsoni, which induced escape response in Asterina pectinifera. J. Tokyo Uninversity of Fisheries 88: 7~13.

21. Findlay, J.A., He, Z.Q. and Sauriol, F. 1991. Forbeside D, a new saponin from Asterias forbesi. Complete structure by nuclear magnetic resonance (300MHz) methods. Can. J. Chem. 69: 1134~40.

22. Becchi, M., Bruneteau, M., Trouilloud, M., Combier, H., Sartre, J. and Michel. G. 1979. Structure of a new saponin: chrysantellin A from Chrysanthellum procumbens Rich. Eur J Biochem. 102(1): 11~20.

찾아보기

ㅅ

ㅇ

ㅈ

ㅊ

ㅋ

ㅌ

ㅍ

ㅎ

Index

◈ 집 필 진 ◈

김 창 한

· 일본 동경대학 박사
· 건국대학교 동물생명과학대학 교수
· 현, 건국대학교 동물생명과학대학 명예교수

김 시 관

· 건국대학교 박사
· 현, 건국대학교 의료생명대학 교수

윤 원 호

· 건국대학교 박사
· 현, 서일대학 식품가공과 교수

이 경 호

· 건국대학교 박사
· 현, 코오롱생명과학㈜ 책임연구원

천연 생리활성 물질학

2012년 11월 25일 재판 인쇄
2012년 11월 30일 재판 발행

공 저 : 김창한 · 김시관 · 윤원호 · 이경호
펴낸이 : 천승배
펴낸곳 : 도서출판 유한문화사

주소 : (157-801) 서울시 강서구 강서로76길 21(가양동)
전화 : 2668-2055~6
팩스 : 2668-2565
http://www.yuhansa.com
E-mail : yuhansa@hanmail.net
등록 : 제 5-31호. 1979. 3. 6.

값 14,000 **원**

ISBN : 89-7722-114-5 93430